Information & Computing — 114

ソーシャルコンピューティング入門

新しいコンピューティングパラダイムへの道標(みちしるべ)

増永 良文 著

サイエンス社

・UNIX は，The Open Group が独占的にライセンスしている米国ならびに他の国における登録商標です．

・その他，本書で使用する商品名等は，一般に各メーカの登録商標または商標です．なお，本文では，TM, ⓒ等の表示は明記しておりません．

サイエンス社のホームページのご案内
http://www.saiensu.co.jp
ご意見・ご要望は　rikei@saiensu.co.jp　まで.

まえがき

　これまで数十年間我々が何の疑いも持たずに信奉してきたコンピューティングのパラダイムが，今，大きく変わろうとしている．その新しいパラダイムがソーシャルコンピューティングである．
　コンピューティング（computing）とは和訳しづらい用語であるが，コンピュータ分野で最も権威のある米国の学会，ACM と IEEE-CS は，コンピューティングという学問分野はコンピュータサイエンス，コンピュータエンジニアリング，ソフトウェア工学，情報テクノロジー，情報システムという5つの学問分野を包摂する学際的学問分野であると記している．
　さて，従来のコンピューティングパラダイムの主役はコンピュータであった．しかし，ウェブ（Web）が誕生してから20年余りが経った今日，このコンピューティングパラダイムは根底から崩れ，新しいコンピューティングパラダイムが創成されつつある．それがソーシャルコンピューティングである．
　この変革がなぜ生じたかといえば，それはウェブの持つ「社会性」にある．ウェブは地球全体をコンピューティングのためのプラットフォームとしただけでなく，群衆がコンピューティングに直接参画できる仕組みを作り上げた．この「群衆参画の仕組み」はウェブ誕生後ほどなくいくつかのウェブアプリケーションの中に無意識的に組み込まれていたが，それを明確に意識化させられたのは次の2つの事柄による．まず，2004年に The New Yorker のスロウィッキー（James Michael Surowiecki）が「群衆の英知」（The Wisdom of Crowds）を上梓し，一握りの権力者たちが牛耳るシステムの終焉を高らかに謳う，来るべき社会を動かす多様性の底力を鮮やかに描き出したことである．もう1つは，2005年に，オライリー（Tim O'Reilly）が，当時ドットコムバブルの崩壊により混沌としていたウェブビジネスを分析し，群衆の英知の活用こそが，従来のウェブと来るべきウェブを峻別する分水嶺になると看破したことである．それは Web 2.0 としてあまねく知れ渡ることとなった．
　ソーシャルコンピューティングが従来のコンピューティングと本質的に異なるところは，ソーシャルコンピューティングが群衆の英知モデルを実現しているところにある．つまり，群衆の英知という観点からコンピューティングを考

え直したとき，従来のコンピューティングを包摂し，「ソーシャルフィードバック」という帰還ループを通して群衆が直接コンピューティングに関わっていける，これまでにない新しいコンピューティングのスタイルが見えてくる．オライリー流にいえば Computing 2.0 といえるかもしれないが，ソーシャルコンピューティングがもたらす変革はそれよりもはるかに大きく，無限の可能性を有しているはずである．

本書の狙いは，そのようなソーシャルコンピューティングの姿を描き出すことである．表現を変えれば，ソーシャルコンピューティングとは何かを知らないでこれからのウェブ社会を生き抜いてはいけないだろう，という思いを形にすることである．ただ，国内外でソーシャルコンピューティングに関する著作を未だ見ない．これは，この新しい学問分野が黎明期にあり，かつ常に社会を取り込みながら変貌し続けるという宿命によることなのかもしれない．したがって，本書は手探りの状態から執筆することとなった．幸い，筆者は「地球まるごとデータベース」という信念に基づき，ウェブマイニングという手法を使って社会の動向を抉り出す研究を行ってきた．加えて，近年は新生学問分野の知識体系を群衆の英知として策定するという研究・開発に取り組み，一定の成果を出せるところまできた．そのような中で，ソーシャルコンピューティングとは何かを日夜自問自答し，最近はそれを著した研究論文が国際会議で受理され発表できるほどまでに整理されてきた．ソーシャルコンピューティングの重要性を考えるとき，浅学の誹りを覚悟した上で，ようやく本書を世に問う決心がついた次第である．

本書はビジネス本ではなく，啓蒙書の類でもない．本書は，情報科学や社会科学といった既成の価値に囚われることなく，しかしこれからのウェブ社会はどうなっていくのだろう？ といささかでも興味や関心を持ったあらゆる学部の学生や院生に向けた「教科書」として執筆した．内容的なまとまりからみると，3部構成になっている．Part 1 ともいうべき第1章から第3章はウェブテクノロジーの概観にあてた．ただ，このパートは人文社会系の学生にとっては苦痛かもしれない．理解できるところだけ理解すればよい．一方，理工系の学生にとっては，これまでに学習してきたことの復習となるであろう．そのようなスタンスで向かい合っていただきたい．Part 2 は第4章から第6章で，ソー

シャルコンピューティングとは何かの理論的拠り所を与えるべく，それをできるだけ体系的に論じた．そのために，第4章で「集合知とは何か」を特にスロウィッキーの提唱する「群衆の英知」モデルを紹介しつつ論じた．続けて，第5章で「ソーシャルコンピューティングとは何か」，それは従来のコンピューティングと何が違うのかを筋道を立てて論じ，そのフォーマルモデルを与えている．これは筆者の最近の研究成果に基づいた論述となっている．加えて，第6章では，ウェブがWeb2.0であるための欠かせない原則の1つが集合知の活用にあることをオライリーの提言を再確認しつつ，「ウェブと集合知」について記述した．いうなれば，Part 2はソーシャルコンピューティングの「理論」編である．それを受けて，Part 3は7章から12章で，ソーシャルコンピューティングの「応用」編と位置付けて，ソーシャルコンピューティングの実際にできるだけ目を向けて，そこで何が本質なのかを論じるように心がけて執筆した．具体的には，第7章では，ウェブテクノロジーに裏打ちされたメディアの変貌を「ソーシャルメディア」としてまとめた．第8章でウェブ上のコラボレーションとシェアを様々な側面やレベルで実現するための（wikiに代表される）ソフトウェアを「ソーシャルソフトウェア」として記述した．ここでは，筆者らが研究・開発してきた知の構築支援システム（WikiBOK）も取り上げて具体的な記述に配慮している．第9章では，ソーシャルネットワーキングサービス（SNS）の本質はウェブを「ソーシャルネットワーク」として捉えるところにあるとの観点から，そのスモールワールド性に焦点を当てて一連の議論を展開した．第10章では，従来のウェブ検索とは発想も実現手段も全く異なる新時代の「ソーシャルサーチ」を論じている．第11章では，群衆を巻き込んだ推薦システムやレビューサイトを「リコメンデーション」としてまとめている．そして，第12章で，「ウェブマイニング」が，アンケート調査や実地調査といった従来型の社会調査法とは全く発想と手法が異なる新しい社会調査法になり得ることを，筆者らが行ってきた研究成果を紹介しつつ論じている．

　本書が，来るべき新しいコンピューティングパラダイムへの道標となり得ることを信じて，筆をおく．

2013年 早春
著者しるす

目次

第1章　ハイパーテキストとウェブ　　1

- **1.1** MEMEX ・・・・・・・・・・・・・・・・・・・・・・・・・・・・・・・ 1
- **1.2** ハイパーテキスト ・・・・・・・・・・・・・・・・・・・・・・・・ 2
- **1.3** ウ　ェ　ブ ・・・・・・・・・・・・・・・・・・・・・・・・・・・・・・・ 4
    - **1.3.1** ウェブの誕生 ・・・・・・・・・・・・・・・・・・・・・・・ 4
    - **1.3.2** ウェブの仕組み ・・・・・・・・・・・・・・・・・・・・・ 5
- **1.4** セマンティックウェブ ・・・・・・・・・・・・・・・・・・・・・ 8
    - **1.4.1** セマンティックウェブとは ・・・・・・・・・・・・・・ 8
    - **1.4.2** セマンティックウェブの仕組み ・・・・・・・・・・ 11
    - **1.4.3** Linked Data と LOD ・・・・・・・・・・・・・・・・・ 15

第2章　ウェブアプリケーション　　19

- **2.1** ウェブアプリケーションとは何か ・・・・・・・・・・・・・・・ 19
- **2.2** 動的ウェブページ ・・・・・・・・・・・・・・・・・・・・・・・・ 21
    - **2.2.1** CGIによる動的ウェブページ生成 ・・・・・・・・・・・・・・ 22
    - **2.2.2** Java Servlet と JSP による動的ウェブページ生成 ・・・・・・・・ 25
    - **2.2.3** ウェブアプリケーションフレームワークによる動的ウェブページ生成 ・・・・・・・・・・・・・・・・・・・・・・・・・ 28
    - **2.2.4** Applet, Flash, JavaScript, Ajax による動的ウェブページ生成 29
- **2.3** さまざまなウェブアプリケーション ・・・・・・・・・・・・・・・ 32

第3章　ウェブサービス　　　　　　38

- 3.1 ウェブサービスとは何か ･･････････････ 38
- 3.2 W3Cのウェブサービスアーキテクチャ―SOA― ････ 40
- 3.3 REST と ROA ････････････ 44
  - 3.3.1 REST とは何か ･･････････ 44
  - 3.3.2 RESTful ウェブサービス ････ 46
- 3.4 マッシュアップとウェブサービス ････････ 50

第4章　集　合　知　　　　　　54

- 4.1 集合知とは何か ･･････････････････ 54
- 4.2 「群衆の英知」モデル ･･･････････････ 55
  - 4.2.1 群衆の英知モデルとは ･･････････ 55
  - 4.2.2 群衆の英知の証 ････････････ 56
- 4.3 群衆が賢くあるための条件 ･････････････ 61
  - 4.3.1 多様性・独立性・分散性 ･･･････････ 61
  - 4.3.2 集　約　性 ･････････････ 64
- 4.4 集合知指向の情報社会 ･････････････ 66

第5章　ソーシャルコンピューティング　　　　　　71

- 5.1 ソーシャルコンピューティングへの期待 ･･････････ 71
- 5.2 ソーシャルコンピューティングとは何か ････････ 74
- 5.3 ソーシャルコンピューティングのフォーマルモデル ･････ 76
  - 5.3.1 コンピューティングのフォーマルモデル ･･･････ 76
  - 5.3.2 ソーシャルコンピューティングのフォーマルモデル ････ 78
- 5.4 ソーシャルコンピューティングはコンピュータサイエンスの1分野なのか？ ････････････ 82

第6章　ウェブと集合知　　88

- 6.1　Web 2.0 …… 88
- 6.2　Web 2.0 概観 …… 89
- 6.3　ウェブが Web 2.0 であるための 7 原則 …… 91
- 6.4　Web 2.0 における集合知の活用 …… 96
  - 6.4.1　集合知活用の中心原理 …… 96
  - 6.4.2　参加のアーキテクチャ …… 99
- 6.5　ブロゴスフィアと集合知 …… 100
- 6.6　集合知プログラミング …… 101

第7章　ソーシャルメディア　　105

- 7.1　ソーシャルメディアとは何か …… 105
- 7.2　ソーシャルメディアの生態系 …… 107
- 7.3　集合知とソーシャルメディア …… 112
- 7.4　古典的メディア論 …… 114

第8章　ソーシャルソフトウェア　　119

- 8.1　ソーシャルソフトウェアとは何か …… 119
- 8.2　Wiki …… 120
  - 8.2.1　Wiki とは何か …… 120
  - 8.2.2　Wiki とその基本的編集機能 …… 121
  - 8.2.3　wiki の編集競合解決メカニズム …… 124
  - 8.2.4　Wikipedia …… 126
  - 8.2.5　WikiBOK …… 128
- 8.3　ソーシャルブックマーキング …… 131
  - 8.3.1　ソーシャルブックマーキングとは何か …… 131
  - 8.3.2　フォークソノミー …… 133
- 8.4　協調的消費（＝シェア） …… 136

第9章　ソーシャルネットワーク　　142

- 9.1　ソーシャルネットワークとは何か　……　142
- 9.2　スモールワールド―ミルグラムの実験―　……　143
  - 9.2.1　スモールワールド現象　……　143
  - 9.2.2　スモールワールド実験　……　144
  - 9.2.3　6次の隔たり　……　147
- 9.3　スモールワールドネットワーク　……　149
  - 9.3.1　スモールワールド現象の数学理論　……　149
  - 9.3.2　グラフとそれに関する諸定義　……　149
  - 9.3.3　WSネットワークの性質―固有パス長とクラスタ係数―　……　155
  - 9.3.4　WSネットワークの性質―次数分布―　……　158
  - 9.3.5　さまざまなスモールワールドネットワーク　……　158
- 9.4　スケールフリーネットワーク　……　160
  - 9.4.1　スケールフリーネットワークとは何か　……　160
  - 9.4.2　BAネットワーク　……　163

第10章　ソーシャルサーチ　　168

- 10.1　ウェブ検索の過去・現在・未来　……　168
- 10.2　アルゴリズム的サーチ　……　169
  - 10.2.1　ウェブ検索とアルゴリズム的サーチ　……　169
  - 10.2.2　索引付きデータベース　……　171
  - 10.2.3　PageRank　……　175
  - 10.2.4　PageRankの計算例　……　176
- 10.3　ソーシャルサーチ　……　178
  - 10.3.1　ソーシャルサーチとは　……　178
  - 10.3.2　ソーシャルサーチエンジンAardvarkの概略　……　181
  - 10.3.3　ソーシャルサーチのモデル　……　186
  - 10.3.4　ソーシャルサーチの計算例　……　189

目　次

第11章　リコメンデーション　　195

- 11.1　協調フィルタリング，評判システム，そして相関ルールマイニング・　195
- 11.2　協調フィルタリング・・・・・・・・・・・・・・・・・・・・・・・・・・　197
  - 11.2.1　協調フィルタリングとは・・・・・・・・・・・・・・・・・・・　197
  - 11.2.2　協調フィルタリングのモデル・・・・・・・・・・・・・・・・・　197
  - 11.2.3　ユーザベースの記憶ベース協調フィルタリング・・・・・・・・・　199
  - 11.2.4　品目ベースの記憶ベース協調フィルタリング・・・・・・・・・・　203
- 11.3　評判システム・・・・・・・・・・・・・・・・・・・・・・・・・・・・　207
- 11.4　相関ルールマイニング・・・・・・・・・・・・・・・・・・・・・・・・　208
  - 11.4.1　データマイニングとは・・・・・・・・・・・・・・・・・・・・　208
  - 11.4.2　バスケット解析と相関ルールマイニング・・・・・・・・・・・・　209
  - 11.4.3　Apriori アルゴリズム・・・・・・・・・・・・・・・・・・・・　212

第12章　ウェブマイニング　　219

- 12.1　社会的表象としてのウェブ・・・・・・・・・・・・・・・・・・・・・・　219
- 12.2　ウェブマイニングの手法・・・・・・・・・・・・・・・・・・・・・・・　221
  - 12.2.1　ウェブマイニングの概念・・・・・・・・・・・・・・・・・・・　221
  - 12.2.2　ウェブ構造マイニング・・・・・・・・・・・・・・・・・・・・　223
- 12.3　ウェブ構造マイニングの力・・・・・・・・・・・・・・・・・・・・・・　229
  - 12.3.1　事例研究の概要・・・・・・・・・・・・・・・・・・・・・・・　229
  - 12.3.2　我が国におけるジェンダーコミュニティの分析・・・・・・・・・　230
- 12.4　ウェブ時代の社会調査法・・・・・・・・・・・・・・・・・・・・・・・　234

参　考　文　献　　237
あ　と　が　き　　248
索　　　　　引　　250

第1章
ハイパーテキストとウェブ

1.1　MEMEX

　ウェブ（World Wide Web，単に Web）は地球規模のハイパーテキスト（hypertext）である．よく知られているように，ウェブは CERN のバーナーズ＝リー（Tim Berners-Lee）が発明した．彼は 1991 年をウェブ元年と称している．しかし，ハイパーテキストの概念は彼の発想ではない．その概念はまだコンピュータが世に出る以前にまで遡ることができる．

　ハイパーテキストの原型を構想したのはブッシュ（Vannevar Bush）である．ブッシュは第 2 次世界大戦中は米国のルーズベルト大統領の科学顧問であり，マンハッタン計画（Manhattan Project）の重要人物の 1 人であったという．科学と軍事は共働すべきが信条であったというが，大戦終了後に NSF（National Science Foundation）の創設を進言したという功績がある．NSF は米国の科学研究費を助成する著名な機関である．

　さて，そのブッシュは 1945 年に **MEMEX**（MEMory EXtender，メメックスと発音）という未来の装置を提案した．それは彼の有名な論文 "As We May Think"（The Atlantic Monthly, July 1945）[1] で示されている．世界で初めての電子計算機である **ENIAC** がエッカート（John Presper Eckert）とモークリー（John William Mauchly）によりペンシルバニア大学で開発されたのが 1946 年であるから，当時まだコンピュータは世に出ていなかった．MEMEX を構想して彼が主張したことは，人間の心は所望のファイルをディレクトリ構造に従って上位から下位へたどって見つけ出すような方法ではうまく働かず **連想**（association）によって機能する，ということであった．その MEMEX は机のような装置であり，そこにはそれを使用する個人が所有するすべての書籍，記録，手紙類が格納され，卓越した速度と自由度で情報を交換するように仕組まれている．つまり，MEMEX は人の記憶を拡張するかけがえのない補完装置

なのである．図 1.1 にブッシュが構想した MEMEX を示す．机上には 2 台のプロジェクタがあり，そこにはテキストや写真が投影され，かつテキストは相互参照（cross reference）可能である．これが，いうなれば，**ハイパーテキスト**である．机上左にはユーザが独自の注記やコメントを残せる装置があり，一方，机上右にはボタンを押すことでユーザが装置とやり取りをできるヒューマンインタフェースが備えられている．これにより，ユーザは新しいハイパーリンクや連想を作り上げ，自動化された検索が行え，ユーザのコンテンツを他の MEMEX に転送することができる．人間のすべての知識はテキストとイメージの複合体としてマイクロフィルム（micro-film）に収められる．装置はミシン（sewing machine）のような仕掛けで駆動する．

図 1.1　MEMEX

1.2　ハイパーテキスト

　いわゆるハイパーテキストの原型はブッシュに見ることができることを前節で紹介したが，世界で初めて**ハイパーテキスト**という言葉を作り出したのはネルソン（Ted Nelson）である．時代背景に簡単に触れておけば，ブッシュの MEMEX はまだコンピュータが世に出ていなかった 1945 年に着想されている．いわゆる電子計算機としてのコンピュータ ENIAC はその直後の 1946 年に誕生したが，その後の発達は目覚ましく，1960 年代に入るとコンピュータは第 3 世代に入り飛躍的な性能向上を成し遂げていった（第 3 世代のコンピュータは

1964 年に発売された IBM 360 シリーズをもって嚆矢とする．第 4 世代は 1979 年に CPU に VLSI 素子を使用した IBM 4300 シリーズをもって嚆矢とする）．ネルソンはハイパーテキストという着想を得て，1960 年代中頃からそれを発表し始めた．彼は（MEMEX のブッシュと同じく），人は線形的順序（linear sequences）で思考するのではなく，往々にして渦巻くようにそして補足説明をしながら思考するのであるから，特定の問題解決のためには資料を柔軟に，より汎用性を持たせ，そして非線形（non-linear）に提示すべきであることを主張した．そのためには，コンピュータのファイルの構造はより複雑にならねばならないとし，ハイパーテキストの概念に至った．

ハイパーテキスト（やハイパーメディア）はコンピュータを利用した**文書管理システム**（Document Management System, DMS）の 1 つで，テキストの任意の場所に，他のテキストの位置情報を示す**ハイパーリンク**（hyperlink）が埋めこまれ，それにより他のテキストにジャンプして到達できることで，複数のテキストを相互に連結できる仕組みのことをいう．**ハイパーテキスト記述言語**を使ってハイパーテキストを記述し，専用の閲覧ソフトウェアを使って表示し，**アンカー**（anchor，ホットスポットともいう）をクリックすることにより直ちに他の文書に遷移でき，リンクをたどって次々と文書を表示することができる．**ハイパーメディア**はハイパーテキストを構成している要素がテキストのみならず，画像，動画，音声，音楽などのマルチメディアデータに及んでいることを強調したいい方である．図 1.2 にハイパーテキストの概念を示す．

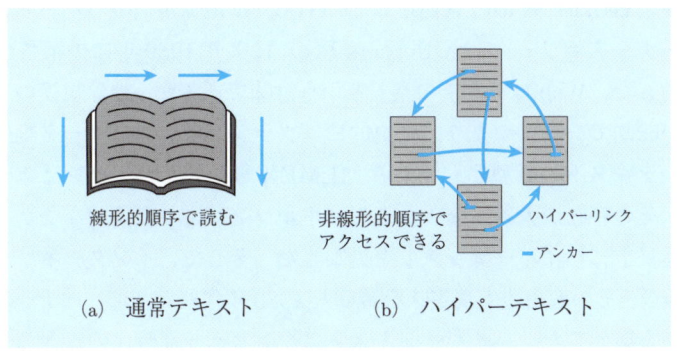

図 **1.2** ハイパーテキストの概念

ここで，ハイパーテキストを実現するためにネルソンが行ってきた取組みと，その後バーナーズ＝リーにより発案されたウェブに対してネルソンはどのような反応を示したかについて少々言及しておく．ネルソンはハイパーテキストのアイディアを実現するために 1960 年代に **Xanadu**（ザナドゥー，桃源郷の意味）プロジェクトを立ち上げた．このプロジェクトは 1980 年代に一時 Autodesk 社が支援したこともあったが，その間製品が発売されることはなかった．その後，ようやく 1998 年に戦略的にそのソースコードをリリースしたり，2007 年に XanaduSpace 1.0 をリリースしたが，プロジェクトの活動は事実上休眠状態にあったようで，**ベイパーウェア**（vaporware），つまり発売が発表されたものの開発が遅れており，いつ発売されることやら分からないソフトウェアで終わった．このように，ネルソンの発案したハイパーテキストが彼自身の手で実現されることはなかったが，それを革命的に実現したバーナーズ＝リーのウェブであった．それに対して，ネルソンはハイパーテキストが持つべき種々の特徴を無視していると非難し，「我々は戦い続ける」と攻撃的であった[2]．

なお，ウェブの出現以前にハイパーテキストのアイディアを商品化したシステムとして，1987 年に Apple Computer 社（現 Apple 社）から同社の Macintosh 用に発売され好評を博した **HyperCard** がある．

1.3　ウェブ

1.3.1　ウェブの誕生

ウェブ（**World Wide Web**，単に **Web**）は地球規模のハイパーテキストで，バーナーズ＝リー（Tim Berners-Lee）により 1989 年に提案され，1991 年に実働した．Web は「クモの巣」という意味であるが，地球規模のといったところが味噌である．つまり，歴史的にはブッシュはコンピュータ誕生以前にハイパーテキストの原型ともいえる MEMEX を構想した．コンピュータが世に出て，その存在が大きくなったころにネルソンはより機能的なファイルシステムの延長上にハイパーテキストを提案した．そして，インターネット技術が急激に伸び，その商用化も現実味を帯びた 1980 年代終わりにバーナーズ＝リーはウェブを構想した．ハイパーテキストはコンピュータ時代の落とし子であったが，ウェブはインターネット時代の落とし子といえる．

さて，ウェブを発明したバーナーズ＝リーについて若干紹介する．彼は英国生まれのコンピュータサイエンティストでスイスにある **CERN**（欧州原子核研究機構，セルンと発音）に勤務していた．CERN での効率のよい文書管理システムを考えていた彼は，1989 年にウェブの着想に至り，1990 年の暮れに世界で初めてインターネット越しに，彼が策定した HTTP プロトコルのもとで，クライアントとサーバが通信をすることに成功した．そして 1991 年 8 月 6 日に彼により世界で初めてのウェブサイトが開設された．これがウェブの幕開けであり，彼は 1991 年をもって**ウェブ元年**としている．1994 年に彼はマサチューセッツ工科大学（MIT）に **W3C**（World Wide Web Consortium）を設立し，それ以来理事長を務めている．ここで，彼の発明を整理しておくと，次の 2 つである（コインの裏表の関係にあるといえばいえるが）．

(1) TCP/IP の最上位層のアプリケーション層に HTTP という通信プロトコルを設計・開発した．

(2) ハイパーテキスト用のマークアップ言語 HTML を設計・開発した．

続いて，少しばかりそれらの詳細を見ておこう．

1.3.2　ウェブの仕組み

ウェブに情報を上げる（＝アップロードする）人もいれば，それにアクセスする（＝閲覧する）人もいる．ウェブに情報発信するためにはインターネットに結合された**ウェブサーバ**（Web server）と称するコンピュータにウェブページをアップロードしなければならない．発信したい情報を満載したウェブページは **HTML**（HyperText Markup Language）を用いて記述され，HTML 文書，あるいは単に文書ともいわれる．また，ウェブページはインターネットの**ドメインネームシステム**（Domain Name System, **DNS**）に対応する世界で唯一の識別子，すなわち **URL**（Uniform Resource Locator）を与えられ，それによりインターネット越しに世界のどこからでもアクセス可能になる．HTML 文書であるウェブページは**ウェブブラウザ**（Web browser）と称する特殊なプログラムをインストールしたコンピュータ，これを**ウェブクライアント**（Web client）という，から閲覧可能となる．したがって，ウェブもこの意味では**クライアント/サーバシステム**（client-server system, c/s システム）である．そしてウェブの場合，クライアントとサーバの通信は **HTTP**（HyperText Transfer

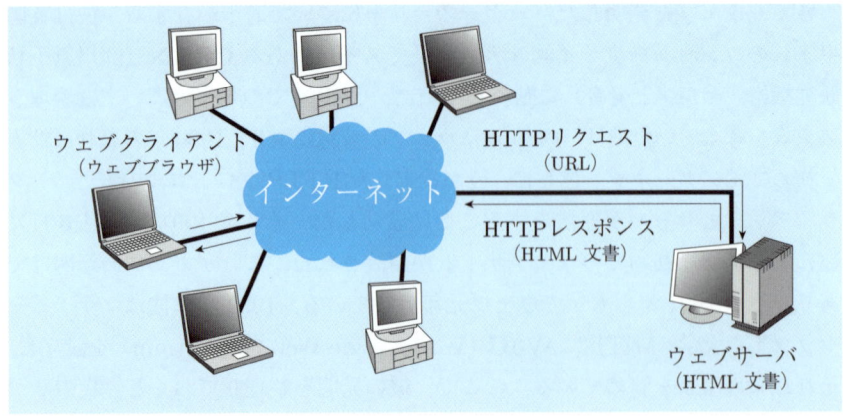

図 1.3　クライアント/サーバシステムとしてのウェブ

Protocol）と称するプロトコルに従って行なわれる．この様子を図 1.3 に示す．

さらに若干補足をすれば，**ウェブサイト**（Web site）とは特定の URL のもとに置かれているウェブページの集まりのことをいう．ウェブブラウザは HTML 文書を表示できるブラウザのことをいい，もちろんウェブブラウザの原型はバーナーズ＝リーにより開発されたが，画像が扱えるウェブブラウザである **Mosaic** がイリノイ大学アーバナ・シャペイン校（The University of Illinois at Urbana-Champaign）の NCSA（National Center for Supercomputing Applications）で 1992 年暮れに開発された．その後，Netscape 社が **Netscape Navigator** を 1994 年に発表した．このブラウザは瞬く間に世界を席巻した．これに対して，Microsoft 社は **Internet Explorer**（**IE**）と称するウェブブラウザを 1995 年に Windows 95 オペレーティングシステムのアドオン（add-on）として提供し始めた．Apple 社は Mac OS X オペレーティングシステム上で動く **Safari** と称するウェブブラウザを 2003 年に提供し始めた．Safari は iOS の標準搭載のブラウザでもあり，2007 年から Windows OS 版も提供し始めたが，Safari 6 は現時点では Mac 版のみとなっている．他に，オープンソースの Mozilla プロジェクトを支援するために設立された非営利企業である Mozilla Foundation は，**Mozilla Firefox** と称するウェブブラウザをオープンソースとして提供している．

ここで，ごく簡単に，ウェブページを記述する言語である **HTML** を概観し

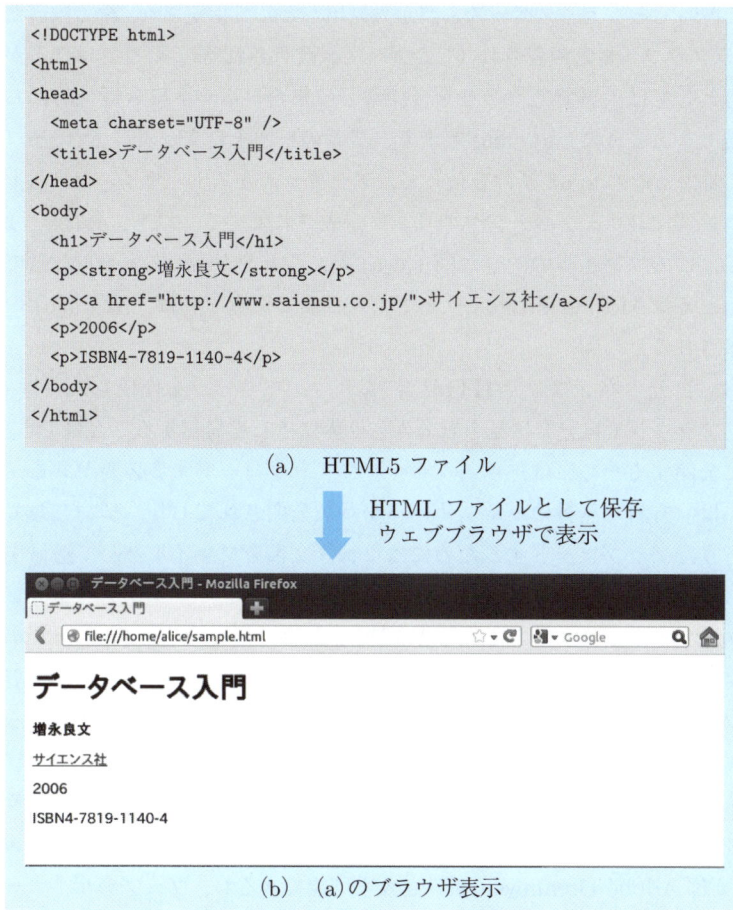

図 1.4　HTML 文書とそのウェブブラウザによる表示

ておく．HTML の M を表す **Markup** とは文書の論理的な構造を示すために文書にマークを付けたりタグを付けたりして，特に電子的にそれを伝送したり表示したりするためにページのレイアウトの指示を与えることをいう．図 1.4(a) と (b) にそれぞれ HTML 文書のソースコードとそれをウェブブラウザで表示した結果を示す．ここでは，筆者が著した「データベース入門」の書誌情報を **HTML5** で記述した場合を例示している．文書情報が head 要素で表され，文書本体が body 要素を使って表されている．そこでは，h1（ランク 1 の heading）

要素で書名であるデータベース入門が大見出しとして指定され，続く内容が各々 p（パラグラフ）要素で表され（したがって，改行される），そこではここが文書の内容としては大事であることを（探索しに来たロボットにも機械的にちゃんと認識できるように）strong 要素で（著者の）増永良文が表現され，a（アンカー）要素とその href 属性を使って，アンカーテキスト「サイエンス社」からサイエンス社のウェブページへのリンクが表されている．以下，発行年，ISBN と続く．このファイルの内容が図 1.4(a) で，これを html ファイルとして保存し，たとえば Mozilla Firefox ウェブブラウザで閲覧すれば，図 1.4(b) のように表示される．

　なお，自分のパソコンで HTML によりウェブページを作成しただけでは，ウェブブラウザで自分では見られるが，世界にそれを発信することはできない．世界に公開するためには，ウェブサーバにアップロードする必要がある．ウェブ上には，有料・無料のウェブサーバが多数公開されており，契約をして，それを行う．アップロードするためにはウェブ文書をファイルとして送信するために，HTTP と並んで TCP/IP の（最上位層である）アプリケーション層のインターネットプロトコルである **FTP**（File Transfer Protocol）をサポートするクライアントソフトが必要である．なお，通常の FTP アップロードではパスワードが暗号化されていないので，ワンタイムパスワードを利用するなどのセキュリティ対策を施すことが望ましい．また，魅力的なウェブページを作成するために，ウェブデザインツールやソフトウェア，HTML やプログラミングの知識がなくてもウェブページが作れてしまう WYSIWYG HTML editor（たとえば Adobe Dreamweaver）も入手可能であるし，ウェブデザイナーという職業や，ウェブデザインセンターの経営，あるいはウェブデザインビジネスが産業として成り立っている．

1.4　セマンティックウェブ

1.4.1　セマンティックウェブとは

　いま我々が恩恵にあずかっているウェブはお互いが参照可能な **HTML 文書**（＝ウェブページ，単に文書）の集合である．このようなウェブをバーナーズ＝リーは**文書ウェブ**（the Web of documents，あるいは document Web）と呼ん

1.4 セマンティックウェブ

でいる．彼は著作 "Weaving the Web"[3] の中で次のように述べている．「私はウェブに夢を抱いている．それは2つの部分からなる．1つは，文書ウェブで，これは人々の間のコラボレーションのための強力な手段になる．第2の夢はコラボレーションがコンピュータの間に拡大されることである．機械がウェブ上のすべてのデータを解析できるようになる．それが**セマンティックウェブ** (semantic Web) である．」彼はそれを文書ウェブと対比させて，**データウェブ** (the Web of data，あるいは data Web) とも呼んでいる．

さて，**セマンティック** (semantic) とは文字通り「意味的」という意味である．直観的には，従来のウェブでは文書間のつながりは「参照」(reference) でしかなかったが，セマンティックウェブではさまざまな意味的関係，たとえば親子であるとか，働いているとか，著者であるとかがウェブ上の**モノ** (**things**) の間で定義でき，その結果，ウェブ上に地球規模のデータベースが構築されて，より的確なウェブ検索が可能となったり，**知的エージェント**同士がコミュニケーションをとりつつ，これまで以上に強力なコンピュータによる機械的な情報処理が可能となろう．セマンティックウェブのことをデータウェブと呼んだ所以である．

セマンティックウェブではウェブ上のモノは HTML 文書に限定されない．それは一般的に**リソース** (resource) と呼ばれる．リソースはグローバルに一意な識別子，これを **URI** (Uniform Resource Identifier) という，をその名前として持つ（持てない場合は，**リテラル** (literal) を持てる）．リソース間に意味的関係を定義でき，これを**プロパティ** (property) あるいは**意味リンク** (semantic link) と呼ぶ．このような基礎的定義に基づいて，セマンティックウェブが構築されていくわけであるが，そのための**ロードマップ** (roadmap) が W3C により示されている．それを図 1.5 に示す．**セマンティックウェブレイヤーケーキ** (Semantic Web Layer Cake) あるいは**セマンティックウェブスタック** (Semantic Web Stack) と呼ばれる．以下，それに則りセマンティックウェブの構築技術をより詳しく見てみる．

このロードマップによれば，セマンティックウェブを実現するために，次のようなステップを踏むことになる．

① 文字セットとして**ユニコード** (Unicode) を使用する．

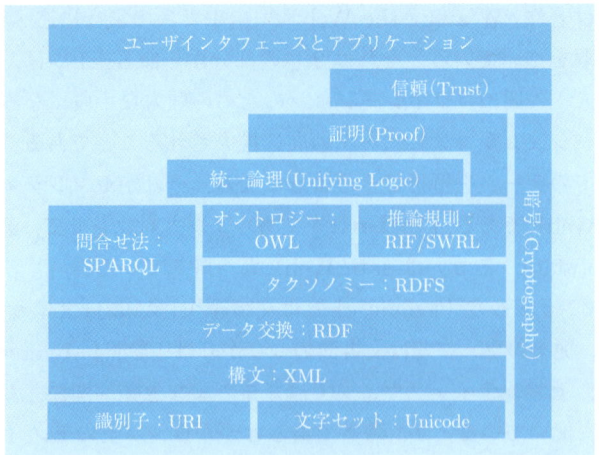

図 1.5 セマンティックウェブスタック
(http://en.wikipedia.org/wiki/Semantic_Web_Stack)

② 文書ウェブでは，文書（＝ウェブページ）を特定するために **URL**（Uniform Resource Locator）を使用してきたが，セマンティックウェブでは URL に加えて，リソースを永続的に唯一識別できる名前，たとえば ISBN（国際標準図書番号）などの **URN**（Uniform Resource Name）も使用できることとし，URL と URN を併せて **URI**（Uniform Resource Identifier）とする．

③ リソースは（HTML ではなく）**XML**（eXtended Markup Language）で記述する．Unicode は XML でサポートされているから，これにより XML 文書は現在使用されているほとんどの国語の文字を扱うことができる．XML の使用により，文書ウェブで使われてきた HTML では十分に表現できなかった文書の**意味**（semantics）をより正確に記述できることとなる．

④ **RDF**（Resource Description Framework）という枠組みを使うことにより，リソース間の意味を記述できるようにする．この RDF こそがセマンティックウェブの核心なのであると，バーナーズ＝リーは主張している．**RDFS**（RDF Schema）は RDF で記述された対象分野に特有な知識をスキーマとして記述し強化する（これは，リレーショナルデータベー

スでのインスタンスとしてのリレーションとその意味的枠組みを規定するリレーションスキーマの関係と同じである）．

⑤ RDF と RDFS で記述しきれない知識を**オントロジー**（ontology）で記述する．**OWL**（Web Ontology Language）はそれを記述するための言語である．

⑥ **SWRL**（Semantic Web Rule Language，セマンティックウェブルール言語）を用いて，推論を行うための規則（＝**ルール**）を記述する．多様なルール言語の交換性を達成するために **RIF**（Rule Interchange Format，ルール交換フォーマット）を導入する必要がある．

⑦ OWL や SWRL で用いられた多様な意味を統合するために，**統一論理**（**Unifying logic**）層を導入する．

⑧ **Proof**（証明）は行った推論に矛盾がないかどうかを検証する．加えて，**Trust**（信頼）はそもそも定義された RDF 空間などが信頼に足るものであるかを検証する．

⑨ **SPARQL** は RDF データセットを検索するための問合せ言語である．

⑩ **Cryptography**（暗号）はすべてのステップの安全性を保障するために必要である．

以上のステップを踏み，セマンティックウェブ上で，さまざまなアプリケーションが**機械処理可能**となる．たとえば，知的エージェントとしての旅行エージェントは，顧客の要求に基づき乗物やホテルのアレンジメントを的確にこなすことが可能となろう．

1.4.2 セマンティックウェブの仕組み

セマンティックウェブは XML，RDF，OWL を標準技術としていることを述べた．本節では，**W3C** が 2004 年に勧告した "**RDF Primer**"[5] を参考にして，それらをもう少し詳しく見て，その仕組みの理解を深める．

まず，**RDF**（Resource Description Framework）について述べる．文字通り，RDF はウェブ上のリソースを記述するための枠組みである．RDF の基本的な構造は**言明**（statement）と呼ばれ，主語（subject)-述語（predicate)-目的語（object）の 3 項組（triple）で表される．セマンティックウェブではリソースもリソース間で定義される**プロパティ**も地球規模で一意の名前（name）が与

えられていないと機能しないから，主語も述語も目的語もそれぞれ**参照するURI**（URI Reference あるいは **URIref** と書く）をそれらの名前とすることによって，その一意性を実現しようとする（目的語に限って**リテラル**（literal）を参照してもよい）．したがって，URI が同じなら「意味」（semantics）は同じであるとすることができるので，主語の名前，すなわち主語の URIref が同じセマンティックウェブ上のいくつもの言明をまとめることが可能となる．述語を**プロパティ**（property），目的語をその**値**（value）ということも多い．3 項組である RDF はグラフで表すことを基本とする．一例を図 1.6 に示す．楕円は主語あるいは目的語を表す．矢印は述語あるいはプロパティを表す．この例は http://www.example.org/index.html を URIref とする example という名前の（架空の）団体のホームページ（これが主語）が 3 つの言明を有している（あるいはこの主語に対する 3 つの言明を 1 つにまとめた）ことを表している．ここで，http://www.example.org/terms/creation-date はそのホームページの作成日を表す述語 creation-date の URIref で，その値は August 16, 1999 というリテラルである．このとき，http://www.example.org/terms/creation-date が作成日の URIref になるのは，http://www.example.org/terms/ を URIref とする名前空間で定義されている**要素**（element，**語彙**の意味）creation-date が持つ意味をここでの作成日とする，と定義したからである．第 2 番目の言明は，そのホームページは英語で書かれている，というものである．この場合の述語 language の URIref は http://purl.org/dc/elements/1.1/language で，具体的には**ダブリンコア**（**Dublin Core**）[9] が定めた名前空間の要素 language の意味であるといっている．第 3 の言明は，このホームページの作成者（creator）は URIref が http://www.example.org/staffid/85740 である者といっている．

さて，RDF のグラフ表現は人には優しいが，コンピュータによる機械的な処理には向かない．そこで，RDF を XML に埋め込むことが考えられて，W3C により **RDF/XML** が勧告された [6]．図 1.6 で表される RDF を RDF/XML で表現したものを図 1.7 に示す．

図 1.7 の第 1 行 (行番号は説明のために付与)は，それに続くコンテンツは **XML** であることと，そのバージョン（この例では 1.0）を示す XML 宣言である．第 2 行は要素 rdf:RDF で始まり，これ以降の XML コンテンツは第 10 行の</rdf:RDF>に至るまでが RDF を表していることを示している．同じ行の rdf:RDF に続け

1.4 セマンティックウェブ

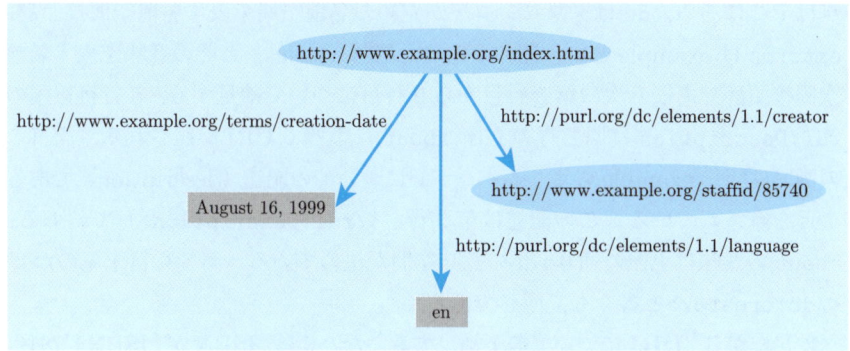

図 1.6　団体 example の 3 つの言明の RDF 表現

```
1.   <?xml version="1.0"?>
2.   <rdf:RDF xmlns:rdf="http://www.w3.org/1999/02/22-rdf-syntax-ns#"
3.            xmlns:dc="http://purl.org/dc/elements/1.1/"
4.            xmlns:exterms="http://www.example.org/terms/">

5.     <rdf:Description rdf:about="http://www.example.org/index.html">
6.       <exterms:creation-date>August 16, 1999</exterms:creation-date>
7.       <dc:language>en</dc:language>
8.       <dc:creator rdf:resource="http://www.example.org/staffid/85740"/>
9.     </rdf:Description>

10.  </rdf:RDF>
```

図 1.7　団体 example の 3 つの言明の RDF/XML 表現

て XML の名前空間宣言がなされ（第 4 行まで），この例では 3 つの名前空間が，開始タグである rdf:RDF の xmlns 属性として宣言されている．第 1 番目の名前空間は，接頭辞 rdf: を有するこのコンテンツ中のすべてのタグ（tag）は URIref である http://www.w3.org/1999/02/22-rdf-syntax-ns# により識別される名前空間の一部であることを示している．ここに「#」(hash, ハッシュ）は区切り文字（delimiter）で，URL とそれに続く**フラグメント識別子** (fragment identifier) とを区切る．したがって，この名前空間で識別される（5 行目の）about 述語の URIref は http://www.w3.org/1999/02/22-rdf-syntax-ns#about であることを宣言している．rdf という名前空間はある意味特殊で，これは RDF のために W3C が策定した名前空間であり，RDF/XML の意味記述の原

点はそこにある．`dc` はダブリンコアが定めた名前空間を表す名前空間接頭辞，`exterms` は example という団体が定めた用語 (terms) とその意味を表す名前空間接頭辞である．次に第 5 行目から 9 行目について補足する．5 行目冒頭の `rdf:Description` は同じ行の `rdf:about` によって URI 参照される主語 (この例では団体 example のホームページ) についての記述 (description) であることを宣言している．この記述は第 9 行 (`</rdf:Description>`) で終わる．`about` の意味は上記の通り rdf の意味空間が決めている．第 8 行目末尾の `/>` は `</dc:creator>` と書くも，同じである．

　蛇足ながら，**URI** について若干補足する．たとえば，ISBN が「ISBN4-7819-1140-4」なる書籍があり，その著者は鈴木一朗であるとする．RDF で表現すると，主語はその書籍で，ISBN は世界で唯一の識別子なので，それは URIref となる．著作の関係はダブリンコアの基本要素 `creator` が使え，その URL をその URIref とすることができる．では，目的語である著者の一意識別性はどのように担保されるのであろうか？ 図 1.6 で与えた例のように所属する団体とそこでの職員番号が与えられていれば `http://www.example.org/staffid/85740` は URIref になろう．しかし，一般にはそのような明快な識別子は与えられていない．そのような手がかりが何もなければ，リテラルとして鈴木一朗を述語 `creator` の値としてとるしかなかろう．しかし，このような場合も考えられる．著者の鈴木一朗が自分のホームページ (たとえば `http://web.51channel.tv`) を有していたとしよう．このとき，その URL は著者の URIref になり得るだろうか？ 厳密に考えると，このホームページは鈴木一朗のホームページであることには間違いはないが，決して鈴木一朗本人ではない．この意味では，その URL を URIref とするのはおかしい．ならば，前述の # 記号を流用して `http://web.51channel.tv#me` という URI を作り，# 以下のフラグメント部分で「私である (me)」を明確化し，それを URIref とするという **FOAF** (Friend Of A Friend) に準じた考えもあるが，規格化されているわけではない．

　ここで，RDFS と OWL について若干触れる．RDF はあらかじめどこかで定義された名前空間の要素 (＝語彙) や自分が定義する語彙を使用して，リソースとリソース間の意味的関係性を言明として記述する枠組みを提供した．しかし，そのような語彙はどのようにして定義されるのであろうか．これを規定するのが，2004 年に W3C から勧告された "RDF Vocabulary Description Language

1.0: RDF Schema"（簡単に，RDF Schema あるいは **RDFS** という）である．RDFS は対象分野に特有なクラス（class）とプロパティを記述する枠組みを与える．**OWL**（アウルと発音）はウェブオントロジー言語（Web Ontology Language）に由来し，2004 年に W3C から勧告された．RDFS では書ききれない実世界の意味的関係性を記述し，セマンティックウェブでのコンピュータによる機械的な情報処理を可能としようとする．

なお，RDFS や OWL による実世界記述はスキーマレベルであり，RDF での表現は実世界のインスタンスレベルの表現であることに特に注意したい．すなわち，たとえば「学生」について語るとき，個々の学生はインスタンスであるが，そもそも学生とは，と学生一般を語るとき，それはスキーマとしての学生を語っていることになる．RDFS や OWL がスキーマレベルの実世界の意味記述を行う必要があるのは，一般に意味的制約が個々のインスタンスに課せられるのではなく，「未成年者は禁酒」といった具合に，すべての未成年者の集まりである「未成年者」というクラスに対して課せられる制約と考えるからである．さらに，もしセマンティックウェブを地球規模のデータベースと考えたとき，インスタンスではなくクラスを持ち込まないと，効率のよいウェブ検索はできない．つまり，クラスという概念に備わる抽象化（abstraction）と特殊化（specialization）の仕組みがないと，ウェブ検索は原則としてすべてのウェブページをあたることになり，現実的でない．セマンティックウェブでは **RDF 質問言語 SPARQL** が 2008 年に W3C 勧告となっている．既に 10 指に余る SPARQL 処理系が報告されているが，今後さまざまなテストを重ねて，実用化されよう．

1.4.3　Linked Data と LOD

バーナーズ＝リーは 2006 年に私信 "Linked Data"[8] をウェブ上で公開し，セマンティックウェブは単にウェブ上にデータを置くためのものではなく，人やコンピュータがデータウェブを探索できるように（リソース間に）リンクを張るためのものであると，つまり **Linked Data**（リンクトデータ，お互いにリンクされたデータ）こそがセマンティックウェブが本当に「つながる」ということであると（改めて）強く主張している．そして，リンクトデータの必要条件として，次の 4 つのルールを示している．

(1) ウェブ上のモノ（things）は URI で名前を付けよう．
(2) それらの名前を検索（look up）できるように http:// で始まる URI を付けよう．
(3) 誰かが URI を検索したとき，検索は SPARQL のような標準で書き下せて，有用な情報が提供されること．
(4) モノが次から次へと発見されるように他の URI へのリンクが張られていること（つまり，RDF の目的語がリテラルではないこと）．

ところで，1.4.1 項でウェブがセマンティックウェブであるためのレイヤーケーキ構造（図 1.5）を示したが，それと上記のリンクデータの定義を比較してすぐに分かることは，リンクデータは**セマンティックウェブ**そのものではない，ということである．もう少し正確ないい方をすれば，リンクデータは，セマンティックウェブ全体を実現しようとしても，とても大変だから，とりあえず下から 3 段目まで，つまり **RDF** データセットを整備するところまでを目指しましょう．それでも相当にご利益がある，とバーナーズ＝リーはいったと解釈できる．

この提案を実現するだけでも大変なことと考えられるが，彼の戦略的に長けているところは，上記私信の追加記事として 2010 年に，リンクデータを実現するための道程に **LOD**（Linked Open Data）という（中間）目標を（達成度を示す）五つ星の評価付きで掲げたということである．LOD がリンクトデータと違うところは，リンクトデータを無料で再利用することを妨げず，**オープンライセンス**のもとで公開することとし，それを LOD というと定義したことである．英国や米国はまず率先して政府機関のデータセットを data.gov.uk や data.gov に LOD として置くべきだと主張した．彼の，この目論見は成功したようで，世界の多くの機関が LOD 構築に向けて動いている．筆者には，この動きが（Linux や Wikipedia に見られるような）**集合知**による LOD 構築の試みと映る．

コラム　RDF/XML の働き

筆者が著した「データベース入門」という教科書の書誌情報を HTML で記述した場合のソースコードの一例は図 1.4(a) に示した通りであった．また，それをウェブブラウザで表示すれば図 1.4(b) に示した通りであった．HTML のソースコードも「人間」が読めば，その内容を理解できる．しかし，コンピュータにはそれは理解しづらく，いわゆる**機械処理可能** (machine-processable) とはいい難い．

そこで，この表現をより機械処理可能に近づけるために，(HTML ではなく) XML を使うことが考えられた．XML は自由なタグ付けで文書を構造化することが基本であるからである．上記書誌情報を XML で記述すれば以下のようになろう．

```
<book>
    <title>データベース入門</title>
    <author>増永良文</author>
    <publisher>サイエンス社</publisher>
    <year>2006</year>
    <ISBN>ISBN4-7819-1140-4</ISBN>
</book>
```

HTML 表現と XML 表現を比較した場合，機械にとっては XML 表現の方から意味を抽出しろといわれた方が，より困難さは減少しているといえよう．しかし，XML は，マークアップ (markup) のためのメタ言語であり，固定した種類のタグを持っているわけではない．つまり，ユーザが自分勝手にタグを定義できるということで，これはタグの名前が同じでも，それを定義したユーザが異なれば，違う意味かもしれない．たとえば，本のタイトルをある人は上記のように`<title>`データベース入門`</title>`とタグ付けするかもしれないが，別の人は title が Dr. や Prof. などの称号も意味するから，それと混同しないように`<booktitle>`データベース入門`</booktitle>`とするかもしれないし，`<hyoudai>`データベース入門`</hyoudai>`，あるいは`<shomei>`データベース入門`</shomei>`とするかもしれない．しかし，意味的に同じ「概念」を表していたとして，人間には理解できても，機械処理を考えたときに，この多様性は問題となるであろう．この問題を解決したのが RDF/XML である．そこではオントロジーによりプロパティの定義を行なうことで，この問題を解決できる．

演習問題

問題 1 ハイパーテキストとは何か，必要ならば図も使って，要領よく説明しなさい．

問題 2 HTML と HTTP とはそれぞれ何か，また両者はどのように関係づけられているのか，要領よく説明しなさい．

問題 3 文書ウェブとデータウェブとはそれぞれ何か，要領よく説明しなさい．

問題 4 リンクデータとは何か，またリンクデータが達成されるための 4 つのルールとは何か，要領よく説明しなさい．

問題 5 HTML と XML 類似点性や相違点について調査し，まとめなさい．

問題 6 ダブリンコアの中核となる 15 個の要素（property）について調査し，ダブリンコアの目的や機能などをまとめなさい．

第2章
ウェブアプリケーション

2.1 ウェブアプリケーションとは何か

　ウェブアプリケーション（Web application）とは，**ウェブサーバ**（＝ HTTP サーバ）上で稼働している「アプリケーションプログラム」のことをいい，ウェブクライアントは，Internet Explorer（IE），Safari，Mozilla Firefox などのウェブブラウザを通して，（インターネット越しに）モノ（things）ではなく**サービス**（services）を（基本的に無料で）享受できる．単に，ウェブアプリ，英語では Web app(s) と略すことも多い．

　現在，ウェブ上には数えきれないほどのウェブアプリケーションが稼働している．たとえば，ウェブブラウザに **e コマース**（e-commerce，EC，電子商取引）の **Amazon.com** の日本法人の URL である http://www.amazon.co.jp を打ち込み，その結果として表示された同社のホームページでいろいろなオンラインショッピングを楽しめるのは，同社のウェブサーバ上でそのサービスを提供するためのウェブアプリケーションが稼働しているからである．検索ポータルサイトである **Google** にアクセスして検索キーワードを入力すると，入力された検索キーワードに応じた**検索エンジン結果ページ**（Search Engine Results Page，**SERP**）が表示されるのはそのウェブサーバ上でウェブアプリケーション **Google Search** が稼働しているからである．ソーシャルネットワーキングサービスである **Facebook** にアクセスしてコミュニティの輪に入ったり，**Skype** や **Twitter** にアクセスして会話したりつぶやいたりできるのも同じである．ウェブアプリケーションを理解したり，開発したりするにはウェブアプリケーションとは何かについて，特にその仕組みを理解しておく必要がある．いうまでもないが，ウェブ時代の IT 業界はウェブアプリケーションを設計・開発できる技術者を特に求めているし，ソーシャルコンピューティングを支えるウェブテクノロジーに明るい（どちらかというと文系の）企画畑の人材も求め

られている．

　さて，ウェブアプリケーションを理解するには，ウェブの原点に立ち戻る必要がある．つまり，ウェブが誕生した 1990 年ごろのウェブの仕組みを再確認する作業から始めなければならない．それは図 2.1 に示すようであった．つまり，ユーザは閲覧したいウェブページの識別子（identifier）である URL をウェブブラウザに入力し，ウェブブラウザはウェブ上の DNS（Domain Name System）と協調して，そのウェブページが格納されているウェブサーバを特定し，指定した **HTML 文書**（= HTML ファイル）を通信規約 HTTP に従った手順で送ってくれるように要求する．その要求に対して，たとえば **Apache HTTP Server** などのウェブサーバは指定された HTML 文書を探し出し，それを **HTTP** に従って（ウェブサーバからみればクライアントにあたる）ウェブブラウザに返す．

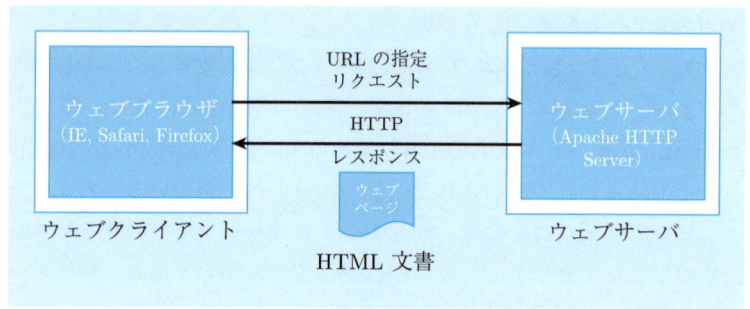

図 2.1　ウェブの基本的仕組み

　このとき，1 つ注意しておくことは，（上記のような）誕生時のウェブの仕組みでは，ウェブサーバはウェブブラウザが（URL を指定して）要求してきた HTML ファイルを探し出して（いつも同じ HTML ファイルを）返すだけなので，**ウェブアプリケーション**という概念は存在していない．換言すれば，ウェブブラウザの要求に応じてウェブサーバが返す HTML ファイルは，指定された URL が同じならいつも同一である．このように，返される常に同じウェブページのことを**静的ウェブページ**（static Web page）という．本節の目的はウェブアプリケーションとは何かを論じることにあるが，このような意味ではウェブアプリケーションという概念は当初は存在していなかった．ウェブアプ

リケーションという用語は，次節で述べるように**動的ウェブページ**という概念と共に誕生し，歴史的にはそれを **Servlet** で実現するという局面で登場してくる．つまり，**ウェブアプリケーションサーバ**という概念がそこで登場する．

なお，e コマースやウェブ検索ポータルサイトなどで稼働しているウェブアプリケーションが保持するデータベースや機能を，新たなウェブアプリケーションを開発する際に利用したり，あるいは分析したりといった第三者の要求に応えるために，それらのサイトが **API**（Application Programing Interface）を設けてそれらをアクセス可能とする場合が多い．これは次章で論じる**ウェブサービス**を実現するには，なくてはならない技術となっている．

2.2 動的ウェブページ

ウェブブラウザの要求に対して，常に同じウェブページ，つまり常に同じ HTML 文書が返される仕組みでは，ユーザのさまざまな要求に応えることは難しく，ユーザを満足させ難いだろう．そうではなく，たとえば，ユーザがあるホームページをアクセスした時，「あなたは 268,325 番目の訪問者です」と表示があれば，そのウェブページはそんなにアクセスされているのかと（ある意味）安心するかもしれないし，また自分を（少しは）認知してくれたような気持ちになり親近感を持ったりするかもしれない．これは**アクセスカウンタ**と呼ばれる機能を使ったごく簡単な例だが，このようにユーザのアクセスに応じて，あらかじめ作成しておいたウェブページを単に返すのではなく，アクセスに応じた内容をもつウェブページをウェブサーバが自動的に生成してそれをクライアントに返す機能が備わっているから実現されている．このようにウェブクライアントからの要求に反応してコンテンツが適宜変化して返されるウェブページのことを**動的ウェブページ**（dynamic Web page）という．

では，動的ウェブページはどのようにして生成されるのであろうか？ 大別すると，2 つのアプローチがある．

(1)　ウェブサーバ側で動的ウェブページを生成する．
(2)　ウェブクライアント側で動的ウェブページを生成する．

さらに，(1) は次の 3 つに類別される．

(1-1)　**CGI** により動的ウェブページを生成する．

(1-2) **Servlet** あるいは **JSP** により動的ウェブページを生成する．

(1-3) ウェブアプリケーションフレームワークにより動的ウェブページを生成する．

また，(2) は次のように類別される．

(2-1) **Applet** により動的ウェブページを生成する．

(2-2) **Flash** により動的ウェブページを生成する．

(2-3) **JavaScript** により動的ウェブページを生成する．

(2-4) **Ajax** により動的ウェブページを生成する．

以下，これらの手法を順に概観する．

2.2.1 CGI による動的ウェブページ生成

CGI（Common Gateway Interface）は，プラットフォームに依存しないでウェブサーバ（= HTTP サーバ）のもと，外部手続呼び出し（Remote Procedure Call, RPC）に似た仕組みで，プログラム，ソフトウェア，あるいはゲートウェイ（ID とパスワードによる認識機能）を実行させるための単純なインタフェースをいう．CGI はイリノイ大学アーバナ・シャンペイン校（The University of Illinois at Urbana-Champaign）の NCSA（National Center for Supercomputing Applications）で考案され，1993 年からウェブ上で使用されてきた．2004 年に**インターネット協会**（the Internet SOCiety，**ISOC**）が RFC 3875 CGI version1.1 を制定している（ISOC の立場からは標準ではないとしているが，事実上の国際標準として理解されている．ちなみに **RFC** は Request For Comments の略）．CGI によりウェブサーバと **CGI スクリプト**（CGI script）が連携して，クライアントからの要求に対処する．ここに CGI スクリプトとは CGI によりウェブサーバから呼び出されるプログラムのことをいう．CGI スクリプトを記述するプログラミング言語としては **Perl**，**PHP**，**Python**，**Ruby** などがある．Perl（パールと発音）は後発の PHP や Ruby と比べるとプログラムの生産性が低いことなどが指摘されたが，CGI スクリプト言語の元祖であり，テキスト処理に優れていること，UNIX との親和性がよいことなどの理由で，現在でも受け入れられている．本項では CGI による動的ウェブページ生成を Perl で例示する．

まず，CGI を Perl で稼働させるには，Perl をダウンロードしインストール

2.2 動的ウェブページ

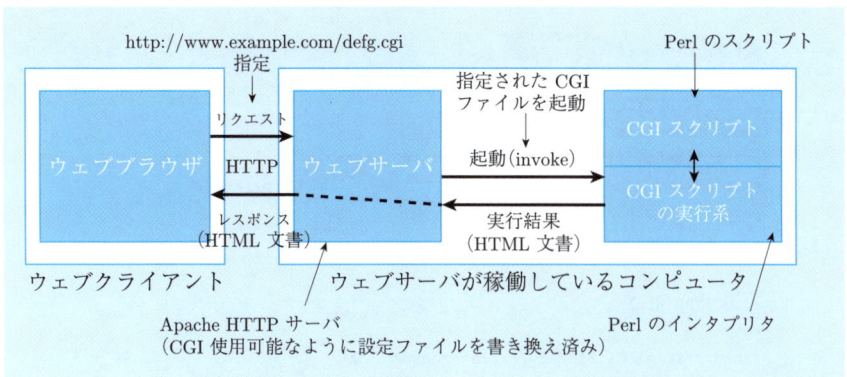

図 2.2　CGI による動的ウェブページ生成の仕組み

する．続いて，ウェブサーバとして稼働している Apache 上で CGI を使えるように設定ファイル（httpd.conf）を書き換える．その結果，ウェブサーバと拡張子が「**.cgi**」や「**.pl**」のプログラムが連携してクライアントからの要求に対処できるようになる．その様子を図 2.2 に示す．CGI の仕組みで生成される動的ウェブページには，アクセスカウンタ，ショッピングカート，掲示板，オートレスポンダ，訪問者名簿，パスワードによるアクセス制限，など数多くが知られている．

次に，CGI スクリプトとはどのような（Perl）プログラムで，それがどのように働いて動的ウェブページを生成し得るのか，そのエッセンスを垣間見てみることにする．CGI スクリプトは実行されると，その結果として **HTML ファイル**を出力し，それがウェブサーバを介してウェブクライアントに送り返され，それがウェブブラウザに表示される．つまり，CGI スクリプトのやるべき仕事は実行結果として HTML ファイルを出力することだから，最も直接的な考え方は，**プリント命令**を実行して，その結果が HTML ファイルになればよいということである．実際は，たとえばウェブクライアントに氏名とか，住所とかを入力させて，そのようなデータも含めて動的にウェブページを生成して送り返すということになるのだが，ここでは極めて単純な Perl で書かれた CGI スクリプトを示して，その実行結果が HTML ファイルになるという仕掛けを垣間見てみる．図 2.3(a) に **Perl** で書かれた簡単な CGI スクリプトを，(b) にその実行結果としての HTML5 ファイルを，(c) にそれを Mozilla Firefox でブラウズ

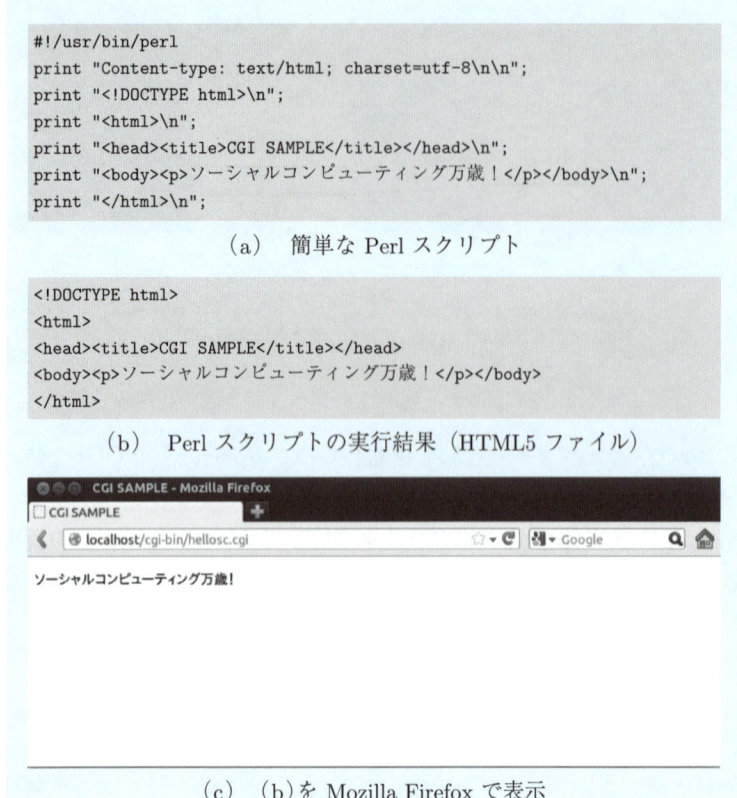

図 2.3 簡単な Perl スクリプトとその実行結果としての HTML5 ファイル，および表示結果

した結果を示す．なお，(a) の第 1 行目は CGI スクリプトが実行できるパス名を示している．第 2 行目から第 6 行目は，それぞれ出力としての **HTML5** 文書を定義するのに必要な，文字コード，DOCTYPE 宣言，html 要素，head 要素，body 要素を指定した print 命令である．ちなみに，HTML5 文書は DOCTYPE 宣言に始まり，続く html 要素の中に head 要素と body 要素が入れ子となった構成となる．

CGI による動的ウェブページ生成は広く受け入れられたが，ウェブブラウザからのリクエストに基づいてその都度 **CGI** スクリプトが実行されるので，リクエ

ストが大量になるとその処理に時間がかかりすぎて，クライアントへのレスポンスが遅くなることが問題となった．換言すれば，アクセス数の多いウェブアプリケーションを走らせている大規模ウェブサーバではそれが原因でパフォーマンスの悪化を招くこととなった．この問題を解決するべく **Java Servlet** による動的ウェブページ生成が登場することとなった．

2.2.2 　Java Servlet と JSP による動的ウェブページ生成

Java Servlet（単に **Servlet**）はオブジェクト指向プログラミング言語 Java のクラスとして定義されている．具体的には，Servlet プログラムを書くには，Java 誕生当時の Java パッケージにその後拡張された機能（Servlet など）を担うクラスを収めた **javax**（java eXtensions，ジャバエックス）パッケージをインポート（import）するのが一般的である．Java は Sun Microsystems 社のゴスリン（James Gosling）らにより 1995 年に開発されたが，オブジェクト指向であるので大規模ソフトウェア開発に向いていることに加えて，Java Virtual Machine（**Java VM**）により実行されるのでプラットフォーム独立（platform independent）であるという長所を有する．つまり，Windows マシーンでも，UNIX マシーンでも，あるいは Mac OS X マシーンでも，**JRE**（Java Runtime Environment）という環境を移植することで同じ Java のプログラムを実行することができる．しかし，Java は本来ウェブアプリケーション開発用の言語ではなかった．そこで Java の持つ特長をウェブアプリケーション開発に生かす目的で開発されたのが **Java Servlet** である．Servlet は **JavaEE**（Java Enterprise Edition）の一部として提供された．1999 年に Java Servlet API Specification version 2.2 Public Review Draft（**Servlet 仕様**）が出版され，その文書中で歴史的には初めて**ウェブアプリケーション**という用語が定義された．字面から推測されるように Servlet はウェブサーバで動的ウェブページを生成する Java のクラスで，後程紹介する **Applet** はウェブブラウザで動的ウェブページを生成する Java のクラスという意味で，対となる概念である．ちなみに，「-let」とは接尾辞で，「小さな」という意味である．たとえば，booklet は小冊子を意味する．

さて，**Servlet** で動的ウェブページを生成する仕組みを図 2.4 に示す．ウェブサーバとして広く使われている Apache HTTP Server（単に，**Apache**）は

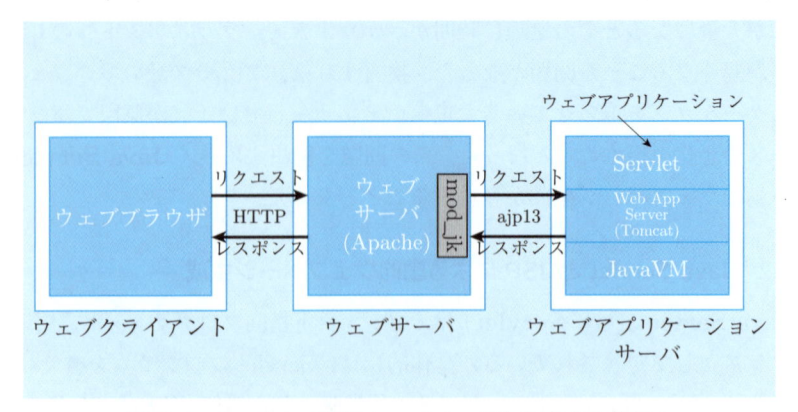

図 2.4 Servlet で動的ウェブページを生成する仕組み

Servlet を動かす機能を持ち合わせていないので，**ウェブアプリケーションサーバ**（Web application server）と称するソフトウェアを導入して，それと連携して Servlet を動かす．Apache と連携するウェブアプリケーションサーバとして Apache Tomcat（単に，**Tomcat**）がある．Tomcat は **Java VM** 上で稼働する．Apache には Tomcat と通信をするために **mod_jk** と称されるモジュールが開発された．この経緯は，Java の開発元であった Sun Microsystems 社はかつて Apache Software Foundation に Java Server Web Development Kit (JSWDK) を寄付したことに始まって Project Jakarta が発足し（Java の名前のもととなったジャワ島の都市 Jakarta に由来），Tomcat はそのプロジェクトで開発されたオープンソースソフトウェアなので，Apache と Tomcat を連携するためのモジュールには「mod_jk」と名前が付けられたという．mod_jk と Tomcat は **ajp13**（Apache JServ Protocol version 1.3 の略）と名付けられたプロトコルで通信を行う．HTTP より高速であるとしている（最近は，mod_jk に代わり，同じ ajp13 プロトコルに従う **mod_proxy_ajp** を使うことも多い）．

ここで，Servlet と CGI と比較してみれば，CGI ではリクエストごとに新たなプロセスを毎回起動し処理が終わると終了したが，Servlet は JavaVM のメモリ上に常駐していて，各リクエストは（重い OS のプロセスではなく）ライトウエイトな Java スレッドとして扱われるので効率がよい，Java を知っていればそれだけで CGI スクリプトを書ける，Servlet ではたとえば Servlet 間のデータを共有できるので CGI より強力である，プラットフォーム独立である，

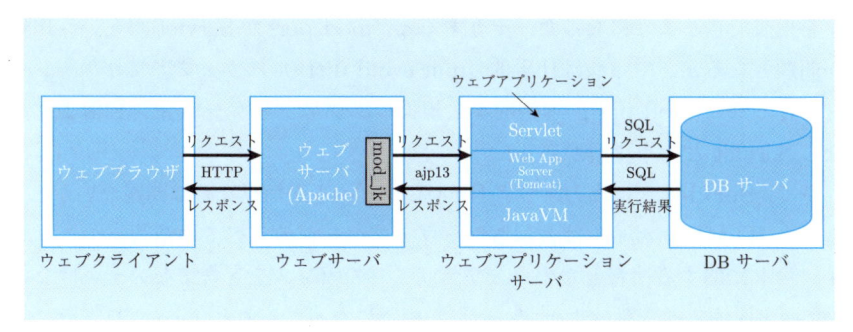

図 2.5 ウェブアプリケーションサーバによる 3 階層クライアント/サーバアプローチ

などの利点を挙げることができる．

さて，システムアーキテクチャとして，CGI ではなく Servlet により動的コンテンツを生成することで何が本質的に異なることになったのかというと，アプリケーションサーバがウェブサーバとは独立に Java VM の上で稼働しているということである．つまり，この仕組みでもって，いわゆる**クライアント/サーバ方式**のリクエスト処理方式が実現されたといえる．したがって，アプリケーションサーバの背後に**データベースサーバ**を置いた**3 階層のクライアント/サーバシステム**（three-tiered client-server system）がインターネット上で実現できたことになる．その様子を，図 2.5 に示す．

Servlet による動的ウェブページ生成は，CGI によるアプローチと異なり大規模なウェブアプリケーション開発を可能にしたが，Servlet プログラムは Java で書かれるものの動的ウェブページとして表示される HTML ファイルを出力することが目的である．ではどのようにして HTML ファイルを出力するかといえば，それは図 2.3(a) に示した（CGI における）Perl プログラムと発想は同じで，たとえば図 2.3(c) のような表示をさせたければ，レスポンスのためのオブジェクトを out として，次のように，`out.println` 命令を実行させればよい．

```
out.println("<p>ソーシャルコンピューティング万歳!</p>");
```

なお，2012 年に Apache **mod_perl** モジュールが一般利用可能（general availability）となり，Perl プログラムが Servlet と同じ仕組みで動的ウェブペー

ジを生成できるようになった．そうすると，mod_perl か Servlet かという比較が問題となるが，やっつけ仕事的（quick-and-dirty）にウェブアプリケーションを作るなら mod_perl，本格的な大規模ウェブアプリケーションを構築するなら Servlet という見解がある．

さて，**Servlet** では出力すべき HTML ファイルが簡単な時は問題ないが，そもそも HTML ファイルは表示されるウェブページのすべての情報，つまりレイアウトに関する情報とかのウェブデザインのセンスをも含まないといけないので，生成するべき動的ウェブページが複雑になってくると Java プログラマの手には負えなくなるという問題が明らかとなった．この問題を解決するために 1999 年に考案されたのが **JSP**（Java Server Pages）である．JSP プログラムは Servlet とは逆の発想で，ウェブページを構成する HTML 文書をベースにして，変更される部分だけを Java で記述する．したがって，Java プログラマはウェブアプリケーションに加えるべき変更点のみを記述できる．動的コンテンツといっても，ウェブデザインを一新して表示するようなことは通常はないので，効率的といえる．なお，Servlet と JSP はそれぞれに特徴を有しているので，その使い分けも重要となり，**MVC**（Model-View-Controller）モデルに従ったウェブアプリケーションの開発が行われている．なお，JSP プログラムは内部で Servlet プログラムに変換されて処理される．このような**サーバ側スクリプティング**（server-side scripting）は JSP だけではなく，他に **PHP** や **ASP**（Active Server Pages）がある．PHP コードも HTML 文書に埋め込まれ，Hypertext Preprocessor を組み込まれたウェブサーバにより解釈され動的ウェブページを生成する．

2.2.3　ウェブアプリケーションフレームワークによる動的ウェブページ生成

オンラインショッピング，マーケットプレース，オークション，ネットバンク，ネット証券取引などウェブアプリケーションが大規模化するにつれて，信頼性のあるウェブアプリケーションを Servlet や JSP にも増して効率よく開発でき，生産性を上げる仕組みを提供していくことが求められることとなった．それがライブラリ（library）によるコード（code）の再利用を基本とする**ウェブアプリケーションフレームワーク**（Web application framework）である．歴史的には，2005 年頃に発祥し，現在さまざまなフレームワークがある．図 2.6

2.2 動的ウェブページ

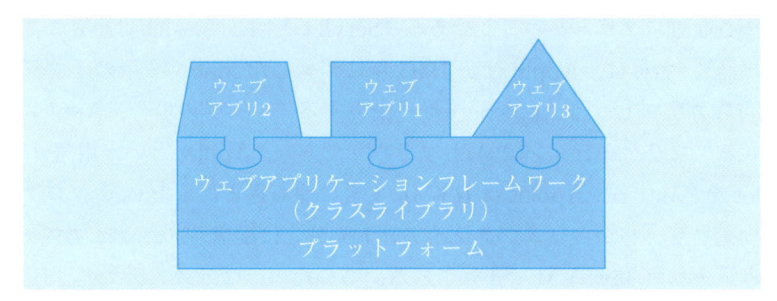

図 2.6 ウェブアプリケーションフレームワーク

表 2.1 ウェブアプリケーションフレームワーク一覧

開発言語	ウェブアプリケーションフレームワーク
Java	Apache Struts, JavaServer Faces, Jt Design Pattern Framework, Apache Wicket 他
PHP	CakePHP, CodeIgniter, Symfony, Zend Framework 他
Python	Django, Pyjamas, web2py, Pylons, Turbogears, Twisted, Web.py, Zope, Pyroxide 他
Ruby	Ruby on Rails, Ramaze 他
その他	ASP.NET

(http://docforge.com/wiki/Web_application_framework#List_of_Web_Application_Frameworks より編集)

にその概念を示す．ウェブアプリケーションフレームワークにより提供されるクラスライブラリを使用してさまざまなウェブアプリケーションが構築される様子が示されている．

現在，さまざまなウェブアプリケーションフレークワークが世に出ている．その一覧を示すと表 2.1 のようである．しっかりと認識すべきは，たとえば Ruby はプログラミング言語であるが，(2004 年に世に出た) **Ruby on Rails** はウェブアプリケーションフレームワークであり，ウェブアプリケーションを Ruby で書けるという関係性である．

2.2.4 Applet，Flash，JavaScript，Ajax による動的ウェブページ生成

(1) Applet

Applet（アプレット）は，他のアプリケーションの中に組み込まれて実行さ

れる小さなプログラムとのことである（Servletと同じく，-letは小さな，を表す接尾語）．名称は，Apple社が1993年に開発したMac OS用のオブジェクト指向スクリプト言語AppleScriptに由来する．ウェブの場合，Appletを動作させるアプリケーションはWebブラウザであり，Appletという用語はJava Appletを意味する．AppletはHTML文書に埋め込まれるJavaのプログラムで，ウェブサーバからウェブクライアントマシンに配信され，ウェブブラウザに組み込まれたJava VMで実行される．このため，ウェブブラウザとHTMLの機能を超えて，インタラクティブな動作や，より高い表現力を実現できる．このような仕組みは，1996年にウェブブラウザ **Netscape Navigator** で初めて実装され，その後Internet Explorerでも実装された．AppletはCGアニメーション，ゲームなどで利用されているが，Javaは本来，動画処理を目的に開発されたプログラミング言語ではないから，表現力豊かなアニメーションやビデオなどではAdobe Flashに及ばない．なお，Java AppletはJava Servletがオブジェクト指向プログラミング言語Javaのクラスとして定義されていたのと同じく，Javaのクラスとして定義されているから，AppletとServletはAppletがウェブブラウザ側で作動し，Servletはウェブサーバ側で作動するという意味で，対をなす概念と捉えてよい．

(2) Flash

Flash（フラッシュ）は1996年に米国で誕生し，当初Macromedia Flash，現在はAdobe Flashとなっているが，Adobe Systems社が開発している音声，動画，グラフィックスによるアニメーションを組み合わせて動的ウェブコンテンツを作成するためのソフトウェアプラットフォーム，あるいはそれを使って作成されたコンテンツをいう．Flashを再生するには，ウェブブラウザで **Flash Player** が稼働していることが必要である．Flashで作成されたアニメーションはただ再生するだけでなくマウスやキーボードによるインタラクティブな操作ができ，多くのポータルサイトや企業や公的機関，歌手や個人のウェブサイト等においてトップページに使用されることが多い．Flashコンテンツの再生はFlash Playerが行うのでウェブブラウザ機能が作動せず，したがって通常のテキストや画像のようにウェブブラウザの機能を用いてコピーや印刷，保存することが不可能なため，コピー防止の目的で使えるという特徴がある．Flashは **YouTube** と共に急成長した動画配信の分野において広く使われており，従来

のメディアプレイヤプラグイン（**Windows Media Player**，**QuickTime** など）方式よりも環境への依存性が低いため，動画配信において欠かせない技術となっている．しかし，2010 年 4 月に Apple 社の CEO（当時）ジョブズ（Steven Jobs）自らが公開書簡 (http://www.apple.com/hotnews/thoughts-on-flash/) の形で，Adobe 社の **Flash** との決別を宣言した．Flash は世界に広く流布しているが，それが即ち Flash のオープン性を意味するものではないということが（表向きの）理由であった．本音は，モバイル時代の寵児として世に送り出した iPhone や iPad の（肝心の）描画エンジン部分を Adobe 社に牛耳られたくない，我々はオープンなウェブ標準（HTML5，CSS，JavaScript など）でいく，ということである．

(3) JavaScript

　JavaScript はオブジェクト指向スクリプト言語の 1 つである．アプリケーションの動作内容を，台本（script）のように記述し制御するための簡易的なプログラミング言語であり，「簡易プログラミング言語」と呼ばれることもある．スクリプト言語で作られたプログラムは**スクリプト**と呼ばれる．小規模なプログラムをすばやく作成することが主な目的であるが，一般のプログラミング言語に劣らず機能は豊かで，習得が容易で記法も簡便であることが多い．JavaScript は 1995 年に **Netscape Navigator** 2.0 のベータ版と共に出荷された．いまは Sun Microsystems 社（Oracle 社に買収されている）の登録商標である．従来は印刷物のような静的な表現しかできなかったウェブページに，動きや対話性を付加した動的ウェブページを作成することを目的に開発され，主要なウェブブラウザのほとんどに搭載されている．JavaScript の他に，Microsoft 社の **VBScript**（Internet Explorer でのみ動作）や Mozilla プロジェクトの **XUL**（Mozilla Firefox でのみ動作）など類似のスクリプト言語がある．JavaScript は Java と頭についているので，オブジェクト指向プログラミング言語 Java から派生した言語のような印象を与えるが，Java とは関係がない．いきさつは，Netscape 社は開発当初は LiveScript と呼んでいたが，それを JavaScript と名称変更した時期は，同社が Java テクノロジーを Netscape Navigator の開発に組み込もうとしていた時期と一致するといわれている．この名称変更は混乱をもたらしたが，Netscape 社からすると，Java 言語からの派生という印象を与えることは JavaScript に最先端のウェブプログラミング言語であるかのような

お墨付きを与える効果がある商売上の策略であった.

(4) Ajax

Ajax（エイジャックス）は Asynchronous JavaScript + XML の略で, 2005 年にガレット（Jesse James Garrett）により名付けられた（現在は XML に限定しないため, 単に Ajax という固有の語）. ウェブブラウザに実装されている JavaScript の**非同期 HTTP 通信機能**を使って, ウェブページのリロードを伴わずにウェブサーバと **XML** や **JSON**（JavaScript Object Notation）形式のデータのやり取りを行なって処理を進めていく対話型ウェブアプリケーションの実装形態をいう. たとえば Web 検索に応用することで, 従来は入力確定後に行っていた検索を, ユーザがキー入力をする間にバックグラウンドで行うことによってリアルタイムに検索結果を表示していくといったことが可能になる. **Google Maps** は Ajax 使用の典型例である. リンク先をクリックする前にリンク先のサムネイル画像を表示してくれるライブラリ previewbubble/wepsnapr, 画像拡大 Lightbox 2.0 など, Ajax はウェブブラウザ側で動的ウェブコンテンツを生成する技術として大きな注目を浴びてきた. 最近は JavaScript という語が Ajax を含んだ意味で使われることも多い.

2.3 さまざまなウェブアプリケーション

ウェブが 1991 年に実働して以来, 実にさまざまなウェブアプリケーションが開発されてきた. そのような中, 本格的なウェブアプリケーションは 1994 年の **Amazon.com** をもって嚆矢とする. Amazon.com は e コマース企業として世界最大の**オンライン小売業者**（online retailer）へと成長した. 遅れて 1998 年に **Google** 社がウェブ検索サービスを提供し始め, いまや世界で屈指の収益を上げる企業となっている. 表 2.2 に時代を画したと考えられる**ウェブアプリケーションとウェブ関連テクノロジー**（*印）の開発履歴をそれらの特徴と共に一覧にして示す. ウェブ元年の 1991 年以来 20 年余を経過したが, この表から世の中がソーシャルコンピューティングに向けてひた走りに走っている様子を読者は是非読み取ってほしい.

2.3 さまざまなウェブアプリケーション

表 2.2 主なウェブアプリケーションとウェブ関連テクノロジーの開発履歴と特徴

年	ウェブアプリケーション/ウェブ関連テクノロジー（*印）	特徴
1989	World Wide Web*	バーナーズ=リーが発案
1991	Web の実働*	1991 年をもってウェブ元年
	Python*	汎用高級プログラミング言語
1993	HTML 1.0*	HTML の最初のドラフト版
	Mosaic*	初めてのウェブブラウザ
	CGI*	ウェブサーバ上でユーザプログラムを動作させるための仕組み
1994	Amazon.com	e コマース．オンライン書店の発想は Amazon.com の創始者が描いたこと．ロングテール現象は新しい経済法則を生み出した．ユーザ参加型のレビューシステムはウェブの本質をいい当てている．
	Yahoo!	検索ポータルサイト（ディレクトリ型）
	Netscape Navigator*	ウェブブラウザ
	Wiki*	カニンガムが開発．ウェブ上での協調支援ソフト．ウェブの本質をいい当てている．
	W3C 発足*	ウェブの世界標準化機構
1995	eBay	e コマース
	Windows 95*	オペレーティングシステム
	Internet Explorer（IE）*	ウェブブラウザ．Windows95 のアドオンとして発売．
	Java*	ウェブ時代のプログラミング言語
	JavaScript*	オブジェクト指向スクリプト言語
	HTML 2.0*	RFC-1866 として公開された HTML の規約
	PHP*	スクリプト言語
	Ruby*	汎用オブジェクト指向プログラミング言語
1996	Flash*	アニメーション向けオーサリングツール
	Java Applet*	インターネットを通してウェブブラウザに読み込まれ実行される Java プログラム
1997	楽天	e コマース．楽天市場．
	価格.com	価格比較サイトの先駆け．価格.com の名称は 2000 年から．
	Java Servlet*	動的ウェブページ生成
1998	Google	検索ポータルサイト（検索エンジン型）．PageRank に基づく SERP（検索エンジン結果ページ）の提示は一時代を画した．また，AdWords, AdSense という発想でウェブならではの新しいビジネスモデルを構築した．

1999	blogger.com		出版（ブログ）．ウェブ社会での新しい出版形態を創成した．ブロゴスフィアを形成．
	Answers.com		Q&Aサイト．Wikiテクノロジーで開発．
	2ちゃんねる		電子掲示板
	goo		検索ポータルサイト
	JSP*		HTML中にJavaコードを埋め込んで実行させるための仕組み
2000	ドットコムバブルの崩壊*		インターネット関連ベンチャー企業のバブルの崩壊
2001	Wikipedia		協創（集合知）．ウェブ上で集合知とはこういうものだ，と世界で初めて実践してみせた．
	iPod*		携帯型デジタル音楽プレイヤ
2002	Mac OS X*		オペレーティングシステム
	Friendster		コミュニティ（SNS）．SNSというウェブならではのコミュニティづくりを創成した．
	RSS 2.0*		RSSフィード
2003	MySpace		コミュニティ（SNS）
	del.icio.us		すべてのウェブページを対象にしたタグ付け，ソーシャルブックマーキングの元祖．ソーシャルタギング．
	Skype		コミュニケーション（インターネットテレビ電話）
	Second Life		コミュニティ（仮想世界）
	iTunes Music Store*		新しい音楽配信ビジネスモデル
	Safari*		ウェブブラウザ（Mac OS X v10.3）
2004	Flickr		共有（写真）．タクソノミーではなくフォークソノミーというウェブが可能とした新しい索引法の元祖．
	Gmail		電子メール．一般公開2007年．本格化2009年．
	mixi		コミュニティ（SNS）
	Facebook		コミュニティ（SNS）
	Digg		協創（ニュースサイト）
	Mozilla Firefox*		ウェブブラウザ
	The Wisdom of Crowds*		スロウィッキーによる集合知の主張
	Ruby on Rails*		ウェブアプリケーションフレームワーク
2005	Ajax*		対話型ウェブアプリケーションの実装形態
	はてなブックマーク		del.icio.usに同じ
	Yahoo! 知恵袋		Q&Aサイト．質問に対して回答者は回答を投稿して，質問者がベストアンサーを選んだり，投票によりベストアンサーが決まる．知識交換．
	食べログ		ランキングとユーザからの5段階評価による口コミ採点（レビュー）で探せるグルメサイト
2005	YouTube		共有（動画）

2.3 さまざまなウェブアプリケーション

2005	Google Maps		Google Maps API を提供し，ウェブ上のさまざまなアプリを融合して新しいアプリを創成するマッシュアップへの道を開拓したさきがけ．Ajax を使って実現．
	Google Earth		"Explore the world in 3D from anywhere." がキャッチコピー．
	Web 2.0*		オライリーの造語．従来のウェブと新しいウェブの差異は集合知の活用にある．
2006	Twitter		出版（マイクロブログ）．"What's happening?" がスローガン．半角で 140 文字以下の短文でウェブ上に 呟く．ツイッタスフィアを形成．
	モバゲータウン		SNS．それをプラットフォームとして提供される「怪盗ロワイアル」などはソーシャルゲーム．2011 年に Mobage に名称変更．
	ニコニコ動画		共有（動画）
	BlogTalkRadio		Livecasting（実況中継）
	Ustream		共有（動画）．ライブビデオストリーミング．ライブキャスティング（実況中継）．
2007	ニコニコ生放送		ニコニコ動画に追加された機能．ライブビデオストリーミング．
	FriendFeed		ライフストリーミング（友人や友人の友人のさまざまなフィード（feed，更新情報）をリアルタイムで閲覧できる）．SNS の範疇．
	Google Docs		ウェブ上の文書共同作成・共有サービス
	iGoogle		カスタマイズ可能な Google ページ
	Google Street View		Google Maps および Google Earth 上でその機能を利用できる
	iPhone*		スマートフォンの先駆
	Kindle*		電子書籍リーダならびにコンテンツ配信サービスの名称
	Android*		スマートフォン向けのプラットフォームの名称
	Knol		Share what you know がキャッチコピー．知識の共有を前面にアピール．
2008	Dropbox		オンラインストレージサービス
2009	Bing		検索ポータルサイト
2010	iPad*		タブレット型コンピュータ
	Google Drive		オンラインストレージサービス
2012	Windows8*		オペレーティングシステム．タブレット型ユーザインタフェース．
	HTML5*		W3C 勧告候補
	Google Glass*		米国特許取得（Google 社）
	iGlass*		米国特許取得（Apple 社）

コラム　Google 検索のビジネスモデル ―AdWords―

　Google 社の **Google Search** は典型的なウェブアプリケーションである．我々ユーザはその検索サービスの恩恵に浴すること極めて大であるが，それに対して一円たりとも使用料金を支払っていない．しからば，Google 社は何を売り上げ，どのようにして収益を得ているのか？ つまり，Google 社のビジネスモデルは何か？ それは，彼らが「検索連動型広告」と「コンテンツ連動型広告」を考案したからである．具体的には，AdWords と AdSense で，それらが収益の大半を占めるという．ここでは，**AdWords** の仕組みを見ておく．

　Google 社の案内を参考にしながら，その仕組みを簡単に説明すると次の通りである：「広告主はまずアカウントを作成する．入札単価と予算を設定する（たとえば，1 日の予算を 1,000 円，**クリック単価**の上限を 10 円というように設定する），広告（広告タイトル，広告テキスト，広告に表示される広告主の表示 URL，その広告がクリックされた時に飛ぶウェブページのリンク先 URL）を作成する．顧客が入力する可能性が高いと考えられるキーワード（広告しようする商品に関連のある単語や言葉）を 10 個～20 個作成する．支払い情報を登録する．最後に広告の掲載場所（たとえば，Google 検索の検索エンジン結果ページやブログ，ニュースサイトなど）を設定する．」これで広告手続きは終了となる．

　さて，広告主はどのような時に Google 社に支払いをしないといけないかというと，自社の広告を誰かがクリックしたときである．しかし，Google 社が巧みなのは，その時広告主が Google 社に支払わないといけないクリック単価が「入札」，つまりオークションによって決まるという仕掛けである．たとえば Google 検索の検索結果画面を見て分かるように，広告は人目に付きやすいように検索結果画面の上部から始まって右横に表示されている．AdWords では，検索結果やブログ，ニュースサイトなどのページで広告スペースが空くたびに毎回オークションが行われる．そしてオークションごとに，その時点でそのスペースに表示される AdWords 広告が決まる．このオークションに参加できるかどうかは入札単価で決まる．つまり，広告スペースの上位に自社の広告を出そうとすると，自ずとクリック単価を高く設定していかないといけないわけで，それが入札によって決まるので，広告主は疑心暗鬼，競争に勝たないといけないから，上限クリック単価を高く設定してそれを落札しないといけないことになる．クリック単価は広告主が勝手に決めていくのであって，Google 社は何も組していないという，大変巧妙な仕掛けとなっている．

演習問題

問題 1 ウェブアプリケーションとは何か，要領よく説明しなさい．

問題 2 動的ウェブページとは何か述べ，特に CGI により動的ウェブページを生成する仕組みを説明し，簡単な例を示しなさい．

問題 3 ウェブアプリケーションとそれを支える技術の 5 年後，10 年後の姿を描いてみなさい．

問題 4 ウェブアプリケーションを提供している企業がどのようにして収益を上げているのか，そのビジネスモデルを調査し，まとめなさい．

問題 5 AsWords に加えて AdSense を調べて，ウェブアプリケーションと広告の関係について，まとめなさい．

第3章

ウェブサービス

3.1　ウェブサービスとは何か

　ウェブサービスという用語は往々にして間違っていたり，誤解を与えたり，あるいは曖昧な使われ方をされているので大変気になる．たとえば，「ググる」とき，ユーザは Google 社（以下本章では Google）が開発した Google Search というウェブ検索アプリケーションが提供する検索サービスを享受しているのであって，Google が提供するウェブサービスを享受しているわけではない．いや，それどころか，ウェブサービスという用語は，いみじくもウェブ技術の事実上の国際標準化を司っている W3C が正確にその用語を定義し使っているように，まったく異なった概念を表すための用語である．本節ではまずそれを述べることから始める．

　ウェブはウェブアプリケーションで満ち溢れていることは前章（表 2.2）で示した通りである．毎年，さまざまなウェブアプリケーションが開発され，ウェブ上で無料あるいは有料で公開されている．益々高機能化し可用性の高いウェブアプリケーションを構築するには，既存のウェブアプリケーションの機能をまた 1 から実装するのではなく，それらをうまく取り込みつつプログラム作成できれば随分と生産性も向上するし，ソフトウェアとしての信頼性も高いものになることが予想される．このようなために，ウェブサービスがある．たとえば，地図を組み込むことで構築するウェブアプリケーションの有用性や価値が向上する例はいくつも考えられるが，そのようなウェブアプリケーション開発者の要求に応えるために，ここで，再び Google を事例にあげれば，Google は **Google Maps API** と称する「ウェブサービス」を提供している（Google Maps は Google の提供するウェブアプリケーションであるが，Google Maps API は Google の提供するウェブサービスである点をもう一度確認しておこう）．ちなみに，**API** は Application Programming Interface の略である．他の実

3.1 ウェブサービスとは何か

例としては，我々が日常的に使用するようになっているというウェブアプリケーション Google Search では，その機能を広くウェブアプリケーション開発者に開放する目的で **Google Web Search API** を公開している．この API を通して，ウェブアプリケーション開発者は JavaScript を用いて自分達の作成するウェブページに Google Search を組み込むことができる．

さて，ウェブサービスの歴史をたどると 2 つの潮流を見出せる．歴史的には，まず W3C により 2004 年に **Web Services Architecture** と題する覚書 (note) [14] が公表され，その中でウェブサービスが定義され，現在まで多数の企業がそれに準拠してさまざまなウェブサービスを提供してきた，通常 **SOA** (Service Oriented Architecture) と呼ばれているアーキテクチャがある．一方，フィールディング (Roy Fielding) により 2000 年に提唱された **REST** (REpresentational State Transfer) と名付けられたアーキテクチャスタイルに基づくウェブサービスのアーキテクチャがある [17]．それは 2000 年代中頃に普及しはじめ，**RESTful**，つまり REST のスタイルに合っている **ROA** (Resource Oriented Architecture) と呼ばれているウェブサービスのアーキテクチャとして現在広く受け入れられている．

したがって，W3C が 2004 年の覚書で SOA を定義したとき，ROA はすでに存在していたわけで，REST について W3C がその覚書の中で，1 つ項目を割き，次のように言及しているのは興味深い．

ウェブサービスには大きく分けて 2 つある：

- 任意の (arbitrary) ウェブサービスで，サービスによって操作の集合はいかようにでもなり得る．
- REST 準拠のウェブサービスで，その主要な目的はいつも同じ**ステートレス** (stateless) な操作 (operation) の集合を使ってウェブリソースの XML 表現を操作することである．

つまり，SOA（前者）も ROA（後者）も共にウェブサービスであるが，そのサービス実現の考え方に違いがあるとしている．

続けて，SOA と ROA の概要を述べるが，その前に，ウェブサービスの基本概念を図 3.1 に示す．図示されているように，**ウェブクライアント**（＝ウェブブラウザ）が直接ウェブサービスの恩恵にあずかることはない．ウェブサービスを享受するのは，**ウェブアプリケーション開発者**である．ウェブサービスを提供し

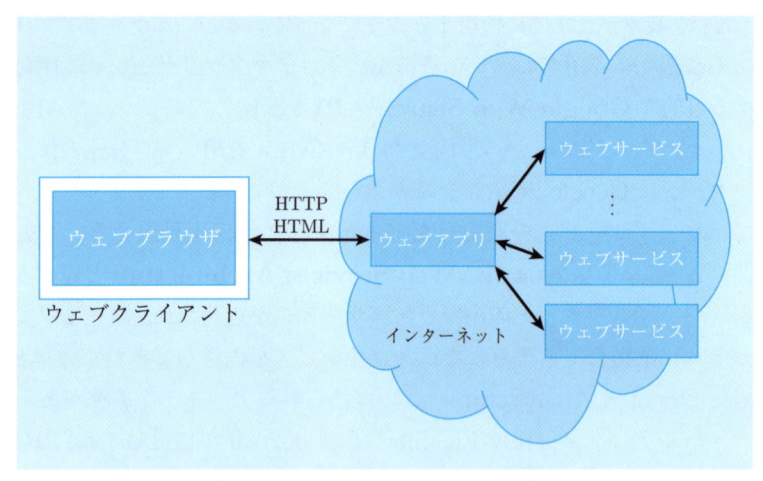

図 3.1　ウェブサービスの基本概念

ているのが企業（business）だとすれば，この意味ではウェブサービスは **B2B**（Business to Business，企業間）のサービス授受であり，**B2C**（Business to Customer，企業と一般消費者間）のそれではない．くどいが，Google Search は検索サービスを提供するウェブアプリケーションであってウェブサービスではない．一方，Google Web Search API はウェブサービスである．

3.2　W3C のウェブサービスアーキテクチャ—SOA—

　W3C により 2004 年に Web Services Architecture と題する覚書（note）[14] が公表され，そこで与えられたウェブサービスの定義を概観する．この覚書が出されるまではウェブサービスとは何か，確たる定義が与えられていなかったので，その意味では世界で初めての定義である．

【ウェブサービスの定義（W3C）】
　ウェブサービスは，ネットワーク越しに相互運用可能なコンピュータとコンピュータのインタラクションをサポートするためのソフトウェアシステムである．それは，機械処理可能なフォーマット（具体的には WSDL）で記述されたインタフェースを持つ．他のシステムはウェブサービスと SOAP メッセージを使ってウェブサービスが定める通りに情報の交換をする．SOAP メッセージ

3.2 W3Cのウェブサービスアーキテクチャ—SOA—

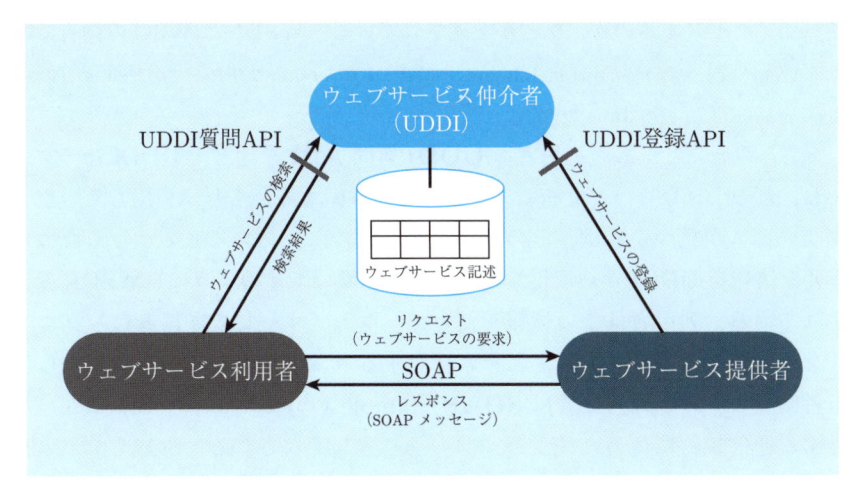

図 3.2 SOAの仕組み

は，他のウェブ関連標準と連動しつつ（リソースを）XML フォーマットに変換し，通常は HTTP を用いて搬送される．

読んで明らかなごとく，この定義には WSDL，SOAP といったキーワードが出現する．これは，この覚書が **SOA**（Service Oriented Architecture）と呼ばれるウェブサービスのアーキテクチャを規定しているからである．いうまでもなく，SOA は文字通り**サービス指向**のアーキテクチャで，**ウェブサービス利用者**（＝リクエスタ，requester）は，**ウェブサービス仲介者**（＝ブローカ，broker）を介して，**ウェブサービス提供者**（＝プロバイダ，provider）からサービスとしてウェブサービスを享受する仕組みである．図 3.2 に SOA の仕組みを示す．

図 3.2 を解説する．ウェブサービス提供者は提供できるウェブサービスを **UDDI**（Universal Description, Discovery and Integration）に **UDDI 登録 API** を通して登録する．UDDI はウェブサービスの登録簿（registry，レジストリ）であり，検索システムである．UDDI に登録されているウェブサービスの内容は **WSDL**（Web Services Description Language）と称する XML 形式の言語で記述されている．より具体的には，ウェブサービスがどのようなメソッド名を使い，引数はいくつで，使っている型は何で，通信プロトコルは何を

使ってアクセスするのか，などが記述されている．WSDL は W3C の勧告である：Web Services Description Language (WSDL) Version 2.0 Part 0: Primer, W3C Recommendation, 26 June 2007.

一方，ウェブサービス利用者は **UDDI 質問 API** を通して UDDI にアクセスし，どのようなウェブサービスがあるのか検索する．もし，利用したいウェブサービスが見つかれば，そのウェブサービスにリクエストをかけるために必要な情報を UDDI から取得する．この情報は（上述のように）WSDL で書かれている．利用者はこの情報を使って，ウェブサービス提供者にリクエストをかける．このリクエストとそれに対するウェブサービス提供者側から利用者側へのレスポンスは共に **SOAP**（Simple Object Access Protocol）と称する通信規約に従ったメッセージのやり取りでなされる．SOAP は W3C の勧告である（SOAP Version 1.2 Part 1: Messaging Framework (Second Edition), W3C Recommendation, 27 April 2007）．SOAP メッセージは XML 形式で記述されている．XML は文書構造をタグ（tag）により自由に定義でき，かつ相互運用性が高いことがこのような目的に合っている．サービス利用者からサービス提供者への **SOAP メッセージは HTTP リクエスト**に埋め込まれる．逆に，サービス提供者からサービス利用者への応答の SOAP メッセージは **HTTP レスポンス**に埋め込まれる（SOAP1.0 では HTTP のみであったが，SOAP1.1 では SMTP や FTP も利用できる）．図 3.3 に SOAP メッセージの構造の概略を示す．

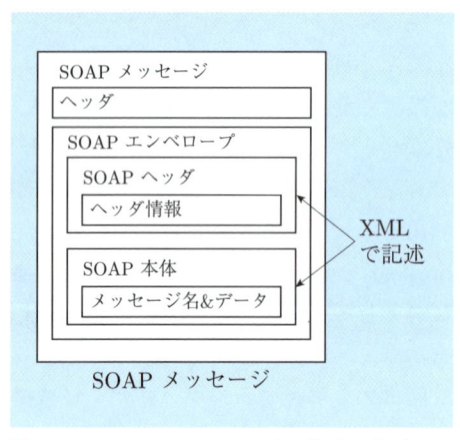

図 **3.3** SOAP メッセージの構造の概略

実際に SOAP メッセージがウェブサービス利用者とウェブサービス提供者の間でどのようにやり取りされるかの単純化した一例を図 3.4 に示す（**SOAP エンベロープ**（envelope）の本体部分を特に記す）．これは，ウェブサービス利用者（旅行代理店）がウェブサービス提供者（さくら航空（CH）．架空）に

3.2 W3Cのウェブサービスアーキテクチャ—SOA—

```
<env:Envelope
xmlns:env="http://www.w3.org/2003/05/soap-envelope">
 <env:Header/>
 <env:Body>
  <m:getFlightInfo xmlns:m="http://www.sakura-air.co.jp">
   <m:departureDate>2015/05/28</m:departureDate>
   <m:departurePlace>Narita</m:departurePlace>
   <m:arrivalPlace>London</m:arrivalPlace>
  </m:getFlightInfo>
```

(a) サービス利用者からサービス提供者へのSOAPメッセージ（要求）

```
<env:Envelope
xmlns:env="http://www.w3.org/2003/05/soap-envelope">
 <env:Header/>
 <env:Body>
  <m:getFlightInfoResponse xmlns:m="http://www.sakura-air.co.jp">
   <m:answer>yes</m:answer>
   <m:flightNumber>CH955</m:flightNumber>
  </m:getFlightInfoResponse>
```

(b) サービス提供者からサービス利用者へのSOAPメッセージ（応答）

図 **3.4** SOAPメッセージ（SOAPエンベロープ本体部分）の一例

「2015年5月28日の成田発ロンドン行きに空席がある便があるかどうか」とSOAPメッセージで問い合わせたら（図3.4(a)），「ある．それはCH955便」とSOAPメッセージで応えた（図3.4(b)）例である．付け加えれば，図3.4(a)の形式で問い合わせれば，図3.4(b)のような形式で応答があるということが，WSDLで記述され，ウェブサービス提供者（さくら航空）からUDDIに登録されている．

UDDIに基づくウェブサービスは，その普及のために多くの組織がウェブサービス提供者として提供できるウェブサービスをUDDIレジストリに登録しなければならないこと，ウェブサービス提供者の信用性や提供されるサービスの品質を担保する仕組みも必要なこと，ウェブサービスを利用者が享受するためにはSOAPに従い粛々と定められたメッセージの交換を行わないといけないこと，などが問題点として指摘された．このようなことからSOAは，次節で

紹介する REST に基づく軽量な ROA に比べて，大ウェブサービス（big web service）といわれたりすることとなった．

3.3 REST と ROA

3.3.1 REST とは何か

REST とは REpresentational State Transfer の略である．2000 年にフィールディング（Roy Fielding）が導入したウェブのためのソフトウェアの**アーキテクチャスタイル**（architectural style）をいう[17]．

アーキテクチャスタイルとは直訳すれば建築様式ということで，たとえばロマネスク様式，ゴシック様式，バロック様式の類である．コンピュータ分野でたとえれば，システムをクライアント/サーバスタイルで構築するとか，ピアツーピアスタイル（peer-to-peer style）で構築するとか，そういう概念である．スタイルの概念は階層的で，たとえばクライアント/サーバでも，それをリモート表示スタイルにするのか RDA（Remote Data Access）スタイルにするのか，といった具合である．注意すべきは，アーキテクチャスタイルは**アーキテクチャ**とは異なる点である．アーキテクチャという用語はコンピュータの分野では第 3 世代のコンピュータの嚆矢として 1964 年に登場した IBM 社の System 360 の説明に使われ，プログラマから見えるシステムの属性群，という定義であった．つまり，プログラマにシステムはこう構築されています，と具体的に示す意味である．一方，アーキテクチャスタイルとはそのような個々のシステムがどのように実装されているか，ではなくシステム設計にあたっての基本思想を規定した概念である．上述したように，システムをクライアント/サーバスタイルで構築しましょうといった時，それはピアツーピアスタイルで構築するのではない，ということをいっているのであり，ではそのクライアント/サーバシステムをどう実装しましょうか，というレベルのことをいっているのではない．

フィールディングはウェブのためのソフトウェアは REST と称するアーキテクチャスタイルで作成したらよい，と主張したのであるが，どういうことか？以下に，それを述べるが，ここで 1 つだけ注意しておきたいことは，REST はなにもウェブサービスだけに限らず，ウェブの在り方そのものを整理した提言

3.3 REST と ROA

にもなっているということである．つまり，ウェブ上のモノは全て URI を有するリソースであるとするセマンティックウェブに代表されるウェブの潮流とぴったり合っており，それが，**リソース指向**（resource oriented）と称される所以(ゆえん)である．

さて，REST とは何であろうか？ REST は REpresentational State Transfer の略であった．Representational とはどのような概念なのであろうか？ また，state とは，transfer とは，一体どういう概念なのであろうか？ この疑問を解く鍵は，REST の名付け親であるフィールディングの論文にある次の一節にあった：

「具象的状態転送」（REpresentational State Transfer）という名前はうまく設計されたウェブアプリケーションがいかに動作するかのイメージを想起させることを意図している．すなわち，ウェブページがハイパーリンクでつながりあったネットワークは1つの仮想的な状態機械を形成していて，ユーザはリンクを選択したり短いデータを入力することによってアプリケーションを進行させることができる．それらのアクションによりアプリケーションは次の状態に遷移するが，そのとき，その状態の具象がユーザに転送される．

REST を理解するには，なお若干の補足説明がいる．まず，**リソース**（resource）について述べる．フィールディングによれば，ハイパーリンクを有する文書をハイパーテキストというが，その1つのリンクが指し示している概念的なターゲットを「リソース」という．名前を付けることのできるいかなる文書や画像，時間的サービス（たとえば，東京の本日の天気），他のリソースの集合などはリソースである．これらのリソースが実際どのような値をとるかは時間と共に変わってよい（東京の本日の天気は日によって変わる）．リソースを特定するのが**リソース識別子**（resource identifier）である．リソース識別子として **URI**（= URL + URN）を使う．この考え方は，バーナーズ＝リー（Tim Berners-Lee）が Linked Data でウェブ上のモノ（things）は URI で名前を付けようと提唱していることと共通する（1.4.3節）．その結果，たとえば国産自動車社（架空）がピーチという車のウェブページをリソースとして定義したとすれば，http://www.kokusan.co.jp/car/peach.html はリソースとなる．もちろん，国産自動車が自社のホームページをリソースとしたければ

http://www.kokusan.co.jp はそうである．

　次に，**具象**（representation）とは何か，補足する．これは固くいえば，リソースの具象（＝表象，再現描写）であるが，平たくはウェブアプリケーションの状態の表現である．たとえば，Google で「クジラ」を検索し，検索エンジン結果ページに表示された，たとえば Wikipedia のクジラの記事（へのアンカーテキスト クジラ – wikipedia）をクリックして，その結果，ウェブブラウザに表示される文字・画像データとそこに埋め込まれているハイパーリンクが，Wikipedia というウェブアプリケーションがいまいる**状態**（state），これが1つのリソースである，の「具象」である．ユーザがそのページに表示されているアンカーテキスト「イルカ」をクリックすると Wikipedia はイルカの記事を具象する次の状態に遷移する．つまり，**REST**（具象的状態転送）とは，ウェブアプリケーションの状態の具象，つまりリソースをコンポーネント（＝ユーザエージェント，源泉サーバ，ゲートウェイ，プロキシ）間で転送する，ということである．

3.3.2　RESTful ウェブサービス

　さて，REST だけでは，あまりにも抽象的すぎる．より具体的にそのアーキテクチャスタイルを述べるとどうなるのか．フィールディングは，REST は次の5つの制約を満たす複合的なアーキテクチャスタイルであると定義した（制約は (1) から順に積み上がっていく）．これらの制約を満たすアーキテクチャスタイルは **RESTful** であるという（これらの制約をどのように実装するかは一切規定していない）．

(1)　クライアント/サーバアーキテクチャスタイルであること．(Client-Server, CS とこのアーキテクチャスタイルを表記)

(2)　クライアント/サーバ間のインタラクション（interaction）は**ステートレス**（stateless）なスタイルであること．つまり，クライアントからサーバへのリクエストは（サーバが）それを理解するために必要なすべての情報を含んでいること．換言すれば，サーバはクライアントに関する情報（＝クライアントの状態）を保持しないで済む．この制約を満たすとウェブアプリケーションの可視性（visibility），信頼性（reliability），拡張性（scalability）が向上する．簡単な例としては，クライアントがサー

バから複数ページからなる結果を取得する場合，クライアントから「次の」ページを送れとリクエストすると，サーバは直前のページ番号を記憶しておいて次のページを計算しないといけないから**ステートフル**（stateful）となってしまう．しかし，クライアントが次のページ番号を指定した形でサーバにリクエストをかけることができればステートレスとなる．(Client-Stateless-Server, CSS スタイル)

(3) クライアントにサーバから送られてきたレスポンス中のデータが**キャッシュ可能**（cacheable）か否かに分類できるスタイルであること．この制約により（具象をキャッシュできればネットワークを使わなくてアプリケーション間連携（application interaction）が可能となり，その分だけ）ネットワークの効率が上がる．(Client-Cache-Stateless-Server, C$SS スタイル)

(4) コンポーネント間のインタフェースは統一されたスタイルであること（＝**統一インタフェース**）．ここに，クライアント，サーバ，プロキシ（proxy），ゲートウェイなどがコンポーネントである．この結果，アーキテクチャが単純になり，インタラクションの可視性が向上する．(Uniform-Client-Cache-Stateless-Server, UC$SS スタイル)

(5) **階層的システム**（layered system）スタイルであること．つまり，サーバはクライアントにサービスを資源階層（resource hierarchy，リソースの階層性を OS のファイルシステムがファイルをユーザに表示するためのディレクトリ構造と同じように表現）として提供すること．(Uniform-Layered-Client-Cache-Stateless-Server, ULC$SS スタイル)

他に，(6) **コードオンデマンド**（code-on-demand）スタイルであること（つまり，クライアントは必要なコードをダウンロードできる），という制約があるが，これはオプショナルである．したがって，**UC$SS スタイル＝ REST スタイル**と解釈してよい．図 3.5 に REST スタイルを満たすウェブサービスアーキテクチャの概念を示す．ユーザエージェントが 3 つの並列したインタラクション（リクエスト a，リクエスト b，リクエスト c）の中央に描かれている．それらのインタラクションはユーザエージェントのクライアントコネクタのキャッシュ（$）で応えることができなかったので，各リクエストはそれぞれリソースの源泉（resource origin）へ送られる．リクエスト a はローカルプロキシに送られ，

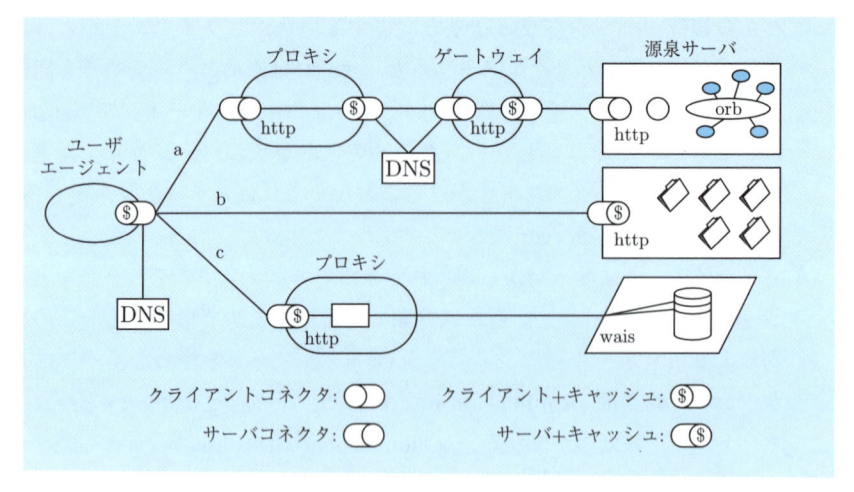

図 3.5 REST アーキテクチャスタイルの概念

それは次に DNS 検索で見つかったゲートウェイに送られ，それはリクエストを源泉サーバに送る．そこではリソースは ORB（Object Request Broker）でカプセル化されている．リクエスト b は直接源泉サーバに送られ，このリクエストはそこでキャッシュされていたデータで満たされた状況を表している．リクエスト c はプロキシを介して WAIS（Wide Area Information Server）であるクライアント/サーバ型テキスト検索システムに直接アクセスしている．プロキシ中の四角い箱は HTTP ベースのインタラクションを WAIS 仕様に変換する機能を表している．なお，REST で**コネクタ**（connector）とは，ユーザエージェントやプロキシやゲートウェイや源泉サーバなどの実装の詳細を隠蔽し，それら間の通信を抽象化したインタフェースを示すための概念で，クライアントコネクタ，サーバコネクタ，キャッシュコネクタ（たとえば，ブラウザキャッシュ），リゾルバコネクタ（resolver，たとえば DNS lookup library），トンネルコネクタがある．キャッシュはクライアントにその機能があればネットワーク通信の繰返しを避けれるし，サーバにあればレスポンス生成のプロセスの反復を回避できる．

　これら 5 つの制約を満たしたアーキテクチャスタイルは **RESTful**，つまり REST のスタイルを満たしている，と呼ばれる．また，RESTful である制約を満たして実装されたウェブサービスは **RESTful** ウェブサービスと呼ばれ

るが，それは W3C が勧告した（サービスありきの）SOA（Service Oriented Architecture）と称するウェブサービスの方式に対して，遷移するアプリケーションの状態の具象，すなわちリソースでウェブサービスを定義しようという概念なので，**ROA**（Resource Oriented Architecture）と呼ばれている．

ここで，RESTful ウェブサービス（**RESTful ウェブ API** というも可）について，もう少し説明を加える．現在，さまざまなウェブサービスがあるが，RESTful ウェブサービスに忠実に実装されたシステムとして Amazon.com 社の **S3**（Simple Storage Service）や eBay, Yahoo!などのウェブサービスが知られている．たとえば，S3 はシンプルなウェブサービスのためのインタフェースのもと，ウェブ上のどこからでも容量に関係なくデータを格納・取得できるサービスで，Amazon.com 社がそのサービスを提供する目的はスケールメリットを最大化して開発者に提供することだという．ただ，いずれのウェブサービスもどのようなシステムアーキテクチャを採っているかはこれまで公表してきていないので，その内部に立ち入ることはできない．

なお，RESTful ウェブサービスの提供を行うには，まずシステムが提供するリソースを設計しないといけないことは明らかで，そのためには次に挙げる項目を検討しなければならない．

(1) 何を（サービスのための）リソースにするか．
(2) リソースにどのような URI を付与するか．
(3) その表現（＝具象）をどうするか．
(4) リソース同士をどうリンク付け（して孤島をなく）するか．
(5) クライアントはどのようなアクセスをしてくるか．
(6) エラーが発生した場合にどう対処するか．

最後に，このようにして構築された，RESTful ウェブサービスに対して，クライアントがステートレスなリクエストを発行するときに使えるコマンドについて紹介する．それらは 8 種類ある HTTP メソッドのうちの，**CRUD**（Create, Read, Update, Delete）操作を表す POST, GET, PUT, DELETE の 4 つである．それらをまとめて，表 3.1 に示す．これらが統一インタフェースを実現している．ウェブサービスが RESTful であるためには，これらのメソッドはフィールディングらが作業をして定めた Hypertext Transfer Protocol – HTTP/1.1（RFC2616）[16] の定義通りに使われなければならない．SOA では SOAP の

表 3.1 RESTful ウェブサービスにおける HTTP メソッドの機能

リクエスト	機能
POST	リクエストした URI によって識別されるリソースの下位（＝親子の関係性の子の位置）にリクエストに同封した新しいリソースを置く（C）
GET	リクエストした URI によって識別されるリソースを取得（retrieve）する（R）
PUT	リクエストした URI が既存なら，そのリソースの状態を変更（modify），新規なら作成（create）する（U）
DELETE	リクエストした URI によって識別されるリソースを削除する（D）

もとでウェブサービス利用者とウェブサービス提供者間のやりとりに使用するメソッドはウェブサービス提供者がそれぞれ決めるが，ROA では常に CRUD の 4 種類である．REST が軽量といわれる所以の 1 つである．

ここで，HTTP メソッドの使われ方の一例として GET を取り上げ，その使われ方を RESTful ウェブサービスを提供している Yahoo! Japan デベロッパーネットワーク（http://developer.yahoo.co.jp）が提供する**ルビ振り API** を採り上げ示してみる．この API は漢字かな交じり文に，ひらがなとローマ字のふりがな（ルビ）を付けるサービスで，リクエスト URI は http://jlp.yahooapis.jp/FuriganaService/V1/furigana である．図 3.6 に示す例では，「明鏡止水」という 4 文字熟語にひらがなとローマ字のルビを振ってもらうリクエストと，レスポンスを示している．クライアントのアプリケーション ID はこのウェブサービスに実際に登録すると貰える．また，レスポンスは XML 文書となっている．

3.4 マッシュアップとウェブサービス

マッシュアップ（mashup）とは元々音楽用語で，DJ（Disc Jockey）が 2 つ以上の曲を混ぜ合わせて，1 つの新しい曲を作ることをいう．ウェブでは，複数のウェブサービスを混ぜ合わせて，新しいウェブアプリケーションを作り上げること，あるいは作り上げられた新しいウェブアプリケーションのことをいう．マッシュアップで作成されたウェブアプリケーションは，一般にそれ自体

3.4 マッシュアップとウェブサービス

```
GET /FuriganaService/V1/furigana?sentence=%E6%98%8E%E9%8F%A1%E6%AD%A2%E6%B0%B4 HTTP/1.1
Host: jlp.yahooapis.jp
User-Agent: Yahoo AppID: <クライアントのアプリケーションID>
```

(a) リクエストの例

```
HTTP/1.1 200 OK
Date: Mon, 06 Feb 2012 00:00:00 GMT
Vary: Accept-Encoding
Content-Type: text/xml; charset="UTF-8"
Cache-Control: private
Connection: close
Transfer-Encoding: chunked
<?xml version="1.0" encoding="UTF-8"?>
<ResultSet xmlns="urn:yahoo:jp:jlp:FuriganaService"
xmlns:xsi="http://www.w3.org/2001/XMLSchema-instance"
xsi:schemaLocation="urn:yahoo:jp:jlp:FuriganaService
http://jlp.yahooapis.jp/FuriganaService/V1/furigana.xsd">
  <Result>
    <WordList>
      <Word>
        <Surface>明鏡止水</Surface>
        <Furigana>めいきょうしすい</Furigana>
        <Roman>meikyousisui</Roman>
      </Word>
    </WordList>
  </Result>
</ResultSet>
```

(b) レスポンスの例

図 3.6 RESTful ウェブサービスにおける GET リクエストの例

はウェブサービス API を持たないのでウェブサービスを提供しないことが多いが，もしウェブサービス API を用意すれば新たなウェブサービスとなる（ウェブサービスをマッシュアップして出来上がるものはウェブアプリケーションで

あってウェブサービスではないことを老婆心ながら再度注意しておく）．

マッシュアップを行うためには，ウェブサービスが提供されていることが前提となるが，一般にウェブサービスを SOA あるいは ROA のどちらに準拠して提供するかの判断はウェブサービス提供者にとってはとても大きな判断になるし，ウェブアプリケーション開発者にとっても重要なことである．大局的に見て，HTTP のもとで URI によりリソースをアクセスするというウェブ本来の枠組みのなかでウェブアプリケーション開発が手軽に行える **RESTful** ウェブサービスが広く受け入れられるようになっているというのが現状であろう．

> **コラム　REST という命名に感心した**
>
> 　REST を提唱したフィールディングの博士論文[17]を読んでいると，その英語は結構荒っぽく，丁寧でない．したがって，行間をどう埋めて読むべきか，苦慮するところがあった．その後，博論の内容は ACM Transactions on Internet Technology に学術論文[18]として収録されることになるが，（筆者にいわせれば）それで初めてちゃんとした英語になっていて，ようやく字面で彼が何をいっているのか，分かるところが何ヵ所かあった．
>
> 　それはさておき，欧米人は宗教観の違いによるのか，概念やシステムの命名がうまくて感心することが多い．たとえば，世界で冠たるデータベースカンパニーの Oracle 社であるが，Oracle とは「神託」を意味する．Oracle の製品購入者にとって Oracle のいうことは，神の声なのである．REST と聴くと，まず心や精神の平和をイメージさせるが，やはりグラフィカルユーザインタフェース（GUI）の力で，世界で初めて WYSIWYG を実現して，1984 年に世に出てきた（あの可愛かった）Macintosh のコマーシャル "The computer for the rest of us" を思い出させる．この言葉は，ジョブズ（Steven Jobs）の信条を表していて，直訳すれば「残されし我々へのコンピュータ」ということになる．「残されし我々」とはコンピュータの専門的知識を持たない一般大衆をいい，Macintosh はそんな我々への「福音」なのであるというイメージを伝道師ジョブズは強烈に与えることに成功した．フィールディングの REST は，まさに the rest of us の REST, そして弱者への「救い」を強烈に想起させる．REST にはもっと深い宗教的意味合いもあるのかもしれないが，REpresentational State Transfer とは上手い命名だと感心する．きっと，REST ありきで（フィールディングは）その言葉を使ったに違いないと，筆者は勝手に想像している．

演習問題

問題 1 ウェブサービスとは何か，要領よく説明しなさい．

問題 2 ウェブサービスアーキテクチャ SOA と何か，必要ならば図も使って，要領よく説明しなさい．

問題 3 REST とはアーキテクチャスタイルである．アーキテクチャスタイルであってアーキテクチャはないということはどういうことか，できるだけ具体的に説明しなさい．

問題 4 RESTful ウェブサービス（= RESTful ウェブ API）とは何か，要領よく説明しなさい．

問題 5 SOA と ROA を念頭に置きつつ，ウェブサービスの現状を調査し，レポートしなさい．

問題 6 スマートフォンやタブレット型コンピュータ（たとえば iPad）のためのアプリケーションプログラムが数多く開発されているが，既存のウェブサービスをいくつかマッシュアップして，魅力あるウェブアプリケーションを構想してみなさい．

第4章

集 合 知

4.1 集合知とは何か

　集合知という言葉が社会のいろいろな局面で用いられ，耳にするようになっている．英語では collective intelligence といい，当初は「集団的知性」というような訳もあったが，近年では単に「集合知」といっていることが多い．集合知という言葉が現代社会，特にウェブ社会で受け入れられるようになった原因は2つある．1つは，2004年にスロウィッキー（James Michael Surowiecki）が **"The Wisdom of Crowds"**（群衆の英知）という著作[22]を表したこと．もう1つは2005年にオライリー（Tim O'Reilly）が **Web 2.0** という新しい概念を提唱し[29]，ウェブが従来のウェブ（Web 1.0）と異なる7つの原則のうちの1つにスロウィッキーが提唱した集合知を活用していること，を挙げたことによる．本章では，集合知という言葉が発祥した経緯を概観したあと，スロウィッキーが主張する集合知の「群衆の英知」モデルとはいったいどのようなモデルなのかを見てみる．さらに，集合知指向の情報社会について論じる．

　さて，歴史を遡ると，集合知の概念を最初に提唱したのは，昆虫学者のウィラー（William Morton Wheeler）であるといわれている．ウィラーはアリ（蟻）の行動を観察し，昆虫の個体同士が密接に協力しあって全体として（知力を持った）1つの生命体のように振る舞う様子から，そのような生命体を **超個体**（superorganism）と呼んだ．1911年のことである．

　その後，集合知という概念は社会学（sociology）で大変興味をそそる研究対象となり数多くのアプローチが取りざたされてきた．たとえば，マサチューセッツ工科大学の集合知センター（Center for Collective Intelligence, MIT）は集合知のさまざまな側面の研究を推進するための社会学的展望を報告している．現在，我が国でも，さまざまな社会現象を集合知という概念でもって説明しようとする風潮は一層の高まりを見せている．

4.2 「群衆の英知」モデル

　集合知という用語が，情報科学の分野で取りざたされてきたのは，先述のように2000年代中頃のことである．スロウィッキーの著作とオライリーの論文の影響は大きく，ウェブ社会に大きなインパクトを与えた．より具体的には，スロウィッキーもオライリーも集合知が活用されている典型事例の1つに，検索エンジン **Google Search** の検索アルゴリズム PageRank を取り上げている．スロウィッキーは集合知を群衆によって民主的に形成される知力であると定義しているから，集合知は群衆参加型の新しい情報処理の形態である**ソーシャルコンピューティング** (social computing) の理論的母体ともなっている（ソーシャルコンピューティングは次章で論じる）．産業界では IBM (International Business Machines)，Microsoft，HP (Hewlett-Packard) といったグローバル IT 企業が集合知に基づくソーシャルコンピューティングプロジェクトを立ち上げているし，学界では2009年には IEEE-CS（米国電気電子技術者協会－コンピュータ部会）が第1回ソーシャルコンピューティング国際会議（SocialCom-09）をカナダのバンクーバー（Vancouver）で開催している．

　さて，このような文脈の中，本章では次節でまずスロウィッキーの提唱する集合知の群衆の英知モデルとは何かを，彼の著作をフォローする形で，確認する作業から始める．

4.2 「群衆の英知」モデル

4.2.1 群衆の英知モデルとは

　スロウィッキーは "The Wisdom of Crowds: Why the Many Are Smarter Than the Few and How Collective Wisdom Shapes Business, Economies, Societies and Nations" という著作を2004年に刊行した[22]．その邦訳はジェームス・スロウィッキー（著），小高尚子（訳），"「みんなの意見」は案外正しい，" 角川書店，2006として出版されている．Amazon.com の著者紹介によれば，スロウィッキーは「米国の雑誌 The New Yorker の常勤のライターで，そこでは一般大衆向けのビジネスコラム記事である The Financial Page を担当しており，また彼の執筆活動は New York Times や Wall Street Journal など多くの媒体に及んでいる」という．邦訳では，原著の内容を「一握りの権力者たちが牛耳るシステムの終焉を高らかに謳い，きたるべき社会を動かす多様

性の底力を鮮やかに描き出した」と紹介している．

さて，スロウィッキーの著作を読む時，まず次の2つのことが気になる．1つ目は，The Wisdom of Crowds（群衆の英知）といっていて，Collective Intelligence（集合知）とはいっていない．言葉が違うので，概念に相違があるのではないかと考えられるが，同一視してよいものなのか，そうではないのか．もしそうではないとすれば，両者の違いは何なのか，あるいは逆に両者の関係性は一体何なのか？2つ目は，スロウィッキーはいくつもの事例を挙げて群衆の英知を謳いあげているが，どのような事例を挙げているのか，である．

まず，第1の疑問はその著作の中では解けなかった．しかし，YouTubeでスロウィッキーのビデオインタビュー記事をいくつか観ているときに，それは氷解した．彼が著作で主張した「群衆の英知」（The Wisdom of Crowds）は集合知（collective intelligence）の1つの「モデル」（model）であると説明したところがあったからである．つまり，集合知にはさまざまな形態があるが（たとえば，前述のウィラーの超固体モデル），群衆の英知とは，一定の条件が整うと群衆は賢い判断を下せるという，人々の認知レベルでの集合知の存在を主張するためのモデルということである．このことを理解したうえで，本書では（特に群衆の英知を強調しようとしない限り）単に集合知という言葉でスロウィッキーの言う群衆の英知を意味することとする．

4.2.2　群衆の英知の証

本項では，2番目の課題に移り，スロウィッキーが群衆の英知の証として示すいくつかの事例を紹介してみたい（記述は邦訳によるところが多い）．

【事例1　ゴールトンの実験】

イギリス人科学者（優生学の研究）ゴールトン（Francis Galton）は，群衆は愚かである，ということを証明したかった．そこで，家畜見本市に出された雄牛の重量を群衆が予測するという実験を行った（1906年）．彼はこの実験で，選ばれたごく少数の人間だけが社会を健全に保つのに必要な特性を持っており，世の中の人の圧倒的多数にはこうした特性が欠けている，と信じていたので，それを証明しようとした．つまり，グループには，非常に優秀な人が少し，凡庸な人がもう少し，それに多数の愚民の判断が混ざってしまうと，結論は愚か

なものになると考えた．したがって，グループの平均値が，まったく的外れな値になると予測していた．ところが，多彩な群衆 800 人が予測した重量の平均値（重量の総計を群衆の数で割る）は実際の値にほぼ近かった（予測値の平均は 1197 ポンドで実際は 1198 ポンド）．つまり，「みんなの意見」はほぼ正しく，ゴールトンの目論見は見事に外れた（群衆の持つこの「知力」をスロウィッキーは「群衆の英知」と呼んだということである）．

【事例 2 チャレンジャー号の事故】

1986 年 1 月 28 日にスペースシャトル・チャレンジャー号（Space Shuttle Challenger）が打ち上げ 73 秒後に爆発し，乗組員 7 名全員が犠牲となった悲惨な事故の原因はどこにあったのか．発射の模様は TV 中継されていたので，事故のニュースは素早く伝わった．まず，事故の 8 分後，Dow Jones Newswires（世界の金融・経済ニュースをリアルタイムに配信する会社）が最初の報道をした．株式市場はその後数分もしないうちにチャレンジャー号の発射に関わった主要企業 4 社の株の投売を始めた．その 4 社とは次の通りである．

  Rockwell International 社： シャトルとメインエンジン
  Lockheed 社： 地上支援
  Martin Marietta 社： シャトルの外部燃料タンク
  Morton Thiokol 社： 固体燃料ブースター

爆発から 21 分後の株価の下落幅は次の通りであった．

  Rockwell International 社： 6%
  Lockheed 社： 5%
  Martin Marietta 社： 3%
  Morton Thiokol 社： 下落幅が大きすぎて（売りたい投資家があまりに多く，買いたい人があまりに少ない），瞬く間に取引停止に追い込まれた．

爆発からほぼ 1 時間後に売買が再開さたとき，Thiokol 社の株価は 6%下落し，その日の終値では下落幅はほぼ 12%となった．一方 Thiokol 社以外の 3 社の株価は持ち直して下落幅は 2%程度にとどまった．しかし，あらゆる検証をしても，事故の当日，Thiokol 社に責任があるというコメントは 1 つとして公になっていなかった．そして，爆発の 6 ヶ月後，チャレンジャー号大統領調査委員会は，原因は Thiokol 社にあったことを明らかにした．つまり，あの日の株式市場は

賢かった．それは賢い集団としての特徴である意見の多様性，独立性，分散性，そしてそれをまとめる集約性（これらは後述）が満たされていたからである．

【事例3　Google Search の検索アルゴリズム】

Google社（以下 Google）の検索エンジン Google Search は何十億のウェブページを調べ，一番役に立ちそうなページを瞬時（たとえば0.12秒）に選び出す．それがゆえに世界の標準的な検索エンジンになった．その検索エンジンは集合知を使っている．それが **PageRank** アルゴリズムである．Google Search の技術の詳細は一般に公開されていないが，Google はそれを次のように説明している．「PageRank は，ウェブの膨大なリンク構造を組織的手段として用いることによって，民主的な特性を十分に生かします．Google はページAからページBへのリンクをページAによるページBへの支持投票と解釈します．Google はページへの投票数によりそのページの重要性を判断します．しかしGoogle は単に投票，つまりリンク数だけを見ているのではなく，票を投じたページについても分析します．「重要度」の高いページによって投じられた票はより高く評価されて，それを受けとった他のページを「重要なもの」にしていくのです．」(PageRank アルゴリズムは第10章で詳細に示す)．

さて，Google の最終投票結果は事例1で挙げた雄牛の重量予測のような単純平均値ではなく，加重平均値で表される点でより複雑となっている．PageRankが加重平均で求められることについて，スロウィッキーは厳密には民主主義というよりは共和制であるとコメントしているが，PageRank アルゴリズムが集合知であることを次のように説明している：より多くの人々があるページにリンクを張れば，そのページはそれだけ最終決定に影響力を持つことになる．最終投票は加重平均であって，これは株価も同じであるが，群衆の最終判断によってより大きな影響力を持つ大きなサイト（big site）は，それに投票したより小さなサイトすべてがあっての影響力である．つまり，もし，より小さなサイトが間違ったサイトに多くの影響力を与えたとしたならば，Google の検索結果は正しくはないだろう．結局，群衆が支配しているのである．

【事例4　予測市場】

予測市場（prediction market）も群衆の英知の典型的事例である．予測市場とは，たとえば選挙で誰が当選するか，というようなことを事前に予測して，

4.2 「群衆の英知」モデル

それを商品とする市場である．有名な例に，アイオワ大学ビジネスカレッジの **IEM**（Iowa Electronic Market）プロジェクトがある．このプロジェクトでは，あらゆる選挙結果を予測する市場を設けているが，市場に参加するさまざまな人々（＝群衆）の判断が，一部の権威ある調査機関の予測結果より優れていることを実証してきたという．IEM の提供する典型的な市場を挙げると次のようである．

- 選挙の勝者（当選者）を予測する市場
- 特定の候補者の最終得票率を予想する市場

選挙の勝者（当選者）を予測する市場について補足をすれば，「X 氏が当選」という契約を買ったとすると，X 氏が当選すれば（たとえば）1 ドル入るが，落選すれば一文も入らない．そうすると，このタイプの契約に必要な金額は，この候補者が当選する確率についての市場の判断を反映している．つまり，ある候補者の契約が 0.5 ドルで買えるなら，その人の当選確率は 50%．0.8 ドルなら 80%と市場は考えているということになる．IEM のトレーダーは 800 人程度で，IEM の精度は，予測市場というメカニズムを導入したことにより群衆の英知を的確に反映でき，世論調査より正確な予想をしているという．

【事例 5　株式市場】

投資家が相互依存しながら，株価が「集合知」として機能する「株式市場」（stock market）も群衆の英知の事例である．また株式市場では，すでに挙げた事例では見えにくかった，群衆の英知がうまく機能しない，つまりみんなの意見が間違った場合の典型例として，「株式バブル」や「大暴落」を挙げることができる．

実際，投資家は特定の企業が将来稼ぎ出す額がどれだけ正確に株価に反映されているかに関心があって投資する．つまり，通常の投資家は株価が上昇することを期待して株を買い，一部の人（空売りをする人）は株価が下落することを期待して株を売る．空売りが罪かどうかの議論は別にして，それは投資家の多様性の一端を反映している．

さて，株で本当に儲けたいなら，投資家は自分が信じるベストの企業の株を買ってはいけない．そうではなく，多くの投資家が，平均的な投資家の意見だけでなく，平均的な投資家が平均的な投資家の意見をどう考えているかを気に

して（＝予想して）投資している，ということに留意して投資するべきである．この予想は延々と（巡り巡って）続くわけで，これがスロウィッキーが株価もPageRankと同じく加重平均で決まると書いた所以であろう．なお，上記の「予想」と称した仕組みは，著名な経済学者ケインズ（John Maynard Keynes）が次のような比喩（ミスコンに喩えた）で看破しているのだと紹介している：「玄人筋の行う投資は，投票者が100枚の写真の中から最も容貌の美しい6人を選び，その選択が投票者全体の平均的な好みに最も近かった者に商品が与えられるという新聞投票に見立てることができよう．この場合，各投票者は，彼自身が最も美しいと思う容貌を選ぶのではなく，他の投票者の好みに最もよく合うと思う容貌を選択しなければならず，しかも他の投票者のすべてが同じ問題を同じ視点から眺めているのである．」

ただ，株式市場には予測市場と根本的に異なるところがあり，それは正解がない，ということである．つまり，株の取引は株式市場が存続する限り，末永く続くであろうが，現在の株価が適切かどうかは誰も証明できない（しかるに，予測市場では，たとえば選挙が終わり，開票が終われば，何が正しく，何が間違っていたか，直ちに分かる）．このような仕組みの中で，投資家は株の売買を行うが，投資家が自分自身の判断で投資をせず，他の人と同じという安心感を求めて群れをなして投資をしはじめると，株価は本来の価値とは全く関係なくなり，バブルが発生した後，大暴落する．バブルの発生と崩壊はみんなの意見が間違った典型的な事例である．

なお，スロウィッキーはその著書の中で触れていないが，ウェブ上で誰もが編集可能な百科事典であるWikipediaは集合知の典型である．なぜならば，Wikipediaは誰でもが記事を作成し編集できるように，ウェブ上の協同作業支援システムMediaWikiが開発され，さらに編集競合（edit conflict）や編集合戦（edit war）を解決する仕組みが導入され，「参加」と「ピラニア効果」により，不特定多数の編集者の知の集約としてそれを構築することに成功している（これらの詳細は第8章）．他にも集合知の力を活用している事例は多数あり，それらはソーシャルソフトウェア（第8章），ソーシャルネットワーク（第9章），ソーシャルサーチ（第10章），リコメンデーション（第11章）の各章で適宜紹介されている．

4.3 群衆が賢くあるための条件

さて，スロウィッキーは豊富な事例を示して，**群衆**（あるいは，人々の集団，単に集団）は正しい判断をしやすいと主張しているが，群衆が賢い判断を下しやすいためには，多様性，独立性，分散性という3つの条件が満たされていないといけないと主張した．

- 多様性： 認知の多様性
- 独立性： 他者の考えに左右されないこと
- 分散性： 自立分散を意味し多様性や独立性をもたらす所与のもの

加えて，さまざまな意見をまとめあげるメカニズムとしての集約性が必要である．以下，それらについて説明を加える．

4.3.1 多様性・独立性・分散性

【多様性】

多様性（diversity）は，社会的多様性ではなく認知的多様性（cognitive diversity）のことをいう．なぜ多様性が必要かというと，群衆が正しい判断を行えるためには，発想が根本から違う多様なアイディアがたくさん出てくることが必要であるからである．その多様性の効用として次を挙げることができる．

- 新たな視点が加わり，集団の意思決定が持つネガティブな側面をなくしたり，弱めたりできる．これは，ペイジの実験結果（下で簡単に紹介）で確証することができる．
- 本当の知力は個人に備わっているという我々の思い込みは間違っている．つまり，個人の判断は正確でもなければ，一貫性も持っていない．また，最良のコンサルタント，最良のCEOなど，ともかくその任に一番ふさわしい人を見つけることこそが違いを生むと信じているが，それは間違っている．加えて，認知の多様性が担保されている集団では，集団のメンバーが自分の意見をいいやすくするメリットがある．

ここで，ペイジ（Scott E. Page）の実験結果について紹介しておく．ペイジはミシガン大学の政治学者で，著作 "The Difference, Princeton University Press"（邦訳．スコット・ペイジ（著），水谷淳（訳），"「多様な意見」はなぜ

正しいのか：衆愚が集合知に変わるとき," 日経 BP 社, 2009)[23] がある．ペイジは多様性がもたらすポジティブな効果を示すために，意思決定のプロセスをコンピュータシミュレーションした．それぞれに異なるスキルを持った 10〜20 人程度のエージェントを設定し，やや複雑な問題を与えた．個々人のレベルで見ると，与えられた課題の解決に適しているエージェントもいれば，そうでないエージェントもいる．だが，「優秀な意思決定者とそれほど優秀ではない意思決定者が混在している集団のほうが，優秀な意思決定者だけからなる集団よりも必ずといっていいくらい，よい結果を出している」ということを最終的に発見した．

【独立性】

独立性（independence）について補足する．これは，群衆のメンバーが独立していたら正しい判断を下せる可能性が圧倒的に高くなるという条件である．独立性が必要な理由としては次を挙げることができる．

- 人々が犯した間違いが相互に関わりを持たないようにできる．
- 独立した個人はみんながすでに知っている古い情報とは違う，新しい情報を手に入れている可能性が高い．

独立性が機能する理由として，アリの集団と人間の集団との違いを挙げられる．兵隊アリは一度迷うと，自分の前のアリの後に続くという単純なルールに従い死の行軍を始めるが，人間はそうではない．ただ，人間は自律的であると同時に社会的なので，独立性の確保は難しいという側面がある．つまり，日常的に影響を及ぼしあっている人々が，果たして集団として賢明な判断を下せるのだろうか？ という疑問がある．そのような典型例として，（同調でなはなく）「社会的証明」（social proof. たくさんの人が何かをしたり，信じたりするのはそれなりの根拠があるからだ，と思い込む人間の性向）といわれる現象があり，それについて，米国の著名な社会心理学者であるミルグラム（Stanley Milgram）らの有名な実験（1968）がある：

- 一人の男性を街角に立たせて，60 秒ほど空を見上げる．彼が何を眺めているのか，好奇心から足を止めた人はわずかだった．
- 5 人の男性を立たせた．足を止めた人は 4 倍に増えた．
- 15 人の男性を立たせた．通行人の 45%が足を止めた．そして，空を眺める．

4.3 群衆が賢くあるための条件

つまり，状況が曖昧で不透明なときは，周りと同じことを自分もすればよいという戦略を人々はとる．しかし，皆がこの戦略をとると集団は賢くなくなる．

他に，模倣と情報カスケードという問題がある．1人の人間が全てを知っているということはないだろうから，**模倣**（imitation）は自分自身の認識の限界を打破する方法であり，また集団は賢い模倣（集団は新しい問題解決法を考えつくよりも，複数の選択肢の中から正しいものを選ぶ能力に優れている）をする能力に優れているので，その集団的行為はうまく活用すれば優れたものとなる．しかし，自ら考えることなく行う模倣は害となる．また，**情報カスケード**（information cascade）とは，市場や投票制度のように，皆が持っている私的情報を集約するのではなく，情報不足の状態で次から次へと判断が積み重なることをいう．情報カスケードが抱える根本的な問題は，ある時点を過ぎると自分が持っている私的情報に関心を払う代わりに，周りの人の行動を真似することが合理的と思える点にある．こうなると，集団は賢い判断を下せなくなる．

つまり，集団が賢くあるために求められている要件は，集団を構成するメンバーの意見の「独立性」である．

【分散性】

スロウィッキーの「群衆の英知」という発想は分散性（decentralization）を「所与」（given）のものとし，また本質的に善であると前提している．分散性とは，簡単にいえば，群衆の上に立つような人間がいて群衆の答え（answer）に口を出すようなことはないということである．したがって，群衆の意見の多様性や独立性が担保される．換言すれば，利己的で，独立した人々が同じ課題に対し分散したアプローチを採ると，トップダウン式のアプローチよりも集合的なソリューションが優れている確率が高くなる．分散性は，独立性と専門性を推奨する一方で，人々が自らの活動を調整し，難しい課題を解決する余地も与えてくれる．その好例として，オープンソースのオペレーティングシステム（operating system, OS）である **Linux**（リナックス）の開発を挙げることができる．Linux は，トーバルズ（Linus Torvalds）がフィンランドのヘルシンキ大学在籍中に作成した（1991年）UNIX（ユニックス）に似たオペレーティングシステムであるが，自分が書いたソースコードを一般に公開し，「自由に配布できる成果なら，ご連絡ください．システムに加えたいので」という一文

を付けた．その結果として，世界に分散した多様で独立したプログラマが無償でOSの欠陥を修正し，これまでになく信頼のおけるシステムに育て上げた．Linuxの改善に携わりたいと思っているプログラマの数は驚くほど多く，そのおかげで，ソリューションの選択肢の幅が大きく広がった．プログラマは多様で独立しており，加えて人数も多いので，どんなバグが発見されても誰かがそれを修正する方法を思いつくのである．

4.3.2 集 約 性

さて，群衆の英知が機能する，つまり群衆が賢くあるためには，群衆の多様で，独立で，分散した意見を賢きものにまとめる（＝集約する）メカニズムが必要である．これを集約性という．

【集約性】

分散性のもと発せられる様々な意見をうまく集約しなければ，集団としての賢い意見は出てこない．集約には情報の集約と判断の集約が考えられるが，集合知で求められていることは，さまざまな判断を実効的にどのようにまとめ上げていくかのメカニズムである．スロウィッキーはそれを**集約性**（aggregation）といっている．これまで紹介してきたように，集合知がうまく機能する場合は，雄牛の重量予測から始まって株式市場までさまざまであるので，共通する原理は同じだとしても，現れてくる集約のメカニズムは事例ごとに異なってくる．たとえば，雄牛の重量予測では投票値の単純平均をとるというものであったし，GoogleのPageRankでは（各ウェブページのランクの）加重平均をとる反復操作であった．予測市場や株式市場でも加重平均で契約（contract）や株価（stock price）が決まっていくプロセスを観念的には想像できるが，実際には予測や株式のための市場メカニズムが集約性を実現していると考えるのが自然であろう．

ここで，多様な集約のメカニズムをもう少し整理してみることを考える．そのとき，2つのことに気が付く．1つは，集約性の計算がコンピュータ（＝プログラム）を基盤にして行われるのか，社会を基盤として行われるのか，という点である．もう1つは，その集約のメカニズムが計算した判断の正しさ（＝正当性）を証明できるのか，否かという点である．最初の論点は，集合知形成過程のスペクトラムの広がりを（チューリングの意味での）計算可能性で分けよ

4.3 群衆が賢くあるための条件

うとしたということである．後者の論点は，計算結果としての集合知の正しさを実証できるのかという観点で分けてみようとしたということである．表 4.1 に，これらの観点から集合知形成のための集約性を分類した結果を示す．

明らかに，それぞれ，明確な区分線は引き難い．したがって，表示したこの分類に誤解の生じないように，もう少し説明を加える．雄牛の重量予測，PageRank，協調フィルタリング，評判システムをコンピュータ基盤の集約性の列にリストアップしたのは，それらの値がコンピュータ（＝プログラム）で計算されるからである．雄牛の重量予測では群衆の予測値が，PageRank では個々のウェブページの入りリンクと出リンクのデータが，協調フィルタリングでは Amazon の推薦システムに典型を見るように顧客の購買データが，評判システム（たとえば，食べログ）では評価者が直接評判システムのウェブサイトに送信するレビューが，それぞれのプログラムの入力となりデータ処理されて結果となる．しかるに，Linux，フォークソノミー，Wikipedia，ブロゴスフィア，ツイッタスフィア，予測市場，株式市場を社会基盤の集約性の列にリストアップしたのは，いずれも，それぞれの受け皿としてのアプリケーションプログラムはあるものの（たとえば，Wikipedia では MediaWiki．株式市場では東証システム），そこに入力されたさまざまなデータをどのように集約していくかは，プログラムではなく，ウィキペディアン（Wikipedian, Wikipedia の編集者をこう呼ぶ）や投資家といった人間の判断が大きく関わっているからである．

得られた集合知としての結果（＝判断）の正しさは，雄牛の重量予測や予測市場では（ふたを開けてみれば）分かる．しかし，Linux ですら，当てたパッチの正しさ（＝正当性）を誰が証明できるであろうか？ PageRank は与えられたデータを基に検索エンジン結果ページ（SERP）を出力してくるが，その正しさを誰がどのように証明するのか？ 株式市場では今の株価の正しさを誰かが判断できるのか？ 加えて，群衆は出力された結果にすぐに反応して，新たなデータ処理を必要としてくることになる．

つまり，これらがソーシャルコンピューティングの真髄を言い当てているのだが，表 4.1 の「集合知の正しさの検証」という軸は，集合知を形成しようとしているターゲットの社会性が高くなればなるほど，その検証は難しいということを表し，「集約メカニズム」軸はターゲットの社会性が高くなるほど，社会基盤で集約性を実現していくことが求められていることを表している．

表 4.1 集合知形成のための集約メカニズムの分類

集約メカニズム 集合知の正しさの検証	コンピュータ基盤の集約性	社会基盤の集約性
検証可	雄牛の重量予測	チャレンジャー号事故直後の株価 予測市場
検証不可 (集合知は常にベータ版)	PageRank 協調フィルタリング 評判システム	Linux フォークソノミー Wikipedia ブロゴスフィア ツイッタスフィア 株式市場

さて，スロウィッキーは上述のような知見に基づき，集合知が適用可能な問題を整理して，次の3分野を挙げた．

- **認知**（cognition）**の問題**： たとえば，この新しいプリンタは次の3ヶ月で何台売れるか，新しく公共のプールをつくる最適の場所はどこか，といった問題
- **調整**（coordination）**の問題**： たとえば，売り手と買い手はどうやってお互いを見つけ出し適正価格で取引をするのか，企業は事業のオペレーションをどうすればよいのか，渋滞の中をどうやって安全に運転するのか，といった問題
- **協調**（cooperation）**の問題**： たとえば，税金の負担，公害対策（環境汚染の軽減），適正な報酬額の算出，といった問題

本書ではこれ以上深入りしないが，それぞれの問題ごとに集団の知恵は異なる顔を見せながら問題を解決に導くであろう．

4.4 集合知指向の情報社会

社会が**情報社会**（information-intensive society）と呼ばれて久しいが，集合知はその情報社会に大きな変革をもたらす力を持っている．社会はコンピュータの出現とインターネットの出現により大きく変革したが，世界中がハイパーテキストで覆われているという巨大な情報システムとしてのウェブ（World Wide Web, 単に Web）がバーナーズ＝リー（Tim Berners-Lee）により 1991 年に

世に出されてから，情報の発信と共有の形態は根本的に変わった．これはオライリーがいみじくも Web 2.0 を提唱した時に強調したことだが，ウェブも集合知の活用を意識した時，それは質的な変貌をとげた．つまり，世界の情報の生産・伝搬・利用の形態は「群衆参画型」へと大きく変貌したわけである．

　さて，集合知が現代社会に与えた上記のようなインパクトを念頭に置いて情報社会を見直してみると，意外なほど明確にその変遷が見えてくる．つまり，情報社会はコンピュータ製造技術や高速広帯域の通信技術の開発から始まったが，これを**システム指向の情報社会**といおう．1964 年には IBM のメインフレームコンピュータ System 360 が発売され，第 3 世代のコンピュータの幕開けとなったが，この頃をもってシステム指向の情報社会の始まりとしたい．その後，コンピュータや通信システム技術に加えて，特にデータベース技術が発展するにつれて，情報の発生・収集・格納・検索・利用技術が指向された．いうまでもなく，このフェーズではどのような情報を収集しそれをどう活用するかが大きな問題となった．このフェーズの情報社会を**コンテンツ指向の情報社会**といおう．1970 年にコッド（Edgar F. Codd）により発明された**リレーショナルデータベース**は 1970 年代中頃になると商用化され始めたので，この頃をもってコンテンツ志向の情報社会の始まりとしたい．一方，1991 年にウェブが実働しだすと，インターネットは単に地球規模の通信網であるというだけではなく，地球上の人と人とをつなぐコミュニケーションのための装置でもあると認識され，電子メール，チャット，ブログ（weblog），SNS（Social Networking Service）に代表されるような地域性を越えたグローバルなコミュニケーションとコミュニティ創成のための装置として機能し始めた．これに基づく情報社会を**コミュニケーション指向の情報社会**ということにしよう．しかしながら，進化し続けるウェブ技術に支えられて，いまやウェブ技術に期待することは，ウェブコンテンツを見つけるために Google を利用することではなく，あるいは Facebook や mixi のような SNS に参加することでもなく，スロウィッキーが集約性という名のもとで指し示した，みんなの意見をまとめあげて集団として 1 つの正しい判断に集約できるメカニズムものとに，さまざまな問題について群衆が賢明な意思決定を行える集合知の機能をこのウェブ社会に求めるようになった，ということである．このような社会はスロウィッキーの群衆の英知という集合知の考え方で開花し，それを**集合知指向の情報社会**と命名する．2005 年頃のこと

である.次章で定義する「ソーシャルコンピューティング」(social computing) は集合知指向の情報社会の理論基盤を与える新しい学問分野であると規定することができる.

図 4.1 に情報社会の変遷を示す.付け加えれば,コミュニケーション指向の情報社会と集合知指向の情報社会を合わせて**ウェブ社会**と呼ぶことにする.集合知指向の情報社会の意味合いは次章でソーシャルコンピューティングのフォーマルモデルを論じる過程でより鮮明になるであろう.また,議論を少し先取りすれば,オライリーが従来のウェブ(これを Web 1.0 と呼ぶ)と Web 2.0 を峻別したが,まさしくコミュニケーション指向の情報社会が Web 1.0 に,集合知指向の情報社会が Web 2.0 の世界に対応している.また,次章でソーシャルコンピューティングの定義を英語版 Wikipedia がどのように与えてきたかを明らかにするが,そこでは「弱い意味」と「強い意味」の 2 つの定義が与えられる.奇しくも,コミュニケーション指向の情報社会が弱い意味のソーシャルコンピューティングに裏打ちされた世界であり,集合知指向の情報社会が強い意味のソーシャルコンピューティングに裏打ちされた世界であるという鮮やかな対応関係にも気が付く.これらのことは,ここで示した,ウェブ社会をコミュニケーション指向の情報社会と集合知指向の情報社会に分けたことの正当性を示していることといえよう.非常に関連した議論を,集合知とソーシャルメディアの関係を論じた 7.3 節で展開しているので参照されたい.

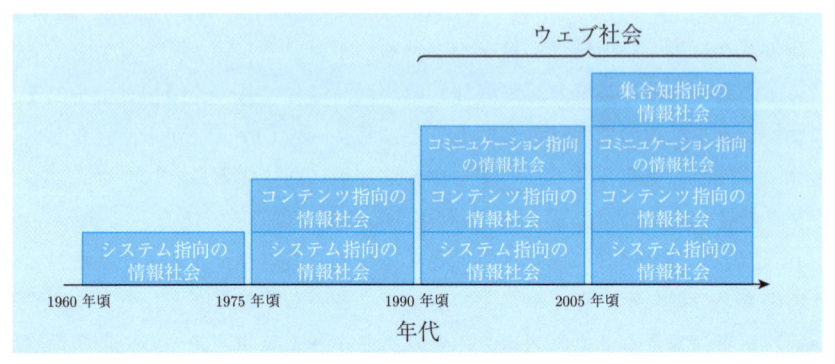

図 4.1 情報社会の変遷

4.4 集合知指向の情報社会

コラム　群衆の英知はウェブ社会で花が咲く

　スロウィッキーは群衆の英知の幾多の成功事例をその著書で紹介したが，そのほとんどが現実世界で生じた事例である．だから，説得力があるのであるが，その成功談話をウェブの世界に敷衍(ふえん)するとき，ソーシャルコンピューティングという新しいコンピューティングパラダイムが生まれることになる．オライリーは Web 2.0 と称されるウェブアプリケーションやドットコムカンパニーには集合知の活用があったと看破したが，群衆の英知がソーシャルコンピューティングになっていくという道筋までは引いていない．

　この群衆の英知が，社会学での単なる専門用語に終わらず，これまでのコンピューティングパラダイムを覆し，ソーシャルコンピューティングというこれまでにないパラダイムを実現できるのは，ウェブの力である．ソーシャルコンピューティングが実現されるには，（スロウィッキーがいうように）意見の多様性，独立性，分散性とそれらの意見を集約するメカニズムが必要になるが，ウェブ上に1つの集約メカニズムを構築すれば，インターネット越しにそこに集まる意見は自ずと3つの要件を満たしていやすい．参加してくる者はインターネット上に物理的あるいは論理的に分散しているであろうから，自ずとそれぞれが有する意見には多様性があり，独立性があるであろう．つまり，ソーシャルコンピューティングとは社会がウェブ社会になって，初めて実を伴って語ることのできる概念なのである．

第4章 集合知

演習問題

問題 1 スロウィッキーが示した集合知の「群衆の英知」モデルが正しく機能するために必要であるとした3つの条件とは何か，それぞれを要領よく説明しなさい．

問題 2 スロウィッキーが示した集合知の「群衆の英知」モデルが正しく機能するために必要な集約性とは何か，要領よく説明しなさい．

問題 3 群衆の英知モデルが適用可能な問題の範疇が3つある．それらは何か，またそのような問題の具体例をそれぞれ2つずつ示しなさい．

問題 4 スロウィッキーの著書に，集合知は創造よりも選択に向いているという記述があるが，本当にそうか？ 思いもつかない発想は集合知としてこそ生み出されるのではないか？ 企業が集合知に着目する直観的な理由は後者に期待しているからではないのか？ 各自真剣に論じてみよ．

問題 5 ウェブ社会は1991年を元年とするウェブの発明によって到来したが，スロウィッキーが提唱した集合知の力の活用により，2005年ごろから質的変化を呈し始めて，それまでのコミュニケーション指向の情報社会は集合知指向の情報社会に変貌している．このことについて，各自，改めて論じてみなさい．

第5章
ソーシャルコンピューティング

5.1 ソーシャルコンピューティングへの期待

　ウェブ社会が成長していくにつれて，人や社会との関わりを重視した新しいコンピューティングパラダイムが模索されてきた．それが**ソーシャルコンピューティング**（social computing）である．スロウィッキー（James Michael Surowiecki）が2004年に提唱した集合知の新しいモデル「群衆の英知」（The Wisdom of Crowds）と，その活用こそが次世代のウェブを形作ると看破したオライリー（Tim O'Reilly）の「Web 2.0」はそれまでのウェブと一線を画する概念として広く受け入れられた．ソーシャルコンピューティングはそこでのキーワードである「集合知」を実現する新しいコンピューティングパラダイムとして，学界のみならず産業界からも大きな期待が寄せられる存在となった．

　しかしながら，学問として見てみると，ソーシャルコンピューティングとは一体どのような学問分野を意味しているのか，実は定かではない．本章では，ソーシャルコンピューティングとはどのような学問分野なのかを既存の学問分野である**コンピューティング**（computing），あるいはその1分野をなす**コンピュータサイエンス**（computer science，情報科学）との関係からその本質を解き明かすことに挑戦する．その結果，ソーシャルコンピューティングは従来のコンピューティングを包摂する，オライリー流にいえばComputing 2.0と呼んでもなお余りある，新しい学問分野であることが明らかにされる．

　さて，ソーシャルコンピューティングという言葉はどのように受け入れられてきたのであろうか？　これを探るために，検索キーワード「social computing」（英語）を米国のGoogle.comに入力して通常に検索した結果の上位10件のタイトルとURLを表5.1に示すことから始める．幸い，筆者は2010年2月8日に最初の検索を行っていたので，それと最新（2013年2月23日）の結果を比較しつつ，動向を掴んでみる．

まず，検索結果の数は約 3,150 万件から，約 23,100 万件と，この 3 年で 7 倍強に増加していることから，social computing という言葉が確実に世の中に浸透していっていることが分かる．Google の検索結果表示順位ポリシーによって，第 1 位は共に英語版 Wikipedia のウェブページ (http://en.wikipedia.org/wiki/Social_computing) である．2010 年 2 月 8 日の欄に注目すると，IBM, Microsoft, HP といったグローバル IT 企業がソーシャルコンピューティングをいち早く標榜(ひょうぼう)している様子が伺える．個人や団体もソーシャルコンピューティングを先取りしている．7 位にミシガン大学の iSchool (School of Information あるいは Information School) がソーシャルコンピューティングの大学院コースを展開している様子が見て取れる．第 8 位に論文誌の刊行がリストアップされている．この欄には表れていないが，学界では，IEEE-CS (米国電気電子技術者協会-コンピュータ部会) が 2009 年に SocialCom-09 国際会議を主催している (The 2009 IEEE International Conference on Social Computing, Vancouver, Canada, 29-31 August, 2009)．

一方，2013 年 2 月 23 日の欄に注目すると，2 位，3 位に上記の IEEE-CS が主催するソーシャルコンピューティングの最新の国際会議である SocialCom-12 と SocialCom-11 がランク付けされており，ソーシャルコンピューティングがこの 3 年で学界で高い関心を集めだしたことが伺える．企業では，IBM や HP が変わらず高い順位を確保している．大学では，マサチューセッツ工科大学 (MIT) が上位にランクインを果たし，ミシガン大学は変わらずソーシャルコンピューティング教育と研究に力が入っている様子が伺い知れる．

続いて，第 1 位表示となっている Wikipedia の記事をさらに分析して，ソーシャルコンピューティングという概念がいつごろからその発祥の地と考えられる米国でどのように認知されてきたのかを探り，その姿を捉えてみる．

表 5.1 検索キーワード social computing の Google.com 検索結果トップ 10

順位	要素	検索結果（2010 年 2 月 8 日）約 31,500,000 結果	検索結果（2013 年 2 月 23 日）約 231,000,000 結果
1	タイトル	Social computing - Wikipedia, the free encyclopedia	Social computing - Wikipedia, the free encyclopedia
	URL	en.wikipedia.org/wiki/Social_computing	en.wikipedia.org/wiki/Social_computing

5.1 ソーシャルコンピューティングへの期待

2	タイトル	IBM Research : : : Social Computing Group	Home - SocialCom-12
	URL	www.research.ibm.com/ SocialComputing/	www.asesite.org/conferences/ socialcom/2012/
3	タイトル	Social Computing by Chris Charron, Jaap Favier, Charlene Li ...	SocialCom-11: Home
	URL	www.forrester.com/ go?docid=38772	www.iisocialcom.org/
4	タイトル	social computing — what's now. what's new. what's next.	IBM Social Computing Guidelines
	URL	www.socialcomputing.org/	www.ibm.com/blogs/zz/en/ guidelines.html
5	タイトル	Social Computing - Microsoft Research	Social Computing | MIT Media Lab
	URL	research.microsoft.com/en-us/ groups/scg/	www.media.mit.edu/research/ groups/social-computing
6	タイトル	The shift to Social Computing | Enterprise Web 2.0 | ZDNet.com	Social Computing | Informatics | University of Michigan
	URL	blogs.zdnet.com/Hinchcliffe/ index.php?p=21	www.lsa.umich.edu/ informatics/.../socialcomputing
7	タイトル	SI MSI Degree: Social Computing Graduate Program	Social Computing (SC) | UMSI
	URL	www.si.umich.edu/msi/sc.htm	www.si.umich.edu/academics/ msi/social-computing-sc
8	タイトル	Social Computing Journal (CC) 2010	HP Labs : Research: Social Computing Research /
	URL	socialcomputingjournal.com/	www.hpl.hp.com/research/idl
9	タイトル	IBM Social Computing Guidelines	Social Computing Symposium
	URL	www.ibm.com/blogs/zz/en/ guidelines.html	scs.fuselabs.org/
10	タイトル	HP Labs : Research: Social Computing Lab	[PDF] Delivering ROI with Enterprise Social Computing - NewsGator
	URL	www.hpl.hp.com/ research/scl/	www.newsgator.com/ LinkClick.aspx?fileticket...tabid =98

(Find pages with all these words で検索)

5.2 ソーシャルコンピューティングとは何か

ソーシャルコンピューティングがどのように定義されているのか知るために，ソーシャルコンピューティングに関する Wikipedia の記事を詳細に分析してみる．まず，ソーシャルコンピューティングは米国で生まれた用語であろうと推察されるから，英語版 Wikipedia (http://www.wikipedia.org/) で social computing の記事（article）がいつ初めて書き込まれたのかを，その記事 (http://en.wikipedia.org/wiki/Social_computing) の編集履歴（history）をアクセスして確認してみる．すると，social computing が記事として最初に書き込まれたのは「2005 年 1 月 21 日」のことであったことが分かる．そのときの記事の冒頭部分は表 5.2 の通りである：

表 5.2 Wikipedia の social computing の最古の記事の冒頭部分

> Social computing refers to the use of social software, and thus represents a growing trend of ICT usage concerned with tools that support social interaction and communication. Social computing is rather based on existing social conventions or related to specific social contexts than characterized by its technological attributes. Examples of social computing is the use of e-mail for maintaining social relationships, instant messaging for daily microcoordination at one's workplace, or weblogs as a community building tool.

（編集日：2005 年 1 月 21 日）

しかるに，最新（2013 年 2 月 23 日）の記事は social computing を表 5.3 のように定義している．

表 5.3 の記事は 3 つの部分に分かれる．第 1 の部分は「Social computing is a general term for an area of computer science」で始まるパラグラフで，第 2 の部分は「In the weaker sense of the term」で始まり，第 3 の部分は「In the stronger sense of the term」で始まるパラグラフである．第 1 パラグラフに書いてあることについては問題があり，この是非は 5.4 節で論じる．ここでは，まずソーシャルコンピューティングの具体的内容が最古の記事と最新の記事でどのように変化したかを知るために，最古の記事と最新の記事の第 2 および第 3 の部分を比較してみる．そうすると 2 つのことが分かる．

5.2 ソーシャルコンピューティングとは何か

表 5.3 Wikipedia の social computing の最新の記事の冒頭部分

> Social computing is a general term for an area of computer science that is concerned with the intersection of social behavior and computational systems. It has become an important concept for use in business. It is used in two ways as detailed below.
>
> In the weaker sense of the term, social computing has to do with supporting any sort of social behavior in or through computational systems. It is based on creating or recreating social conventions and social contexts through the use of software and technology. Thus, blogs, email, instant messaging, social network services, wikis, social bookmarking and other instances of what is often called social software illustrate ideas from social computing, but also other kinds of software applications where people interact socially.
>
> In the stronger sense of the term, social computing has to do with supporting "computations" that are carried out by groups of people, an idea that has been popularized in James Surowiecki's book, The Wisdom of Crowds. Examples of social computing in this sense include collaborative filtering, online auctions, prediction markets, reputation systems, computational social choice, tagging, and verification games.

(編集日：2013 年 2 月 23 日)

(1) Social computing が最初に Wikipedia に書き込まれたのは 2005 年 1 月 21 日であったこと．

(2) 編集日が 2013 年 2 月 23 日の最新の記事では，当初定義された social computing の意味は**弱い意味のソーシャルコンピューティング**であるとされ（第 2 の部分），**強い意味のソーシャルコンピューティング**として（第 3 の部分），スロウィッキーの著作 "The Wisdom of Crowds"（群衆の英知）で一般に知られるようになった「集団により実行される計算」を支援することに関係することをいうと，その定義が大きく変貌していること．

つまり，いつの日からか，**ウィキペディアン**（Wikipedian. Wikipedia の編集者をこう呼ぶ）はソーシャルコンピューティングの本質はスロウィッキーの集合知の「群衆の英知」モデルにあるときちんと認識したということである．ではこのような認識の違いがいつ起きたのかを正確に知るために，再び編集履歴を辿っていくと，その書き換えは「2007 年 10 月 17 日」に起こっていたことが分かる．Wikipedia で social computing の記事が初めて書き込まれた 2005 年 1 月 21 日の 1 年も前にスロウィッキーの著作が出版されていたが，この最古の

記事には集合知の記述は微塵もない．しかし，2005年にはオライリーのWeb 2.0が一世を風靡することとなり，ウェブがWeb 2.0であるための7つの原則の内の重要な1つが「集合知の活用」であることが世間で広く認知されることになった．おそらくこれにより，ウィキペディアンは集合知を活用した情報処理こそがソーシャルコンピューティングである，と強く認識し，2007年10月17日に記事をすっかり書き換えたのではないかと推察される．ちなみに，それまでの記事の内容は弱い意味のソーシャルコンピューティングであると位置付けられた．

なお，表5.3で，集合知の典型的成功事例の1つとして取り上げられるべきウェブ上で編集可能な百科事典 Wikipedia がリストアップされていないが，それは強い意味でのソーシャルコンピューティングの一例として記載されるべきである，一方，wiki は弱い意味でのソーシャルコンピューティングの一例としてリストアップされているが，そもそも wiki は小規模グループのためのウェブ上の簡便な協調作業支援システム（quick collaboration system on the Web）として発想されたことによる．Wikipedia と wiki は異なる．

5.3 ソーシャルコンピューティングのフォーマルモデル

5.3.1 コンピューティングのフォーマルモデル

本節ではソーシャルコンピューティングという新しい学問分野のフォーマルモデルを与える．そのために，**コンピューティング**（computing）という用語（term）について，その定義を確認する作業から始める．

まず，コンピュータサイエンスの**知識体系**（Body Of Knowledge, **BOK**）を策定した IEEE-CS と ACM の共同作業班による報告書 **CC2001** をチェックする．しかしながら，「コンピューティングと我々が呼んでいるスコープは広がる一方で，それを単一の学問分野として捉えることは困難である」とし，具体的にコンピューティングの定義を与えていない（ただ，コンピューティングは学問分野としてどのようなコンピューティング関連分野を包摂するかについては言及していて，それは次節で紹介する）．そこで，Google.com に検索キーワード「computing definition」を入力すると，約 6,420 万件の記事がヒットするが，そのうちのトップ10 を見てみると，computing の定義に関する記事

が4件（1, 2, 4, 6位）表示される（3位が social computing の Wikipedia の記事で，残りは cloud computing の記事である）．ただ，興味深いことに，これらの記事を分析すると，ほぼ共通して2つの意味が与えられていることが分かる．1つは computing をコンピュータを使った**アクティビティ**（activity）として捉える観点からの意味付けで，もう1つは computing とはどのような学問分野（discipline）なのであろうかという観点からの意味付けである．一般に，何事かを定義しようとしたときに，2つのアプローチがある．**外延的定義**（extensional definition）と**内包的定義**（intensional definition）である．たとえば，偶数を定義するとき「0は偶数である．2は偶数である．−2も偶数である．4は偶数である...」と定義していくのは前者で，「偶数とは2で割り切れる数」と定義するのが後者である．コンピューティングの定義をアクティビティとして与えようとするのは前者にあたり，学問分野として捉えようとするのは後者にあたる．

　幸いなことに，本項の目的はコンピューティングのフォーマルモデルを与えることであるが，それはコンピューティングとはいったい何をするのか，のモデルを与えようということであるから，それはアクティビティとして捉えられたコンピューティングの姿を与えることである．そこで，アクティビティの観点から，検索されたコンピューティングの定義をより詳しく見ていくと，次のようである：

- The activity of using computers and writing programs for them.
- Computing is any goal-oriented activity requiring, benefiting from, or creating computers.
- The process of utilizing computer technology to complete a task.
- The use of a computer to process data or perform calculations.

つまり，これらに共通していることとして，「computing とはコンピュータを使って情報処理をすること」と定義できよう．この定義に従ってコンピューティングの概念を図示してみれば図 5.1 のようになる．この概念は単純で，入力は処理したいプログラムとデータであり，出力はその処理結果である．処理の中核は**コンピュータ**（computer）である．ただ，コンピュータは単一のコンピュータを必ずしも意味するものではなく，クライアントサーバコンピューティング，グリッドコンピューティング，モバイルコンピューティング，あるいは

クラウドコンピューティングシステムなど，その形式は多様であろう．注意すべきは，同じ入力（＝プログラムとデータ）に対しては（それがいつ入力されたかには関係なく）常に同じ出力が出るという意味でコンピューティングには**再現性**（reproducibility）がある．

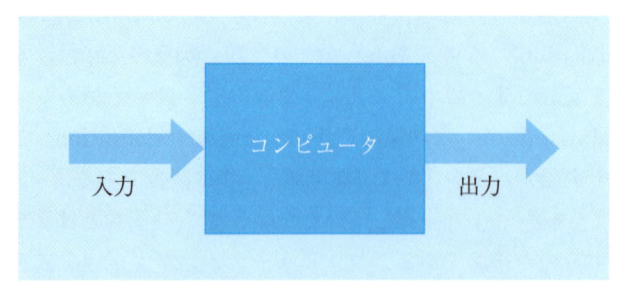

図 5.1 コンピューティングのフォーマルモデル

5.3.2 ソーシャルコンピューティングのフォーマルモデル

さて，ソーシャルコンピューティングのフォーマルモデルを論じる．英語版 Wikipedia の最新記事が示したように，social computing には弱い意味の定義と強い意味の定義があった．弱い意味でのソーシャルコンピューティングはブログ（blogs），電子メール（email），インスタントメッセージング（instant messaging），SNS（social network services），wiki，ソーシャルブックマーキング（social bookmarking）などを指し示している．強い意味でのソーシャルコンピューティングは協調フィルタリング（collaborative filtering），オンラインオークション（online auctions），予測市場（prediction markets），評判システム（reputation systems），コンピュータによる社会的選択（computational social choice），タグ付け（tagging），ベリフィケイションゲーム（verification games）などを指している．前述したように，ウェブ上で編集可能な百科事典 Wikipedia も強い意味でのソーシャルコンピューティングの範疇に入る．

さて，フォーマルモデルを策定するにあたり，再度注意しておきたいことは，上でリストアップされた協調フィルタリングを始めとする種々のソーシャルコンピューティングの事例は，丁度前項でコンピューティングの定義を調べたときに，それをアクティビティとして定義する外延的なアプローチに対応してい

5.3 ソーシャルコンピューティングのフォーマルモデル

るということである．換言すれば，ソーシャルコンピューティングを定義しようとしたときに，協調フィルタリングはソーシャルコンピューティングである，予測市場はソーシャルコンピューティングである，… という具合に外延的にそれを定義していくアプローチがある一方，学問分野としてそれを（他の関連する学問分野との関連性を論じつつ）論理的に決めようとする内包的アプローチの2つがあるが，ソーシャルコンピューティングのフォーマルモデルといわれた場合は，コンピューティングの場合と同じく，それが何をどのように処理するのかというアクティビティとしてのソーシャルコンピューティングの具体的なイメージが求められているのであるから，その外延的定義を示さないといけないということである．

そこで，上記の観点からソーシャルコンピューティングのフォーマルモデルを論じるが，ソーシャルコンピューティングの真髄は強い意味でのソーシャルコンピューティングにあったから，本項ではそのフォーマルモデルを作成することが目的となる．換言すれば，スロウィッキーの**群衆の英知**モデルを実現するフォーマルモデルの策定を行おうとしているといってよい．このモデルが図5.1に示した従来型のコンピューティングのモデルと本質的に異なる点は2つある．

1つは，コンピューティングではその中核はコンピュータであったが，ソーシャルコンピューティングでは集合知形成のための集約メカニズムがその中核となる．それを**集約エンジン**（aggregation engine）と名付けることにする．集約エンジンが作動できる環境が必要で，それをソーシャルコンピューティング基盤と呼ぶことにする．もう1つコンピューティングとソーシャルコンピューティングが本質的に異なる点は，ソーシャルコンピューティングでは，一旦はみんなの意見を集約して出力された結果に，群衆は即座に反応することが許されるので，そのような反応が新たな意見として集約エンジン（の入力）にフィードバック（feedback）されてよいことである．このフィードバックを**ソーシャルフィードバック**（social feedback）と名付ける．

図5.2にソーシャルコンピューティングのフォーマルモデルを示す．

いくつか，補足をする．まず，第1に集約エンジンであるが，4.3.2項で論じたように集合知形成のための集約メカニズムにはコンピュータ基盤の集約性と社会基盤の集約性があったが，集約エンジンはこれら2つを包摂する概念であ

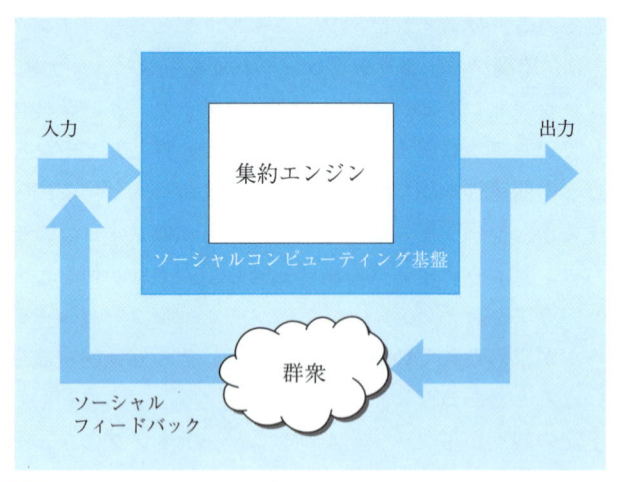

図 5.2　ソーシャルコンピューティングのフォーマルモデル

る．第2に，集約エンジンを擁する**ソーシャルコンピューティング基盤**（social computing infrastructure）であるが，集約エンジンの実像による．たとえば，ウェブ上の百科事典 Wikipedia では，集約エンジンは（編集競合解決器や編集合戦を解決するための 3RR (Three-Revert Rule) を実装した）**MediaWiki**，ソーシャルコンピューティング基盤は**ウェブ**（Web），そして群衆はウィキペディアン達である．株式市場では，集約エンジンは**証券取引**のルールと仕組み（たとえば，東証システム），ソーシャルコンピューティング基盤は市場（market，売り手と買い手が出会って証券の取引が行われる場所，たとえば NASDAQ や東証）であり，群衆とは投資家である．第3に，ソーシャルフィードバックについて補足する．ソーシャルコンピューティングにおいて，ソーシャルフィードバックは本質的である．雄牛の重量を予測したゴールトンの実験のような場合には，求められた処理はみんなの予想を単純平均するだけだったのでソーシャルフィードバックはないが，社会基盤の集約性で集合知が形成される場合はソーシャルフィードバックは必然となる．たとえば，Linux の修正作業が進んでいく，Wikipedia の協同編集が進行する，（あるテーマに対して）ブロゴスフィアやツイッタスフィアの形成が進行する，あるいは予測市場や株式市場が健全に機能する，ためにこのフィードバックの存在は前提となる．ソーシャルフィードバックについて更に補足する．図5.1 に示したコンピューティングのフォー

マルモデルの特徴として，コンピューティングに「再現性がある」ことを指摘した．では，ソーシャルコンピューティングではどうだろうか？ 明らかに，ソーシャルフィードバックループが存在するソーシャルコンピューティングには一般に「再現性はない」．つまり，時間が違えば，よしんば同じ入力を与え最初と同じ出力が出たとしても，ソーシャルフィードバックループを構成する群衆が変化していたり，あるいは群衆は同じでかつ出力も同じであったとしても，それに対する群衆の反応は一般には異なっていてしかるべきであるから，それがフィードバックされれば自ずと出力が変わってくるのは当然である．更に，ソーシャルコンピューティングを行うのに必要とするソーシャルフィードバックの回数も気になる．予測市場では，たとえば選挙結果が判明すればその市場は閉鎖されるから，有限である．しかしながら，Wikipediaや株式市場ではそれらが閉鎖されない限り続いていくことになる．その意味では，一般に，ソーシャルコンピューティングに最終解はない．それが4.3.2項で結果の正しさ（＝正当性）を問題にした理由である．換言すれば，ソーシャルコンピューティングで得られる結果は「常にベータ版」である．最後に，ソーシャルフィードバックループの存在により，コンピューティングが時として発散してしまうのではないか，という危惧を持つかもしれない．発散（divergence）という意味をどう捉えるかがまず問われるが，たとえば，Wikipediaでは記事の**編集合戦**であろう．集約エンジンはこのような場合にでもコンピューティングが発散しないような仕組みを持たねばならない．Wikipediaでは（先述の）3RRであったし，株式市場では（一時的な）取引停止であろう．

さて，コンピューティングとソーシャルコンピューティングはどのような関係にあるのであろうか？ それを見るために，図5.2のソーシャルコンピューティングのフォーマルモデルからソーシャルフィードバックループを取り除いてみる．そうすると，ソーシャルコンピューティング基盤で擁立された集約エンジンとそれへの入出力だけが残る．すでに指摘したように，集約性にはコンピュータ基盤と社会基盤があったが，社会基盤の集約性はソーシャルフィードバックを前提としている．したがって，残るコンピュータ基盤の集約性を実現する集約エンジンは「コンピュータ」そのものとなろう．つまり，コンピューティングのフォーマルモデルは，ソーシャルコンピューティングの特殊な場合

と特性化することができる．これを論理的に表現すれば(1)式のようになる．

$$\text{Computing IS-A Social computing} \qquad (1)$$

ここで，IS-A は事物（objects）や概念（concepts）を汎化あるいは特殊化のもとで分類する包摂的包含関係（subsumptive containment hierarchy）を表す．他の例を挙げれば，"自動車 IS-A 乗り物"である．しかしながら，包摂的包含関係は，PART-OF の関係性を併せ持つ場合がある．つまり，PART-OF の典型例は"エンジン is a PART-OF 自動車"であり，IS-A と PART-OF とは本来異なるが，本節で議論している学問分野を対象とした場合には，（学問分野として）"データベース IS-A コンピュータサイエンス"と陳述できると同時に，（学問分野の構成要素としては）"データベース is a PART-OF コンピュータサイエンス"とも陳述できよう．ここでは IS-A をこのような意味で使っている．(1) 式は，次節で，ソーシャルコンピューティングとコンピュータサイエンスとの関係を論じるときに重要な役割を演じる．

5.4 ソーシャルコンピューティングはコンピュータサイエンスの1分野なのか？

表 5.3 に示したように，英語版 Wikipedia は social computing の最新の記事の冒頭でソーシャルコンピューティングを次のように定義している．

"Social computing is a general term for an area of computer science ..."

つまり，social computing は computer science の 1 分野であると規定している．果たしてそのような位置付けなのであろうか？ 本節ではそれを論じる．

そのため，まずコンピューティング（computing）は学問分野としてどのように定義されてきたか，米国の著名な情報技術関連学会である IEEE-CS（電気電子技術者協会－コンピュータ学会）と ACM（計算機学会）の共同作業班が，大学の学部教育課程を策定する目的でまとめた報告書 Computing Curricula 2001: Computer Science — Final Report — (December 15, 2001), 236p.（以後，**CC2001** と記す）[26] で基本的な枠組みが示されているのでそれを示す．報告書の表題にあるようにそれは 2001 年暮に策定されたが，その後，時代の変化を反映させるため 2005 年と 2008 年に見直され，CC2005 と CC2008 として

5.4 ソーシャルコンピューティングはコンピュータサイエンスの1分野なのか？

報告されている．共同作業班は，一連の報告書の中で，computing を学問分野 (discipline) として定義することは難しいとしているが，関連する学問分野との関係性については言及しており，CC2001 では computing という学問分野は，CE (Computer Engineering), CS (Computer Science), SE (Software Engineering), IS (Information System) の4分野からなるとしている．改訂された CC2005 では IT (Information Technology) を加えて，5分野からなるとしている．CS そのものに関する記述に変更はない．

さて，ここで大事なことは，上記から computer science は computing の一学問分野なので，(2) 式が成立することである．IS-A は前節で解説した包摂的包含階層である．

$$\text{Computer science IS-A Computing} \qquad (2)$$

IS-A 関係は「推移的」(transitive) である．つまり，a IS-A b と b IS-A c が成り立てば，a IS-A c が成立しなければならない．したがって，(1) 式と (2) 式から (3) 式が成立する．

$$\text{Computer science IS-A Social computing} \qquad (3)$$

さて，英語版 Wikipedia の social computing の最新の記事の冒頭部分の陳述が正しいとすると，文字通り次に示す関係が成立しなければならない．

$$\text{Social computing "is an" area of Computer science.}$$

この関係は包摂的包含階層であるから，(4) 式が成立しなければならない．

$$\text{Social computing IS-A Computer science} \qquad (4)$$

したがって，(3) 式と (4) 式から，social computing と computer science は包摂的包含階層という関係の下で，「同じ」（これを ≡ という記号で表そう）ということになってしまう．この関係を (5) 式で表す．

$$\text{Computer science} \equiv \text{Social computing} \qquad (5)$$

上記 (5) 式の証明を分かりやすく表示すると，表 5.4 のように書ける．

表 5.4 英語版 Wikipedia の social computing の記事（の冒頭部分の記述）に問題があることの証明の一部

1. コンピューティングのフォーマルモデル
    　　　　（所与．図 5.1）
2. ソーシャルコンピューティングのフォーマルモデル
    　　　　（所与．図 5.2）
3. Computing IS-A Social computing $\cdots$ (1)
    　　　　（1 と 2 による．本書 5.3 節）
4. Computer science IS-A Computing $\cdots$ (2)
    　　　　（所与．CC2001）
5. Computer science IS-A Social computing $\cdots$ (3)
    　　　　（4 と 3，および IS-A 関係の推移律）
6. Social computing IS-A Computer science $\cdots$ (4)
    　　　　（所与．Wikipedia の記事）
7. Computer science $\equiv$ Social computing $\cdots$ (5)
    　　　　（5 と 6，および IS-A 関係の推移律．ここに $\equiv$ は同一を表す）

つまり，(5) 式は，学問分野として，Computer science と Social computing は同一であるといっていて，奇妙な推論結果となった．一体どこがおかしかったのか？ (5) 式は，(3) 式と (4) 式から IS-A の推移律（transitive law）を用いて推論されている．したがって，(3) 式あるいは (4) 式のどちらかがおかしいのであろう．では，どちらか？ まず，(3) 式がおかしいのか？ (3) 式がおかしいとすると，それは (1) 式と (2) 式から IS-A の関係性で得られているので，(1) 式か (2) 式のどちらか，あるいは両方がおかしいことになる．では，(1) 式がおかしいのか？ これは，そうでないことは 5.3 節で展開した議論から納得していただけるであろう．では，(2) 式がおかしいのか？ (2) 式を否定するには Computer science は Computing の一学問分野であるとする IEEE-CS と ACM の共同作業班の見解を否定することであるが，これも難しい．したがって，(3) 式がおかしいのではないか，とする論拠は見つからない．そうすると，おかしいのは (4) 式ではないか，ということになる．この式は，英語版 Wikipedia が何ら根拠を示さないで記事の冒頭で与えた陳述 "Social computing is a general term for an area of computer science ..." からきていた．つまり，(5) 式という奇妙な結果をもたらした犯人はこの記事であったことが分かった．

したがって，その記述は，次のように書き改められるべきであろう："Social computing subsumes computer science under the containment hierarchy

5.4 ソーシャルコンピューティングはコンピュータサイエンスの1分野なのか？ 85

…"つまり，ソーシャルコンピューティングはコンピューティングを（学問分野として）包摂し，コンピューティングはコンピュータサイエンスを包摂するのである．図 5.1 と図 5.2 で示したが，ソーシャルコンピューティングは社会基盤の集約性，コンピューティングはコンピュータ基盤の集約性で実現されることを考えれば，当然のことと考えられる．

コラム　Computing 2.0

オライリー流に言えば，ソーシャルコンピューティングは Computing 2.0 と呼べるだろう．オライリーはドットコムバブルの崩壊を生き残ったドットコムカンパニーはスロウィッキーの群衆の英知（＝集合知）を活用していると看破した．本書でこれまで論じてきたように，ソーシャルコンピューティングは群衆の英知を実現したコンピューティングモデルであり，したがって従来のコンピューティングと何が本質的に異なるかといえば，前者は集合知のためのパラダイムであり，後者はそうではないといえる．Web 1.0（＝ Web 2.0 以前のウェブ）と Web 2.0 の違いも，コンピューティングとソーシャルコンピューティングの違いも，共に群衆の英知にあることでは同じである．「参加のアーキテクチャ」のもとに Web 2.0 の世界で開発されるウェブアプリケーションは，群衆の意見を（無意識のうちに）上手に取り込んだサービスを我々に提供してくれるであろう．しかし，コンピューティングとソーシャルコンピューティングの違いは，本章で論じたように，後者はウェブを基盤として「ソーシャルフィードバック」という群衆が主体の帰還ループがあるから，群衆はそれを通して直接コンピューティングに関与してくる．したがって，ソーシャルコンピューティングはこれまでの枠組みではモデル化できなかった社会のさまざまな営為を無限の可能性を秘めて，扱い可能としてくれるのである．

コラム　Wikipedia とハサミは使いよう

英語版 Wikipedia の social computing についての記事の冒頭部分 "Social computing is a general term for an area of computer science…" という記述は誤っており，"Social computing subsumes computer science under the containment hierarchy…" と書き換えられるべきだと 5.4 節で帰結したが，ひょっとするとその記事を書いたウィキペディアンは「自分は computer science という言葉をとても広い意味に使っていた…IEEE-CS と ACM の

共同作業班がそのようにcomputer scienceとcomputingの関係を定義していたとは知らなかった」などとうそぶくかも知れない．しかし，それでは時代を画する用語をWikipediaという公器を使って定義しようとするウィキペディアンとしては余りにもお粗末というものであろう．

　Wikipediaはその英語版について，重大な誤りの割合は百科事典Britannicaと同程度という報告もかつてあったが，筆者の感じるところ，ずいぶんいい加減な記事に遭遇することが多い．本書を執筆するにあたり，英語版Wikipediaや日本語版Wikipediaに随分お世話になったが，率直な感想である．このように書くとWikipediaだけが悪者になってしまうが，ウェブ上に氾濫している数多くの（解説）記事に共通していえる．知識を増やすためにウェブをアクセスするのだが，その記事が正しいか間違っているかを判断するには，求める知識以上の知識が必要だ．本当に勉強になる．何かを知りたいのなら，その原典に当たるのが一番の近道だとは，筆者の実感である．

コラム　Socialペケペケ（××）

　英語でリストアップするが，socialあるいはそれに関連するような語で始まる用語を調べてみると，驚くほど沢山ある．たとえば, social business, social bookmarking, social commerce, social CRM, social database, social indexing, social learning, social marketing, social media, social network game, social networking services, social publishing, social reading, social search, social semantic web, social shopping, social software, social sourcing, social tagging, social technology, social Web, social websiteなど．これらはさまざまな意味で「social」という言葉を使っているので，1つ1つ比べれば意味の違いがあるが，根底にはスロウィッキーの提唱する集合知の活用が見て取れる．そのような意味では，これらはスロウィッキーの集合知，あるいはそれをコンピュテーションという観点からモデル化したソーシャルコンピューティングの（恰好の）インスタンス（instance, 事例）と捉えることができる．表現を変えれば，これらインスタンスの持つ性質を精査し，分類してその本質を語ろうというのが本書の狙いであり，それが第7章から第12章まで，ソーシャルメディア，ソーシャルソフトウェア，ソーシャルネットワーク，ソーシャルサーチ，リコメンデーション，ウェブマイニング，と章タイトルを付けられて論じられている．

演習問題

問題 1 従来のコンピューティングとソーシャルコンピューティングの違いについて，必要ならば図も使って，要領よく説明しなさい．

問題 2 ソーシャルコンピューティングのフォーマルモデルにおけるソーシャルフィードバックの役割について，要領よく説明しなさい．

問題 3 Wikipedia はソーシャルコンピューティングの典型的な成功事例の 1 つと考えられる．なぜそうなのか，要領よく説明しなさい．

問題 4 Wikipedia 以外に，ソーシャルコンピューティングの成功事例と考えられる例を示し，その概要と，なぜそうなのか，その理由を述べなさい．

問題 5 クラウドソーシング（crowdsourcing），クラウドファンディング（crowd funding），人間中心コンピューティング（Human-based computation）とは何か調べ，各々を要領よく説明すると共に，ソーシャルコンピューティングとの類似点や相違点を考察しなさい．

第6章

ウェブと集合知

6.1 Web 2.0

　ウェブは 1991 年をもってその元年とするが，その後進化をとげて，2005 年にはオライリー（Tim O'Reilly）により **Web 2.0** が提唱された．そこではウェブが Web 2.0 であるための 7 つの原則が示されたが，**集合知**を活用することが原則の 1 つとして大きく取り上げられている．また，オライリーがその論文の中で言及しているように，そこでいう集合知とは，まさしくスロウィッキー（James Michael Surowiecki）[22] が集合知の 1 つのモデルとして提唱した「群衆の英知」（The Wisdom of Crowds）である．Web 2.0 と集合知がどのように関係しているかを見ておくことは，これからのウェブの在り方を理解するうえでは欠かせないことなので，オライリーの論文にあたりながら，ウェブと集合知の関係をみていくことにする．

　Web 2.0 という用語は 2004 年の秋にオライリーらがサンフランシスコで開催した第 1 回 Web 2.0 会議で披露されたという．2005 年には Web 2.0 を論じた論文 "What Is Web 2.0 — Design Patterns and Business Models for the Next Generation of Software" がオライリーによりウェブで公開されている [29]．それは，それまでのウェブとこれからのウェブ（におけるウェブアプリケーションとビジネスモデル）はどう違うのか，あるいはどう違わなければならないのか，をいい当てているので，広く認知されることとなった．

　ここで，Web 2.0 を発想するに至った時代的背景について整理しておく．ウェブ誕生後数年を経た 1995 年頃から 2000 年頃にかけて，米国の株式市場はドットコムバブルに沸き返っていた．ドットコム（.com）とは営利企業を表す分野別トップレベルドメイン（generic TLD）である．図 6.1 はよく知られた（ハイテク中心の）ドットコムカンパニーの **NASDAQ 総合指数**の推移を示している．図示されているように，NASDAQ 総合指数は 2000 年 4 月 10 日に 5,048

6.2 Web 2.0 概観

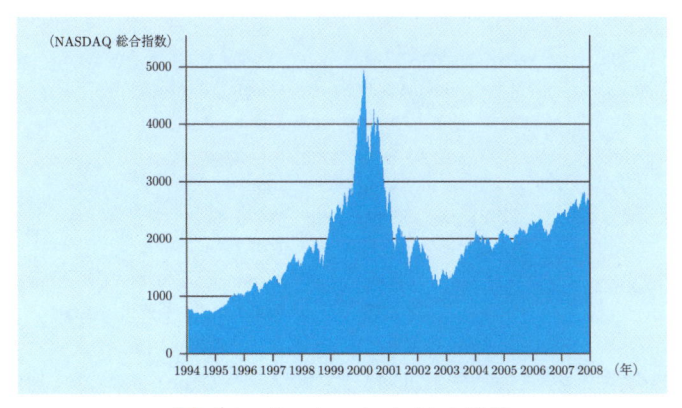

図 6.1 ドットコムバブルの崩壊

で史上最高となった．インターネット関連ベンチャー企業が株式を上場すれば，期待感から高値で取引されたという．しかし，2000 年に入ると，次第にこれらのベンチャー企業の優勝劣敗が明らかになり，見込みのないベンチャー企業が次々と破たんするようになり，熱狂は一挙に冷めて株価は大暴落し，2001 年秋にバブルは崩壊した．

ドットコムバブルがはじけて，多くのウェブ関連ベンチャー企業が泡沫のごとくこの世から消え去ったが，その洗礼を受けつつもその後も成長し続けたベンチャー企業があった．それらは消え去った企業とどこが違っていたのか？ オライリーのチームはそこに着目して，ブレインストーミング（brain-storming）を重ねたという．その結果が Web 2.0 としてまとめられた．

6.2 Web 2.0 概観

図 6.2 はオライリーたちが作成した何が Web 2.0 で何がそうでないのか，を示すよく知られた対応表である．ここで，Web 1.0 が Web 2.0 以前のウェブを表している．

これらの対比をすべからく見たい向きには原論文の精読を勧めるが，左カラムがドットコムバブルの荒波を乗り切れずに泡沫のごとく消え去ったウェブサイト，ウェブアプリケーション，あるいはそれを支えたウェブ関連技術の名称を表し，右カラムはさまざまな意味でその荒波を乗り切った Web 2.0 を名乗る

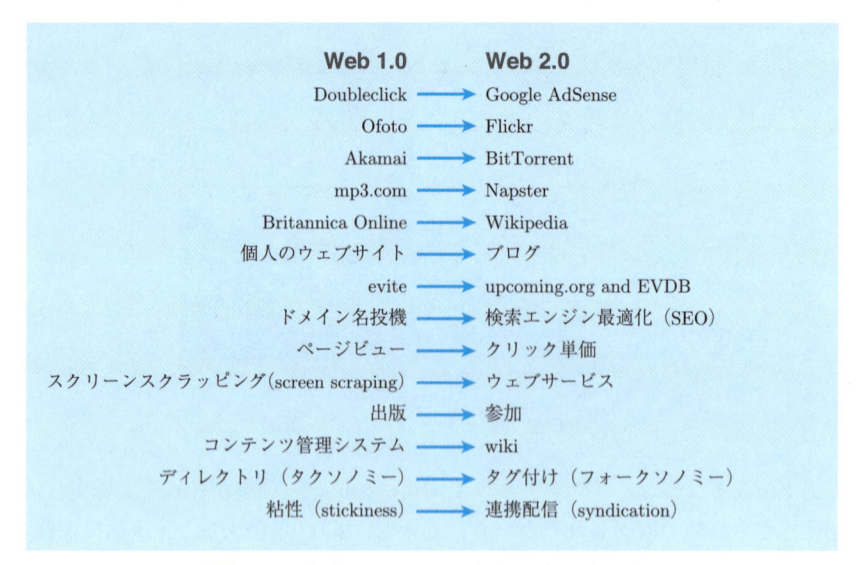

Web 1.0	Web 2.0
Doubleclick →	Google AdSense
Ofoto →	Flickr
Akamai →	BitTorrent
mp3.com →	Napster
Britannica Online →	Wikipedia
個人のウェブサイト →	ブログ
evite →	upcoming.org and EVDB
ドメイン名投機 →	検索エンジン最適化（SEO）
ページビュー →	クリック単価
スクリーンスクラッピング(screen scraping) →	ウェブサービス
出版 →	参加
コンテンツ管理システム →	wiki
ディレクトリ（タクソノミー）→	タグ付け（フォークソノミー）
粘性（stickiness）→	連携配信（syndication）

図 6.2　何が Web 2.0 で何がそうでないか

にふさわしいウェブサイト，ウェブアプリケーション，あるいはそれを支えたウェブ関連技術の名称を表している．この表の読み解きの理解を助けるために多少の補足説明を行うと，次の通りである．

　まず，図示されている対比項目は，主として**ビジネスモデル**の違いに着眼してペアリングされている．たとえば，第 1 行目の DoubleClick と Google AdSense の対比は，**DoubleClick** 社（1996 年）はインターネットでの広告代行サービスで先鞭をつけた会社で，ドットコムバブル時代に全盛を誇った．広告主や出版社が顧客で，ユーザの広告閲覧履歴を追跡しつつ発注効率の向上（広告主）や売れ残り在庫の最小化（出版社）を達成するためのネット広告配信ソリューションを商品として提供するというビジネスモデルであった．一方，Web 2.0 の広告ビジネスモデルの典型となった **Google AdSense** は**アフィリエイト**（affiliate，提携会員）として申請のあった者のウェブサイトを AdSense のシステムが自動的にそのコンテンツを解析し，そのサイトに合った広告を自動的に配信する**コンテンツ連動型広告**である．明らかに，前者は後者に比べると，著しく重厚長大で，小回りが利かず，その広告の仕組みが旧態依然としており，Web 2.0 のビジネスモデルとはかけ離れてしまった．

次に，図中に現れる用語について少し補足する．**ドメイン名投機**（domain name speculation）とは転売目的でドメイン名を購入することをいう．**検索エンジン最適化**（search engine optimization）は **SEO**（セオ）とも呼ばれる．**ページビュー**（page views）とはウェブサイトを訪れた利用者がサイト内のウェブページを何枚閲覧したかを表す数字である．**クリック単価**（cost per click）とは検索連動型広告（AdWords）やコンテンツ連動型広告（AdSense）などで，ウェブページに掲載された広告を利用者がクリックした場合に，広告主が広告業者に支払う 1 クリックあたりの料金をいう．**スクリーンスクラッピング**（screen scraping，スクリーンを剥ぎ取ること）とは，画面に表示された文字や画像を（電子的に）取得してその後に処理して表示情報を使うことをいう．**タクソノミー**（taxonomy）は（権威主義的）分類法，**フォークソノミー**（folksonomy）は群衆が民主的に行う分類法をいう．一度訪れたウェブサイトのコンテンツに惹かれてまたそのサイトを訪れる度合いが高いときそのウェブサイトの**粘性**（stickiness）が高い．**連携配信**（syndication）とは，RSS のような**ウェブフィード**（web feed）と呼ばれるデータ形式で自サイトのコンテンツのさわりの部分を受信契約者に配信し，受信者は興味を持てばフィードに埋め込まれているアンカーテキストをクリックすることで，自サイトを訪問してくる仕組みをいう．

表をじっくりと眺めて，何が Web 2.0 で何がそうでないか，を実感を持って理解したい．

6.3 ウェブが Web 2.0 であるための 7 原則

ウェブが Web 2.0 であるための「7 つの原則」を具体的に示し，さらに Web 2.0 の本質に迫ろう．ただ，本章の目的は Web 2.0 を詳述することではなく，ウェブと集合知の関係性を吟味することにあるので，「集合知の活用」という原則の説明は次節に譲って，本節では他の 6 つの原則について各々その要点を紹介する．なお，オライリーの論文中に記載されている事実関係は，論文が執筆された 2005 年当時を反映しているので，一部現状と合っていないところもあることはあらかじめ断っておく．

まず，ウェブが Web 2.0 であるための 7 つの原則とは次の通りである．

(1) プラットフォームとしてのウェブ
(2) 集合知の活用
(3) データは次なる Intel Inside
(4) ソフトウェアリリースサイクルの終焉(しゅうえん)
(5) 軽量なプログラミング
(6) 単一デバイスの枠を超えたソフトウェア
(7) リッチなユーザ経験

以下，これらの原則を説明する．

(1) プラットフォームとしてのウェブ

　この原理は，出版社 O'Reilly Media が主催するハッカー（hacker）のための毎年のイベントである 2004 年の FOO（Friends Of O'Reilly）Camp で行われたブレインストーミングで紹介されたという．ウェブは当初，地球規模のハイパーテキストシステムとして構想されたが，これからのウェブは，その上でさまざまなソフトウェアが走るための「プラットフォーム」と捉えるべきである，というのがこの原理である．プラットフォームとしてのウェブという Web 2.0 の潮流に乗れずに凋落(ちょうらく)していった企業の典型例として **Netscape** 社が挙げられる．Netscape 社は 1994 年に設立され，Netscape Navigator と称するウェブブラウザの販売で一時は 90%を超えるシェアを誇るウェブマーケットの雄となり，一世を風靡(ふうび)した Web 1.0 の旗手であった．同社もプラットフォームとしてのウェブを標榜(ひょうぼう)していたというが，ウェブブラウザを売るだけの商売から脱しきれなかった．ウェブブラウザのコモディティ化がどんどん進む中で，人々の関心と価値はプラットフォームとしてのウェブ上でウェブアプリケーションが提供するサービスに移ってしまったが，古い価値観の同社はその流れに乗れず凋落(ちょうらく)するしかなかった．

(2) 集合知の活用

　ドットコムバブルの嵐の中で生き残った企業は，さまざまな形でスロウィッキーが主張する群衆の英知を活用している．これについては本章の主題であるので，次節でより詳細な紹介をする．

(3) データは次なる Intel Inside

　パソコンを購入すると，「intel inside」という商標の小さなステッカーが貼られていることが多々ある．このパソコンには Intel 社が製造した MPU（Micro

Processing Unit）が入っているんだぞ！　と気合いを込めて謳(うた)っているのである．Web 2.0 の原理の 1 つが，これになぞらえて，「データは次なる Intel Inside」（Data is the Next Intel Inside.）である．つまり，データベース管理は，Web 2.0 企業のコアコンピタンス（core competence, 中核能力）であり，Web 2.0 の重要なウェブアプリケーションには必ずそれを支える専門のデータベースがあるという分析結果である．たとえば，Google 社にはいわずと知れたウェブのクロールデータ，つまり，Google 社の**クローラ**（crawler, リンクをたどってウェブコンテンツにアクセスし，各コンテンツの情報を自動収集するウェブページ探索プログラム）がウェブをはいまわって収集してきたデータがある．Amazon.com 社の商品／顧客データベース，eBay 社の製品／出品者データベース，MapQuest の地図データベースなどが典型例である．いい方を変えると，「そのデータを所有しているのは誰か」ということが重要になるということである．つまり，ウェブの時代では，データベースをコントロールすることによって市場を支配し，莫大な収益をあげた企業が少なくない．たとえば，MapQuest や Google Maps などが生成する地図には「地図の著作権は NavTeq 社, TeleAtlas 社に帰属します」と記載されているし，衛星画像サービスの場合は「画像の著作権は DigitalGlobe 社に帰属します」と記載がある．これらの企業は莫大な資金を投じて，独自のデータベースを構築した．NavTeq 社は 7 億 5000 万ドルをかけて住所／経路情報データベースを構築したという．DigitalGlobe 社は公的機関から供給される画像を補完するために，5 億ドルをかけて自前の衛星を打ち上げたという．実際，これらのアプリケーションにとって，データは「intel inside」と呼ぶにふさわしい重要性を持っていることは明らかであろう．ソフトウェアインフラのほぼすべてをオープンソースソフトウェアやコモディティ化したソフトウェアでまかなっているシステムにとって，データは唯一のソースコンポーネントといえる．激しい競争が繰り広げられているウェブを通じて地図データや衛星写真などを取り込んで，ブラウザでその表示などを行うウェブマッピング市場は，アプリケーションの核となるデータを所有することが，競争力を維持する上でいかに重要かを示している．

　一方，データをすべて自前で用意するのではなく，既存のデータをうまく活用する例もある．典型的なのは **Amazon.com** 社で，同社のデータベースは

R.R. Bowker 社が提供する「ISBN」（国際標準図書番号）をもとにし，それに出版社から提供される表紙画像や目次，索引，サンプルなどのデータを追加することで，データベースを徹底的に拡張していったという．さらに重要なのは，これらのデータにユーザがコメントを加えることを可能にしたことである．その結果，Amazon.com は書誌情報の主要な情報源となっており，消費者だけでなく，学者や司書も Amazon.com のデータを参照している．また，Amazon.com は **ASIN**（Amazon Standard Identification Number）と呼ばれる独自の識別番号も導入した．ASIN は書籍の ISBN に相当するもので，Amazon.com が扱う書籍以外の商品を識別するために利用されている．事実上，Amazon.com はユーザの供給するデータを積極的に取り込み，独自に拡張したわけで，この結果，他社がこの市場に参入することをとても困難にした．

　データを握ることの強みは，いわゆるマッシュアップ（mashup）と呼ばれる技法を使ってウェブアプリケーションを構築した場合にも際立っている．たとえば **Google Maps** はその地図データを使いたいと欲するユーザに Google Maps API を通してデータを提供する仕組み，すなわちウェブサービスを有しているが，このとききちんと認識しておかねばならないことは，マッシュアップにより構築されたウェブアプリケーションは Google Maps の 掌 の上にある，ということである．

(4) ソフトウェアリリースサイクルの終焉

　Web 2.0 以前の企業は，「ソフトウェアを売ってナンボ」の商売をしていた．しかし，ウェブ時代のソフトウェアの決定的な特徴の 1 つは，それがモノではなく，サービスとして提供される点にある．この事実は，企業のビジネスモデルに数々の根本的な変化をもたらした．**Google** 社は検索のためのソフトウェアを売っているのではなく，同社の Google Search というウェブアプリケーションが提供する検索サービスを提供している（利益は AdWords や AdSense という検索連動型広告やコンテンツ連動型広告で出している）．またそのサービスが正しく機能するために，同社のクローラは絶えずウェブを巡回し，インデックスを更新し，リンクスパムを始め検索結果に影響を及ぼそうとするあらゆる試みを排除し，次々と打ち込まれる数億の検索キーワードに休むことなく動的に対処し，なおかつ，文脈に合った広告を表示できるようにシステムを整備している．つまり，Google 社のビジネスモデルはすべてのユーザが毎日自分の

コンピューティング環境を使って新しい情報を探すことを前提としているという，これまでとの違いに基づいている．ソフトウェアを何年かおきにリリースして顧客をつなぎ留め商売をするというビジネスモデルはウェブ時代のモデルではない．

(5) 軽量なプログラミング

軽量（light weight）なプログラミングとは，ウェブ上のさまざまなアプリケーションが，たとえばREST（3.3節）といった（SOAPに比べれば）大変軽量なインタフェースを介して，相互に連携が可能で，いわゆるマッシュアップが容易に行えるようなウェブサービスが提供されていることをいう．たとえばAmazon.comのウェブサービスの95%は軽量な**RESTfulウェブサービス**を通して利用されているという．他の例としては，Google Mapsがウェブアプリケーション開発者に熱狂的に受け入れられたのは，Google Maps APIが非常に単純なRESTfulウェブサービスであることが大きな要因の1つである．SOAではウェブサービスの売り手（vender）が提供するウェブサービスを利用して，新しい試みを行うためには，その売り手と契約を結ぶ必要があったのに対し，Google Mapsはユーザがデータを自由に利用できるようにした．このため，ウェブ技術に長けた人たちはGoogle Mapsのデータを再利用して，直ちにさまざまな魅力的なウェブアプリケーションを構築することができた．

(6) 単一デバイスの枠を超えたソフトウェア

従来，ソフトウェアはプラットフォームとして1台のパソコン上を前提に開発されてきた．しかし，プラットフォームとしてのウェブが発展していけば，ウェブ上で稼働するさまざまなアプリケーションの特徴を生かしつつ，それらを緩やかに統合して新しいアプリケーションを生み出すことができる．つまり，Web 2.0の特筆すべき特徴の1つは，実用性が高く，単一デバイスの枠を超えた，ウェブをプラットフォームとするソフトウェアが次々と開発されて，それが大きな利益をもたらすということである．このWeb 2.0らしさを進めていくと，たとえばウェブに接続されていくさまざまな機器（たとえばスマートフォンやカーナビなど）をデータの受信装置ではなくデータの発信装置として機能させていくと，リアルタイムのトラフィックモニタリングや**フラッシュモブ**（flash mob，インターネット，特に電子メールで不特定多数の人々に集会を呼びかけ，目的を達成すると解散する行為），あるいは市民ジャーナリズムなど，この意味

でのプラットフォームの新しい可能性が広がる．

(7) リッチなユーザ経験

　Web 2.0 では，ウェブアプリケーションはユーザにパソコン並みのリッチなユーザインタフェースを通してリッチな経験をさせられねばならない．ウェブ上でフルスケールのアプリケーションを提供できるということが広く認識されるようになったのは，**Google Maps** によるが，これは **Ajax** の出現により実現された．現在，Ajax はさまざまなウェブアプリケーション開発で多用されている．プラットフォームがパソコンからウェブに代わり，それに伴って開発されるアプリケーションはパソコン並みのユーザインタフェースに加えて，ウェブならではの機能を持ち合わせないといけない．たとえば，電子メール，チャット，携帯電話，IP 電話，音声認識機能などそれぞれの利点を備えた統合コミュニケーションクライアント，ローカルにとどまらず SNS を活用したアドレス帳，通常の文書編集機能に加えて wiki スタイルの協調的編集機能も併せ持つワープロなど，ユーザに豊かな経験をさせ得る多大な可能性を Web 2.0 は秘めている．

6.4　Web 2.0 における集合知の活用

6.4.1　集合知活用の中心原理

　Web 1.0 時代に誕生し，ドットコムバブルの崩壊を生き残り，Web 2.0 時代にも繁栄を謳歌している大企業の背後にある中心原理は，ウェブの力を使って「集合知を活用」することである．その中心原理をオライリーは次のようにまとめている：

(a) ハイパーリンクはウェブの基盤である．ユーザが新しいコンテンツやサイトを追加していくと，それが他のユーザにより発見され，リンクを張られることによって，ウェブの構造に組み込まれる．まるで脳でシナプスが形を成すように，つながりは反復と強さにより強化され，ウェブユーザ全体の**集団活動**（collective activity）の出力として，ウェブは有機的に成長していく．

(b) Yahoo!は，インターネットの最初の素晴らしい成功事例となったが，何千人，その後に何百万人というウェブユーザの最高の仕事の集約（aggregation）として，リンクからなるディレクトリとして誕生した．その後，Yahoo!はさまざまなビジネスを展開しているが，ネットユーザの**集団作業**（collective work）へのポータルとしての役割は変わっていない．

(c) 検索における Google 社のブレークスルーが **PageRank** だったことは誰しも認めるところである．PageRank はよりよい検索結果を導き出すために，文書の特徴ではなく，ウェブのリンク構造を用いる方法である．つまり，重要なウェブページからのリンクが沢山あるウェブページは重要度が高いとする PageRank アルゴリズムは皆からの支持度に基づく集合知の活用である．

(d) **eBay** 社（1995 年設立．世界最大のマーケットプレース）の産物はそのすべてのユーザの集団活動そのものである．ウェブと同様，eBay もユーザの活動に応じて有機的に成長する．さらに，競合企業と比べた場合の同社の強みは，買い手と売り手が**クリティカルマス**（8.4 節）に達していることにあり，このため，同様のサービスを提供する企業が現れても，それは同社よりもはるかに見劣りすることになる．

(e) **Amazon.com** 社は Barnes&noble 社などの競合他社と同じ製品を扱っており，どの企業もベンダから同じ商品情報，表紙画像，編集内容などを得ている．しかし，同社はユーザが関与する技術を構築した．同社には他社に比べて何桁も多い**ユーザレビュー**が掲載されており，事実上すべてのページであの手この手でユーザの参加を促し，さらに重要なのは，同社がよりよい検索結果を生み出すためにユーザの活動を活用していることである．Barnes&Noble 社と違い，検索すると同社では常に「最も人気のある」製品が表示されるようになっている．ユーザ参加の度合いが大きくなるにつれ，同社が売上でも競合他社を上回っていることは驚くに値しない．ユーザレビューが 1 つの集合知を形成していることは，7.2 節で改めて述べる．

さて，上記の真相を理解し，たぶんそれをさらに推し進めようとしている革新的な企業は，ウェブ上でその足跡を残している．そのような企業のいくつかを紹介する．

(a) 誰でも記事を投稿し，編集することができるという思いもよらないアイディアに基づいているオンライン百科事典 **Wikipedia** は，信頼（trust）

に立脚した過激な実験であり，「目玉の数さえ十分あれば，どんなバグも深刻ではない」というレイモンド（Eric Raymond）の格言（もともとはオープンソースソフトウェアの文脈で語られたもの）をコンテンツ作成に適用している．コンテンツ作成の世界に大変革をもたらした．

(b) 最近とても注目度の高い **del.icio.us**（現 Delicious）や **Flickr** といったウェブサイトは，フォークソノミー（folksonomy）と名付けられた，これまでにない新しい分類法，つまり**ソーシャルタギング**（8.3.2 項）の先駆者となった．フォークソノミーとは，従来の権威主義的な分類法である**タクソノミー**（taxonomy）とは真逆で，群衆が自由なキーワード（一般に「タグ」と呼ばれる）をコンテンツに付与することによって，コンテンツを自由に分類していく**協調的分類**（collaborative categorization）である．従来の厳密な分類方法と異なり，タグを活用すれば，脳と同じような，複合的な関連づけを行うことができる．たとえば，Flickrに投稿された子猫の写真に「子猫」と「可愛い」というタグを付ければ，他のユーザはそのどちらでも，自分の思考や感性に合った方のキーワードで，この写真を見つけることができる．

(c) **Cloudmark** のような**協調的スパムフィルタリング**製品は，多数のメール利用者の判断を集約して（aggregate），あるメールがスパムかそうでないかを判定する．判定の精度は，メッセージのみを分析する従来の方法よりも高い．

(d) 最大のインターネット成功談がその商品について宣伝しないのは分かり切ったことである．彼らは口コミによる商品の市場浸透・拡大を狙うマーケティング手法（viral marketing, **伝染性マーケティング**）で動いている．皆に知らせるために広告を打つようならば，それは Web 2.0 ではない．

(e) オープンソースのピアプロダクション（peer production, 不特定多数の人々がそれぞれの情報や知識を持ち寄り，ウェブ上で共有しながら発展的に対象を共同的に開発する手法）は，多くのウェブインフラ（Linux, Apache, MySQL, ほとんどのウェブサーバに含まれる Perl, PHP, Python のコードなど）でも採用されているが，それ自体，インターネットが可能とする集合知の 1 例である．

以上から「Web 2.0 時代には，ユーザの貢献がもたらすネットワーク効果が市場優位を獲得する鍵である」という教訓を得ることができる．

6.4.2 参加のアーキテクチャ

オライリーはウェブが Web 2.0 である特徴として**参加のアーキテクチャ** (the architecture of participation) を挙げている．たとえば，巨大データベースを構築しようとしたとき，3 つの方法があるという．第 1 は，スタッフを雇って構築するやり方である．第 2 は，ボランティアを募ってそれを作り上げてもらうというやり方である．しかし，第 3 番目の方法は，ユーザが（企業の）アプリケーション（の提供するサービス）を利用することによって，副次的にユーザのデータを収集し，アプリケーションの価値が（自動的に）高まる仕組みを構築することであるという．このモデルのヒントは，1999 年にインターネットで音楽配信サービスを始めた **Napster** にあるという．そこでは，Napster はダウンロードされたすべての楽曲が自動的に供給リストに加わるような仕組みを構築した結果，すべてのユーザは自動的に共有データベースの価値の向上に貢献することになった．つまり，Web 2.0 時代の重要な教訓の 1 つはユーザが価値を付加するというものであるが，自分の時間を割いてまで，企業のアプリケーションの価値を高めようというユーザは少ない．そこで，Web 2.0 企業はユーザがアプリケーションを利用することによって，副次的にユーザのデータを収集し，アプリケーションの価値が高まる仕組みを構築した．これが，オライリーが指摘する参加のアーキテクチャである．確かに，Web 2.0 企業のシステムは，利用者が増えるほど，改善されるようになっている．オープンソースソフトウェアの成功には，よくいわれるようなボランティア精神よりも，参加のアーキテクチャが寄与している．インターネット，ウェブ，そして Linux，Apache，Perl などのオープンソースソフトウェアには，このようなアーキテクチャが採用されており，個々のユーザが「利己的な」興味を追求することにより，一方で自然と全体の価値も高まるようになっている．

8.2.4 項で述べるが，リー（Andrew Lih）は Wikipedia が成功した理由として，**参加**と**ピラニア効果**を挙げている[47]．オライリーは上記のように，Linux の成功の理由は参加のアーキテクチャにあったと指摘している．Wikipedia には言及していないが，Wikipedia の成功要因もそうである．つまり，Web2.0

の「参加のアーキテクチャ」も Wikipedia の「参加」も観点が少し異なるだけで，同じことをいっている．ピラニア効果はクリティカルマスの存在をいっているが，それは Web2.0 で成功した事例にも共通していえよう．参加のアーキテクチャ，あるいは参加を，第 5 章で示したソーシャルコンピューティングのフォーマルモデル（図 5.2）と関係付けて説明すれば，その中核をなす**集約エンジン**が機能する中心原理こそが，参加（のアーキテクチャ）とクリティカルマスといえる．

6.5 ブロゴスフィアと集合知

図 6.2 に示されているように，オライリーはウェブでの出版形態は Web 1.0 では個人のウェブサイト（personal websites）であったが，Web 2.0 ではそれは「ブログする」（blogging）のであると指摘した．ブログ（blog）とはよく知られているように Web log に由来する造語である．第 2 章の表 2.2 に記したように，1999 年に blogger.com が**ブログ**という新しい出版形態を実現するウェブアプリケーションのサービスを展開して以来，ウェブ世界に深く浸透することとなった．ブログとして日記（の体裁をとっている個人のウェブページ）をウェブに公開している人々も多く，そのような人々を**ブロガー**（blogger）という．ブログが時系列の構造をとっていることが，ささいな違いに見えるが，従来とはまったく異なる配信，広告，そしてバリューチェーン（value chain）を生み出している．また，ブログにリンクを張るということは，変わり続けるウェブページにリンクを張ることに等しいので，ブログの記事ごとに URL を割り付けることとし，それを**パーマリンク**（permalink）という．パーマリンクの仕組みにより，日記風にどんどん新しくなるブログの記事も埋もれることなくパーマリンクで世界のどこからでもアクセスすることができる．パーマリンクの登場によって，ブログは簡単に情報を発信できるツールから，コミュニティが交錯し，会話が生まれる場所に変わった．その結果，友情が芽生え，あるいはより強固なものとなった．パーマリンクはブログとブログを結びつける初めての，そして最も成功した試みとなったという．

さて，**ブロゴスフィア**（blogosphere，ブログ圏）とは「他の人々がそれらを読むことができ，それらに反応することができるように，人々のブログをひと

まとめにしたインターネット上の**言論空間**」で，インターネット上のすべてのブログを総体として捉える概念である．Web 2.0 の本質が，スロウィッキーの提唱する「群衆の英知」を活用して，ウェブを地球規模の脳に変えることだとすれば，ブロゴスフィアは絶え間ない脳内のおしゃべりを，すべてのユーザが聞いているようなものである．これは脳の深い部分で，ほぼ無意識のうちに行われている思考ではなく，むしろ意識的な思考に近い．そして，意識的な思考と注目の結果，ブロゴスフィアは大きな影響力を持つようになった．ブログの総体としてのブロゴスフィアは群衆による民主的な世論形成の場である．ここに，**民主的**とは群衆の 1 人ひとりが主体的に集団の意見決定に関与することのできる体制となっていることを指している．このことを Web 2.0 は 2005 年に看破してたことは意義深い．

　Twitter はそのサービスが提供されだしたのは 2006 年なので，オライリーが 2005 年に報告した Web 2.0 の後の登場となるので，その報告には出てこないが，Twitter についても Blog と同じことがいえて，ツイート（tweet）の総体としての**ツイッタスフィア**（Twittersphere）と呼ばれるインターネット上の言論空間も群衆による民主的な世論形成の掛け替えのない場として機能している（7.2 節）．

6.6　集合知プログラミング

　前節で言論空間などといささか壮大な話をしたが，本節ではブロゴスフィアをブログの集まり（collection）と捉えて，実際にウェブクライアントがブロゴスフィアにアクセスして，検索要求に合うブログを見つけ出すためのプログラミングをどういう具合に行うかを調べて，**集合知プログラミング**の入口を垣間見ることとする．典型的には次のような状況を想定する：

　　　いま，読者である貴方は会社勤めで，新製品の販売担当者である．その商品を客に勧めたいが，いったい世の中ではどういう評判なのであろうか？もし，よい評判でもあれば，ぜひそれを顧客に聞かせたい．しかし，どのようにしてそういう評判を見つければよいのであろうか…

ウェブ時代でのこの要求に対する 1 つの回答は，ブロゴスフィアを検索，もう少し高邁にいえば，マイニングすることである．つまり，世間は広いから，だれかこの製品を購入して，その感想を既にブログに書き込んで情報発信してい

るのではないか．そのブロガーがその製品を酷評していれば黙って見過ごすが，もしそれを誉めていてくれれば，ぜひそのブログをお客さんに見せたい．そういうシチュエーションである．

さて，**ブログの数**についてであるが，(少々古いデータであるが) 総務省情報通信政策研究所は公表データに基づいた登録者数上位 20 のブログサイトを対象としたクローラによる調査を実施し，2008 年 1 月時点で国内で公開されているブログの数は 1690 万 (そのうちアクティブ (= 1 ヶ月に 1 回以上記事が更新) なブログは 308 万) で記事総数は 13 億 4,700 万件，国内で公開されているブログのデータ容量は総量で 42 TB，このうちテキスト情報は 12 TB と推定すると調査結果を公開している (http://www.soumu.go.jp/iicp/chousakenkyu/data/research/survey/telecom/2008/2008-1-02-2.pdf)．では，どのようにしてこのような膨大なブログの中から当該新製品について綴っているブログを見つけ出すのか？

その仕掛けは次のようである．まず，**ブログ追跡プロバイダ** (blog-tracking provider) に着目する．物々しい名前を付けたが，要はブログを収集して，その結果を**ブログ検索 API** で提供してくれるウェブサイトである．我が国では，たとえば **Yahoo! Japan デベロッパーネットワーク** (http://developer.yahoo.co.jp) をアクセスすると RESTful ウェブ API (3.3.2 項) がサポートされている．ブログ追跡プロバイダは我が国でも複数あるが，RSS に基づくものや Atom に基づくもの，あるいは固有の API など統一した仕様にはなっていないので，それらに取得法を合わせる必要がある．ブログ検索 API を通して提供されるデータは XML ファイルである．

したがって，ブロゴスフィアを検索して所望のブログを見つけるには，次の 4 つのステップを踏む必要がある．

  (1) 検索要求をつくる．
  (2) その要求をブログ検索プロバイダの API に合わせて変換して送信する．
  (3) プロバイダから検索結果が XML ファイルで送信されてくる．
  (4) XML ファイルを解析し結果をウェブクライアントに提示する．

図 6.3 にこの様子を示す．

この結果，上記のシチュエーションでの問題が解決されよう．実際にブログ検索 API を通してブログを検索するプログラムは，たとえば Java により行え

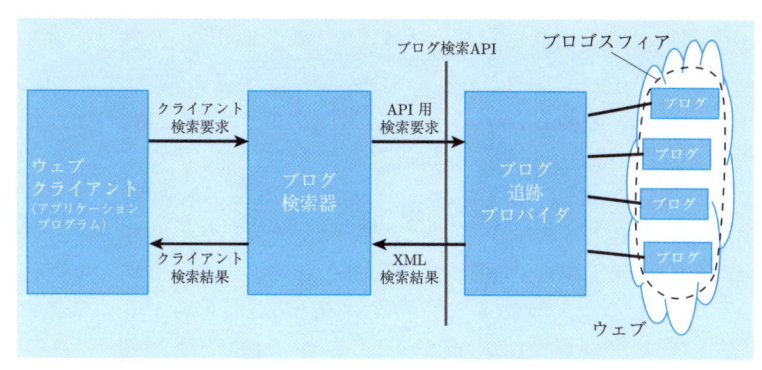

図 6.3　ブロゴスフィアへのブログ検索の流れ

る．ただ，上述のように，ブログ検索 API の仕様はさまざまなので，プロバイダごとにプログラムが変わってくる．上記の例は検索要求を満たすブログを取得するスキームを示したが，前節で述べたブロゴスフィアでの世論形成を研究してみたいというような要求の処理は，検索要求を出し，それを受け取るクライアント側にそのための解析用アプリケーションプログラムを組み，それが処理の状況に応じて，**ブログ検索器**（blog searcher）と何度も連携しながら必要なブログ（の集合）を遂次取得して，執り行うこととなろう．具体的なプログラミングは 3.3 節で示した Yahoo! Japan デベロッパーネットワークを事例としたルビ振り API（図 3.6）と同様と考えてよい．その結果，ブロゴスフィアからすごい金塊が見つかるかもしれない．

コラム　The Long Tail

　ウェブが Web 2.0 であるための 7 つの原則の 1 つに「データは次なる Intel Inside」があり，Amazon.com 社は商品／顧客データベースを持ち，それを活用することにより強力な推薦システムを持つことができ，e コマース市場を席巻している（11.2.4 項）．しかしながら，Amazon.com 社の成功のもう 1 つの要因は，売り場や倉庫を物理的に設ける必要がないからそのための費用が掛からないので，めったに売れない商品でも商品のラインアップしておくことができる．その結果，これまで信じられてきたパレートの法則（9.4.1 項），つまり売上げの 80%はヒット商品上位 20%が稼ぎ出すという法則とは合わない市場のあることを明らかにした．つまり，ほとんど注文のない一見売上げにほとんど貢献していない，商品の売り上げ貢献度からすれば長いしっぽ（long tail）の裾に位置するニッチな商品が，実は集計すれば数が出ていて，それらで売上げ全体の半分以上を占めるといった現象が発生しているのである[30]．つまり，パレートの法則が成り立たない．e コマースはこれまでの経済の仕組みでは説明のできない新しい経済法則があることを示したのである．これはウェブの持つ力の本質をいい当てた現象として十分に理解しておきたい．

演習問題

問題 1　ウェブが Web 2.0 であるための 7 つの原則とは何か，それぞれを要領よく説明しなさい．

問題 2　Web 2.0 の特徴の 1 つに，参加のアーキテクチャがある．これはどういうことか，要領よく説明しなさい．

問題 3　Web 2.0 では集合知が活用されている．典型的と考えられる活用事例を 1 つ示し，要領よく説明しなさい．

問題 4　ブロゴスフィアとは何か，またブロゴスフィアの活用事例を 1 つ示し，要領よく示しなさい．

問題 5　Web 2.0 とソーシャルコンピューティングとの関係を，要領よく説明しなさい（7.3 節）．

第7章
ソーシャルメディア

7.1 ソーシャルメディアとは何か

　ソーシャルメディア（social media）とは何かを論じる．明らかにsocialは社会的という意味で，socialには社交的（たとえば，社交ダンス）という意味もあるが，ソーシャルメディアが秘める集合知形成という視点をきちんと持つならば，ソーシャルメディアが意図するソーシャルとは本来は社交的ではなく社会的という意味であることが分かるはずである．もちろんmediaはメディアである．しかしながら，その組み合わせであるsocial mediaとは何を意味するのか，なかなか定義しづらい．本章では，その内包的定義を考察すると共に，補完的にその外延的定義としての具体的なソーシャルメディアを列挙し吟味することで，その姿を明らかにすることを試みる．この際，ソーシャルメディアは比較的若い用語であり，しっかりとした定義も与えられないままこれまで使われてきたことは事実であるから，そこら辺にも十分に注意して概念規定をきちんと行いたい．いうまでもないが，ソーシャルメディアと集合知の関係性は何なのか，常に念頭に置いて議論を進めなければならない．

　さて，ソーシャル（social）とは何か．古代ギリシャの哲学者アリストテレス（Aristoteles，前384年～前322）はその著書"政治学"[34]の中で「国家社会をつくるのは人間の自然の本性に基づく」と述べている．ここに国家（ポリス）とは2つ以上の村落が集まってできる完成した共同体をいい，家族が2つ以上集まって村落をなす．したがって，人間は国家社会の一員となって初めて人である．人は，人と人，家族，グループ，村落，地域，国家，世界などとのつながりを構築し維持していく動物である．親は子供に"Go outside to be social."といい，我々は小さなときから社会性を身に着けようとする．一方，メディアとはマクルーハン（Marshall McLuhan）が定義したように，人と社会をつなぐあらゆる人工物である[41]．これで，ソーシャルメディアの姿はずいぶんはっきりしてくる．

サフコー (Lon Safko) は彼が編纂した書籍 "The Social Media Bible"[35] の中で，ソーシャルメディアを "Social media is the media we use to be social." と定義している．少々トートロジー (tautology) 的な定義のようにも聞こえるが，訳せば「ソーシャルメディアとは人々が社会的にならんがために使用するメディアである」となる．つまり，ソーシャルメディアとは人が社会の構成員たらんとするために使用するメディアであり，この認識は 2300 年も前のアリストテレスの政治哲学とも一致している．そこで，本書もこれをもってソーシャルメディアの（内包的）定義とする．

【ソーシャルメディアの定義】
ソーシャルメディアとは人々が社会的であらんがために使用するメディアである．

ソーシャルメディアではなく，ソーシャルウェブという言葉も目にするようになった．一体，何が同じで，何が違うのか吟味しておこう．そこで，ソーシャルウェブという言葉にどのような意味を込めて使っているのかを見てみると，まず「新しいウェブ」とか，「ウェブに変化が起きている」とか，これからのウェブはこれまでのウェブとは違うのですよ，ということを伝えたいために使っている意図を認めることができる．もう 1 つは，「ソーシャル」という言葉が使われているように，ウェブは（アリストテレスの意味で）ソーシャル化しているのですよ，ということを伝えたいことが分かる．そして，ウェブのユーザである一般大衆にこのことを知ってほしいし，ウェブを使ってビジネスを展開している人々やこれからそうしようとしている人々すべてに，その変化を知らないとこれからはやっていけませんよ，と啓蒙する意味合いが大きく込められていることが分かる．つまり，ソーシャルウェブとは，ウェブの持つ特徴のうち，特にソーシャルな側面に光を当てたい方であることが分かる．これまで本書で議論してきたように，そのソーシャルな側面というのは，集合知の力，すなわち群衆の英知がもたらす特性である．そのことは，いみじくもオライリーが従来のウェブと Web 2.0 が異なる大きな要因の 1 つに集合知の活用があると看破したこと，そのものである．Web 2.0 といわないで，ソーシャルウェブといった真意はそこにあるのだろう．

本節では，上述のごとくソーシャルメディアの定義を与えたが，それはメディアの持つ特徴のうち，特にソーシャルな側面を強調した表現である．つまり，ソーシャルメディアは，オライリー流にいえば **Media 2.0** といえるかもしれないが，メディアではなくソーシャルメディアといっている心はウェブではなくソーシャルウェブといった心と同じである．そもそも，マクルーハンによれば，メディアとは人間と社会に対して作用し影響を与えるすべての人工物をいうから（7.4 節），ウェブもメディアである．したがって，本書では一貫してソーシャルメディアという用語を使用して議論を展開する．

7.2 ソーシャルメディアの生態系

ソーシャルディアは，狭義には，手紙，電話，新聞・雑誌，テレビなどの古典的メディアを含む．情報社会ではそれがウェブテクノロジーを前提にこの世に出現してきたことを考えると，ウェブとそれを取り巻く環境でどのようなソーシャルメディアが生まれ，繁栄し，終焉していったのかを，**生態系**（ecosystem）というような視点で捉えてみることは，ソーシャルメディアを何らかの視点で分類したり，相互の関係性を論じたり，あるいはこれからのソーシャルメディアを予測したりする上でも意味があるように考えられる．

さて，生態系はさまざまな生物とそれを取り巻く環境からなる．それになぞらえると，ソーシャルメディアの生態系はソーシャルメディアと称するさまざまなウェブアプリケーション，それを稼働させている環境としてのウェブ，そして，ウェブアプリケーションが提供するサービスを享受する群衆（＝ウェブクライアント）が織りなす一連のサイクルと考えられる．そこで，第 2 章で示したウェブの誕生以来開発されてきたさまざまなウェブアプリケーションとウェブ関連テクノロジー（表 2.2）をこの観点から見直してみる．その結果，新紀元（epoch-marking）を画したと考えられるウェブアプリケーションの出現をいくつかピックアップすることができる．これらはソーシャルメディアを外延的に特性化する事例と捉えてよい．それらを時系列的に挙げれば次のようである：

(1) **Amazon.com**（1994 年）： e コマースであるが，ユーザの購買履歴の分析結果に基づく**推薦システム**とユーザ参加型の**レビューサイト**として

の機能を有していることにソーシャルメディアとして大きな特徴がある．この推薦システムはユーザが直接的に推薦に絡むわけではなく，ユーザの購買履歴をシステムが分析し，その結果に基づいて商品の推薦を行うので，それは6.4.2項で紹介したWeb 2.0時代の特徴である参加のアーキテクチャを具現している（推薦システムの仕組みは第11章で詳述する）．レビューサイトに寄せられるユーザレビューはユーザが直接構築する民主的な知の共有空間であり，集合知を形成している．他に，**価格.com**（1997年）も典型的なレビューサイトである．

(2) **Wiki**（1994年）： Wiki（正式にはWiki Wiki Web）は "Quick collaboration on the Web" を標榜するウェブアプリケーションである．Wikiには100種を超える**Wikiクローン**（clone）と呼ばれる亜種がある．Wikiとそのクローンが提供するウィキページは一般のウェブページと同様にウェブブラウザから閲覧・編集できるので，そのような機能のみを使えば協調作業支援のためのソーシャルソフトウェアと捉えることができる．しかし，Wikiクローンの1つである**MediaWiki**を使って構築されているオンライン百科辞典Wikipediaは，単なる協調作業支援の枠を越えて，知の創成支援システムと考えられ，そこで編集されている記事（＝Wikiページ）の総体はまさしく集合知を形成している（Wikiのより詳しい説明は第8章で与える）．

(3) **blogger.com**（1999年）： Web logから作られた造語である**ブログ**（blog）はウェブ社会での新しい出版形態を創出した．ブログ自体は日記形式のウェブページであるからウェブ時代の出版形式としての域を出ていない．しかし，ブログが総体として織りなす言論空間として**ブロゴスフィア**（blogosphere）は一種の民主的な世論を形成している集合知と考えられる．その後創出されたTwitter（2006年）にも同様なことがいえる．つまり，140文字以内で「つぶやく」（tweet）ことによりウェブに情報発信するTwitterは**マイクロブログ**（micro-blogging）とも呼ばれる．第一義的には，Twitterもまたウェブ時代の新しい出版形態の1つであると捉えられるが，さまざまなユーザから発信され，リツイート（re-tweet）されたり，フォロー（follow）されたりした結果として形成されるツイートの総体は**ツイッタスフィア**（Twittersphere）と称される集合知としての言

論空間を形成していると考えられる．関連して，**2ちゃんねる**（1999年）などの電子掲示板（Bulletin Board System, BBS）についても同様な議論を行うことができる．

(4) **Answers.com**（1999年）： Q&Aサイト．Yahoo! 知恵袋（2005年）では質問に対して回答者は回答を投稿して，質問者がベストアンサーを選んだり，投票によりベストアンサーが決まる．レビューサイトやブロゴスフィア同様に民主的な知の共有空間が実現されていると考えられる．

(5) **Friendster**（2002年）： ソーシャルネットワークサービス（Social Networking Service, **SNS**）の嚆矢．MySpace（2003年），mixi（2004年），Facebook（2004年），モバゲータウン（2006年）など新たなSNSが登場した．登録時に記載する個人のプロファイルに基づいて，友達の友達は，また友達，という友達つながりでソーシャルネットワークが形成される．第一義的には，目的は**コミュニティ形成**である．しかし，ソーシャルネットワーク分析の結果を使って**ソーシャルサーチ**が可能になるなど（ソーシャルサーチは10.3節で詳述する），SNSの持つ社会性の活用は大きな可能性を秘めている．SNSはソーシャルゲームのプラットフォームとしても機能している．たとえば，Facebookはウェブサービスとして**Facebook Platform**を公開したが（2007年），このAPIを使ったFarmVilleは著名な**ソーシャルネットワークゲーム**（social networking game）である．

(6) **del.icio.us**（2003年）： ソーシャルブックマーク（social bookmarking）という言葉を作り出した．はてなブックマーク（2005年）も同じ．関連して，**Flickr**（2004年）は写真の共有サイト．これらは権威者が索引付けする分類法をいうタクソノミー（taxonomy）ではなく，ウェブ上のユーザが自由に索引付けして出来上がるボトムアップで民主的な**フォークソノミー**（folksonomy）と称する新しい索引法を創成した．写真の集合に対して，メタデータとしてのフォークソノミーは人々が民主的に創成した分類法であり，索引の総体は集合知と考えられる．**YouTube**（2005年），ニコニコ動画（2006年）は動画共有サイト．**ニコニコ動画**では再生画面に視聴者がコメントを書き込め，それがリアルタイムで流れる独特のコメントシステムが実装されている．検索機能は備わっていないが，これ

も一種のフォークソノミーといえる．

(7) **Ustream**（2007年）： ライブビデオストリーミング．**ニコニコ生放送**（ニコ生，2007年）も同じ．生の誰も加工していない1次情報が伝えられ，操作・編集されていない情報をもとに自分自身がそこで何が起こっているかを判断できる，新世代の報道メディアを形成する．これらは，情報操作を前提としていた既存の報道メディアに取って代わり，**情報の民主化**（本章コラム参照）を促進する切札的装置である．ウェブ社会だから実現できる，**独立系ジャーナリズム**にとって大変魅力のあるメディアである．蓄積することによって構築される1次情報の総体は，誰かによって編集や加工が行われていないありのままの巨大データベースを形成することになり，そのためのデータベースシステム構築技術の研究・開発が必要である．

(8) **Aardvark**（1999年）：ソーシャルサーチエンジンである．Google Searchを代表格とする従来のアルゴリズム的サーチエンジンとは一線を画する．簡単にいえば，従来の検索では，質問に一番関係しているであろうと計算される文書（＝ウェブページ）を探し出すが，ソーシャルサーチでは，一番的確な答えを返してくれる友人（の友人…）をソーシャルネットワークが持つ力を使って探し出す．そのために質問者も回答者もあらかじめSNSに参加し，その時にプロファイルも登録しておく．Aardvarkはこのような考えで検索サービスを提供した世界で初めてのシステムである．

以上，ウェブ元年以降出現したさまざまなウェブアプリケーションの中から新時代を画したと考えられるウェブアプリケーションを取り上げて，要点を記した．それらは表面的にはウェブ時代に即した新しい情報の表現や伝達形式を持つ一方で，一歩踏み込めば知の創成と共有を群衆が民主的に行うことのできる「群衆の英知」実現のために欠かせないソーシャルメディアである．なお，ソーシャルの意味を社会的に加えて**社交的**にまで広げれば，お互いにコミュニケーションをとり得るためのメディアということになるから，チャットやSkype（2003年），インターネットテレビ電話などが入ってこよう．

以上の議論を踏まえて，図7.1に**ソーシャルメディアの生態系**を示す：ウェブの力が大地に降り注ぎ，それを糧として，さまざまなウェブアプリケーションが開発されている．それを木の「葉」に喩えている．我々群衆はウェブクライアントであり，ウェブアプリケーションが提供してくれるさまざまなサービ

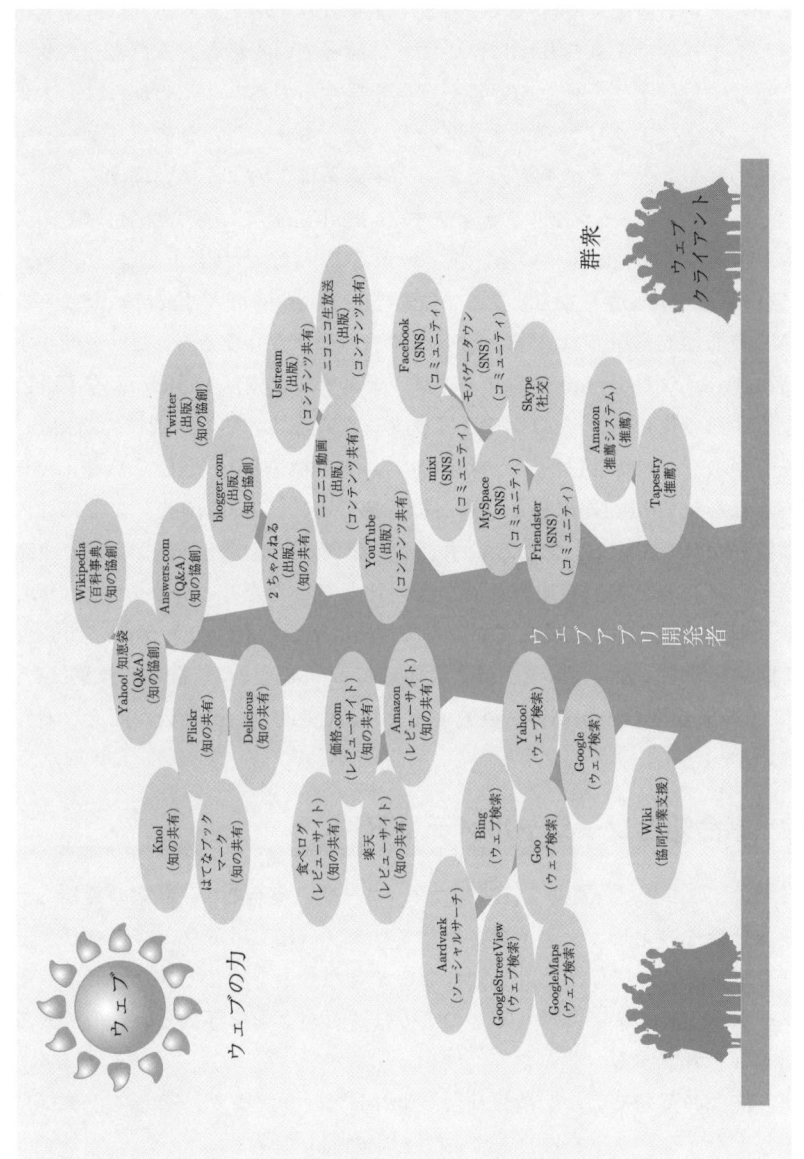

7.2 ソーシャルメディアの生態系

図 7.1 ソーシャルメディアの生態系

スを享受している．広く受け入れられますます青みを増す葉もあれば，開発はされたがあまり受け入れられずに，いずれは散っていく葉もあるだろう．サービスを享受する群衆は，種々の要望や意見を発するであろう．それらは，大地を伝って，ウェブアプリケーション開発者に伝えられ，新たなアプリケーションの開発の肥やしとなるべきものである．**生態系**はこのように循環する．

　図示した「木」を**ソーシャルメディア木**（social-media tree）と名付ける．この大木から何本かの枝が出ている．見て分かるように，どれもよく茂っている．GoogleやAardvarkからなる「ウェブ検索枝」，FriendsterやFacebookからなる「SNS枝」，Amazonのレビューサイトや食べログからなる「レビューサイト枝」，YouTubeやUstreamからなる「コンテンツ共有枝」，DeliciousやFlickrからなる「知の共有枝」，ブログやツイッターからなる「知の協創枝」，Yahoo!知恵袋などの（ブログとは違った意味での）「知の協創枝」，そしてWikipediaに代表される（Yahoo!知恵袋とは違った意味での）「知の協創枝」などにこの大木は枝分かれしている．表2.2に示した主なウェブアプリケーションとウェブ関連テクノロジーの開発履歴と特徴と対比していただくと分かりやすいが，ソーシャルメディア木は成長していくので，枝は下から上に向かっていくほど，概ね時間的に新しくなっていく．また，木のてっぺん近くに位置する枝葉ほど，「ソーシャル」な度合いが高い．換言すると，「民主的」な度合いが高くなる傾向が強い．

7.3　集合知とソーシャルメディア

　本書では，ここまで一貫して，スロウィッキーの（集合知の）群衆の英知モデルが情報社会やコンピューティングそしてウェブ（におけるウェブアプリケーションやビジネス）に与えた計り知れないインパクトを論じてきた．では，それはソーシャルメディアに対してどのようなインパクトを与えているのであろうか，それを考察する．

　まず，群衆の英知モデルが情報社会，コンピューティング，そしてウェブに対して与えたインパクトを整理しておくと次の通りである．

(1) 情報社会が進展してきたが，ウェブが誕生して以来，それは質的変革を起こし，ウェブ社会と呼ばれてしかるべき様相を呈した．このウェブ社会

7.3 集合知とソーシャルメディア

をさらに観察してみると，群衆の英知モデルが提唱されそれが認知された以前のウェブ社会をコミュニケーション指向の情報社会，それ以後のウェブ社会を集合知指向の情報社会と峻別できる（4.4節）．

(2) 英語版 Wikipedia の social computing の記事は，初出は 2005 年 1 月 21 日であったが，2007 年 10 月 17 日に記事は大幅に書き換えられ，スロウィッキーの著作「群衆の英知」で一般に知られるようになった「集団により実行される計算」を支援するとき，それは「強い意味のソーシャルコンピューティング」，そうでない場合は，「弱い意味のソーシャルコンピューティング」であると峻別された（5.2節）．

(3) 群衆の英知モデルを実現するためのコンピューティングのフォーマルモデルを考案したとき，それが従来のコンピューティングモデルと本質的に異なる点は，計算に群衆が直接関わることを可能とする「ソーシャルフィードバック」と名付けられた帰還ループの存在が本質的であり，従来のコンピューティングとソーシャルコンピューティングとの差が群衆の英知で明確になった（5.3節）．

(4) ドットコムバブルの崩壊という荒波を生き抜いたドットコムカンパニーを分析した結果，それらの企業が開発したウェブアプリケーションやビジネスモデルには 7 つの原則があることをオライリーは看破し，Web 2.0 と名付けた．その原則の 1 つが「集合知の活用」であるが，そこでいっている集合知とは群衆の英知であるとオライリーは明記している（6.4節）．

そこで，ここでは，集合知（＝群衆の英知）とソーシャルメディアの関係を考察する．ソーシャルメディアとは群衆が社会的にならんがために使用するメディアであると定義し（7.1節），前節でソーシャルメディアを生態系として示してみることで，その特徴を把握しやすくした．そこでは，ソーシャルメディアは「ソーシャルメディア木」として表現された（図7.1）．木は成長するから，枝は下から上に向かっていくほど最近のメディアを表し，ソーシャルな度合いが高く民主的な度合いを高めている．枝ぶりを眺めてみると，1 つの特徴があることに気が付く．それは，枝は上になるにしたがって，「知の共有」から「知の協創」という特徴を持つようになる．これは，それより下の枝が，コンテンツの共用，コミュニティ，ウェブ検索，推薦，共同作業支援といった特徴を表していることとは明確に異なるものである．この差は，ソーシャルメディアが意識的

あるいは無意識的を問わず，集合知を取り入れているかいないかの差である．
上記を表7.1にまとめる．

表 7.1 スロウィッキーの「群衆の英知」を分水嶺とする
ソーシャルコンピューティングと
ソーシャルメディアのパラダイムシフト

視座　　　　　分水嶺	スロウィッキーの「群衆の英知」以前	スロウィッキーの「群衆の英知」以後
情報社会（4.4節）	コミュニケーション指向の情報社会	集合知指向の情報社会
英語版 Wikipedia（5.2節）	Wikipedia の「弱い意味」のソーシャルコンピューティング	Wikipedia の「強い意味」のソーシャルコンピューティング
コンピューティングモデル（5.3節）	コンピューティング	ソーシャルコンピューティング（Computing 2.0）
オライリー（6.4節）	Web 1.0	Web 2.0
ソーシャルメディア（第7章）	コミュニケーション指向のソーシャルメディア	集合知指向のソーシャルメディア

7.4 古典的メディア論

本章ではソーシャルメディアとは何かを論じてきたが，そもそもメディア（media．medium の複数形）とはこれまでどのように考えられ定義されてきたのか，は押さえておいた方がよい．この観点から**マクルーハン**（Marshall McLuhan）の業績[41]に言及しておくべきである．彼は本来英文学者であったが，メディア論で著名で，彼によれば，メディアとは「諸作用の地（＝ゲシュタルト），あるいは諸技術のサービス環境」であるという．したがって，人間と社会に対して作用し影響を与えるすべての人工物がメディアである．ここに，人工物は「単に何かに働きかけるための道具というだけではなく，人工的な器官の追加によって引き起こされた我々の身体の拡張物」であり，人間が手を加えた人工物は—言語であれ，法律であれ，思想であれ，仮説であれ，道具であれ，衣服であれ，コンピュータであれ—すべて物理的な人間の身体および精神の拡張（extension）であるから人工物である．そして，メディアには成立する法則，すなわち**メディアの法則**があるという．それは**テトラッド**（tetrad）と

7.4 古典的メディア論

称され，メディアはそれが人間と社会にもたらす4つの副作用により規定される．ここに4つの副作用とは，**強化，衰退，回復，反転**である．これらは質問形式で表される：

- **強化（enhancement）：** その人工物が強化したり，強調したり，可能にしたり，あるいは加速させるものは何か？
- **衰退（obsolescence）：** ある状況のある側面が拡張され強化されると，それと共に，古い状態あるいは強化されなかった状況は，それに取って代わられる．新しい「器官」によって追いやられ，廃れてしまうものは何か？
- **回復（retrieval）：** 以前あった作用（action）とサービス（＝便宜）で，新しい形式によって再現ないしは回復されて活動を始めるものは何か？
- **反転（reversal）：** 潜在力が限界まで押しやられたときに，もとの性質を反転させてしまう傾向がある．反転する新しい形式の潜在力とは何か？ 英文で書けば，"What the medium does when pushed to its limits."（極限にまで追い込まれたとき，そのメディアがしでかすこと）という意味である．

通常，メディア研究は相補的な強化と衰退のみを扱っている場合が多いが，4つの相はそれぞれ補完的である．

マクルーハンは1980年に没しているので，生前には米国国防省がスポンサーのコンピュータネットワーク ARPANET は存在していたが，実験的なネットワークでありインターネットが社会のインフラとなっているような状況では決してなかった．バーナーズ＝リー（Tim Berners-Lee）によるウェブは1991年をその元年としている通り，マクルーハンはウェブを知らない．したがって，彼のメディア論は古典的な印刷メディアと電子メディアが対象となる．ここで電子メディアとは電話，ラジオ，テレビ，コンピュータといった人工物である．彼が挙げた例に則り，上記4つの副作用（＝法則）を**ラジオ**を例にして示せば次のようになる．

- **強化：** ラジオはニュースや音楽を音によって増幅する．
- **衰退：** ラジオは印刷物や映像の重要性を減少させる．
- **回復：** ラジオは話し言葉を第一線に回帰させる．
- **反転：** 聴覚のラジオは，その潜在能力を限界まで推し進められると，その特徴を反転させて，視聴覚のテレビになる．

第7章 ソーシャルメディア

音によってニュースや音楽を強化 〜を強化	聴覚のラジオは突き進めば オーディオ・ビジュアルなテレビになる 〜に反転
話し言葉を第一線に回帰 〜を回復	印刷やビジュアルの重要性を衰退 〜を衰退

図 7.2　ラジオのテトラッド

図 7.2 にラジオのテトラッドを示す．

　他に，たとえば**電話**は，対話を強化し，プライバシを衰退させ，利用者への瞬時のアクセスを回復し，電話に出たときに，通話者はもはや物理的な身体を持っていない．つまり，電話により通話者が送られ，瞬時にして世界のどこにでも現れる（＝送信者が送信される）という反転が起こる．テレビは手や耳のように多感覚的に目を使うことを強化し，ラジオ，映画などを衰退させ，目を通して耳や手が動くという超越した機能を回復し，あらゆる感覚が最大限に感応することにより反転して精神世界の旅（inner trip）となる．**コンピュータ**は計算と検索のスピードを強化し，さまざまな機械設備のみならず概算することや知覚することといったさまざまな要因の価値を衰退させ，ほぼ完璧で，統合的で，正確な記憶を回復させ，反転して，官僚制により力を与えることによって恐らく無秩序を減じる．

　マクルーハンが活躍していた時代には，いま本書で論じているソーシャルメディアは存在していなかったが，いかなるソーシャルメディアも「人工物」であるので，マクルーハンならそれらもテトラッドとして描いたであろう．ソーシャルメディアを含めて，あらゆるメディアをテトラッドで規定すれば，（そのような観点から）メディアを分類することができるかもしれない．テトラッドという表現法のもとで，集合知がどのように表現され得るのか？ マクルーハンなら，たとえばウェブや Amazon.com やブログ，SNS, Wikipedia, YouTube などのソーシャルメディアのテトラッドをどのように描いたであろうか？ と思いを馳せるのは何も筆者ばかりではないだろう．

コラム　情報の民主化

　2ちゃんねる，ブログ，Twitter，YouTube などのソーシャルメディアにより，これまでの報道や出版形態は根底から崩れた．これらによって，報道や出版の「民主化」が初めて可能となっているのである．社会秩序を保つためにという大義のもとで，さまざまな形で一般大衆は知る権利を阻害されている．たとえば，新聞では「記者クラブ」がすべてを牛耳り，そこでの掟を破ればその社会では生きてはいけないという．それはウェブ社会のマスメディアのあるべき姿ではないと，Ustream で脚色のない情報を流し続け，情報の民主化を実現しようとする独立系ジャーナリズムもある．政府の情報公開も然りである．記憶に新しい事件としては，2011 年 11 月に発生した尖閣諸島中国漁船衝突映像流出事件がある．肯定・否定，さまざまな見解があるが，時の内閣が国益云々を理由にして公開したがらなかった映像を，百聞は一見にしかずと，国民の知る権利に応えるべく，海上保安庁の職員が居ても立ってもおられず，問題のビデオ映像をインターネットカフェから YouTube にアップロードした．世界的には，2010 年ごろから起きた，いわゆるアラブの春（Arab Spring）では，各地で大規模な反政府デモが起こり，リビアなどいくつかの国では民主化が達成されたが，抗議行動の呼びかけが，携帯電話はもとより，Twitter や Facebook などのソーシャルメディアで行われたことが特徴である．我々の生活に直結した卑近な例としては，電車の運行状況や天候はいうに及ばず，フォーマルには知りえないような個人情報が 2 ちゃんねるに公開されたり，それをもとにブログが書かれ，Twitter で流れてと，これまで情報を握り，操作することで社会をコントロールしてきた権力者は，ソーシャルメディアの出現によって，その認識を根底から変えないといけなくなっている．ただ，ソーシャルメディアが民衆のものという認識を逆手にとって，権力者が世論を操作しようとすることも十分に考えられるから，気を付けなければならない．

演習問題

問題 1 ソーシャルメディアとは何か，アリストテレスの政治学，およびマクルーハンのメディア論に立脚して，その定義を要領よく述べなさい．

問題 2 ソーシャルメディアの典型と考えられるウェブアプリケーションを 1 つ取り上げて，集合知的観点からその特性を，要領よく論じてみなさい．

問題 3 ウェブ社会におけるソーシャルメディアの生態系（図 7.1）について，特に，ブログとブロゴスフィア，Twitter とツイッタスフィアが峻別されている理由を説明しなさい．

問題 4 ブログの出現によって，それまでの出版形態が根底から変化したといわれる．またさまざまなビジネスにも大きな変革を与えている．できるだけ具体的に，何がどう変わったのか，あるいはどう変わるのか，論じなさい．その影響はブログではなく Twitter だとどうなのか，併せて議論してみなさい．

問題 5 マクルーハンは人間と社会に対して作用し影響を与えるすべての人工物がメディアであるとし，メディアには成立する法則，すなわち「メディアの法則」があり，それはテトラッド（tetrad）として表現されるとした．彼のメディア論は古典的な印刷メディアと電子メディアが対象となっているが，その考えを敷衍して，ウェブ，Amazon.com，ブログ，SNS，Wikipedia，YouTube についてテトラッドを作成してみなさい．さらに，テトラッドを描くことにより，ソーシャルメディアを分類できるか，考察してみなさい．

第8章
ソーシャルソフトウェア

8.1 ソーシャルソフトウェアとは何か

　ウェブ上での**コラボレーション**（collaboration，協調．以下，コラボ）をサポートするためのソフトウェアを**ソーシャルソフトウェア**（social software）という．具体的には，1995年に"Quick collaboration on the Web"を標榜してカニンガム（Ward Cunningham）が開発した**Wiki**とそのクローンはソーシャルソフトウェアの典型である．また，2003年に設立されたdel.icio.us（現Delicious）はソーシャルブックマーキングサービス（social bookmarking service）を提供するサイトで，それにより人々はウェブで最高のもの（the best）を保存し，シェアし，そして発見することができる．**Delicious**がどのようなソフトウェアを土台にしてどう構築されているかは定かではないが，Deliciousが提供するソーシャルブックマーキングサービスにより人々は**フォークソノミー**（folksonomy）と称される民主的なタグ付けを行え，それをシェアし新たな発見につなげることができる．したがって，そのようなサービスを提供しているDeliciousもソーシャルソフトウェアと捉えることができる．ただ，Wikiとそのクローンはその上で人々はさまざまな文書（＝wikiページ）を協調して作り上げることができるのに対して，Deliciousは人々がウェブ資源に対して自由にブックマークできるウェブアプリケーションにしか過ぎないから，同じくソーシャルソフトウェアといっても働きは異なる．視野を広げれば，2005年にオライリー（Tim O'Reilly）がWeb 2.0と呼べるウェブには「参加のアーキテクチャ」が仕組まれていると指摘しているが，その精神はソーシャルソフトウェアに通じている．

　コラボとシェアは，実は現代社会の経済活動に大きな変動をもたらしている．ボッツマン（Rachel Botsman）とロジャーズ（Roo Rogers）は**協調的消費**（collaborative consumption）（＝シェア（share））と称して，インターネット介し

て商品やサービスを共同利用，交換，贈呈，貸し借りし合う消費モデルを示し，ウェブ社会におけるコラボとシェアの実像を明快に描き出している[51]．加えて，現代のウェブ社会では，ソーシャルリーディング（social reading），ソーシャルパブリッシング（social publishing）など，ウェブ上でコラボとシェアのさまざまな形態が誕生しているが，本章では，以下，Wiki，ソーシャルブックマーク，そして協調的消費をいささか詳しくみてみることにする．

8.2 Wiki

8.2.1 Wikiとは何か

Wiki（ウィキ）は開発者であるカニンガム（Ward Cunningham）がその著書 "The Wiki Way"[42] の副題に付けているように "Quick collaboration on the Web"（ウェブ上で素早くコラボ）を標榜しているソフトウェアである．1995年に公開され，正式な名称は，Wiki Wiki Web である．Wiki Wiki はハワイ語で，quick とか informal とかいう意味で正式な場でも砕けた場でもよく使われるそうである．Wiki Wiki Web は単に Wiki と書かれることが多く，本書でも以後単に Wiki と書く．Wiki はカニンガムが開発した Wiki を表すための固有名詞であるが，一般名詞として使う場合は wiki と書く．Wiki は広く受け入れられ，またソースコードが公開されたことから，Wiki の基本的性質を受け継ぐ多数の **Wiki クローン**が開発されることとなった．Wiki クローンは **wiki エンジン**と呼ばれることも多い．

Wiki 誕生のいきさつについては，よく書かれている通り，プログラマであるカニンガムがデザインパターンをウェブ上で協同開発するために考え出した．ここに，**デザインパターン**とは「コンピュータのプログラミングで，素人と達人の間ではびっくりするほどの生産性の差があるが，その差はかなりの部分が経験の違いからきている．達人は，さまざまな難局を，何度も何度も耐え忍んで乗り切ってきている．そのような達人たちが同じ問題に取り組んだ場合，典型的にはみな同じパターンの解決策にたどり着くのだが，これがデザインパターンである」とこの用語を作り出したガンマ（Erich Gamma）らの著書で定義されている．カニンガムは考案したソフトウェアにどのような名前を付けようか考えたとき，協同編集するウェブページの更新が速い（quick）ことを表そう

と,ハワイ空港を走るシャトルバスが「Wiki Wiki」と名付けられていたことを思い出して,そう命名したという.

ここで,**Wiki** クローン(Wiki clone,正式には Wiki Wiki clone)についてやや詳しい説明を与えておく.まず,クローン(clone)とは遺伝的に同一な特性を有するコピーをいう.前述のようにカニンガムが開発したオリジナルの Wiki は CGI を実現する部分が Perl で書かれたが,カニンガムがそのソースコードを公開したので,Wiki の機能を落としたり,あるいは追加したり,実装のためのプログラミング言語を(Perl ではなく)Java,PHP,Python,Ruby にしたりと,さまざまな Wiki クローンが作成され流布することとなった.ウェブ上の百科事典 Wikipedia を構築するために作られた MediaWiki は PHP を使って CGI を実現している Wiki クローンの典型例である.筆者が 2009 年にカニンガムと Wiki について語り合ったとき,Wiki クローンの数は 100 を超えるといっていた.

8.2.2　Wiki とその基本的編集機能

カニンガムが開発したオリジナルの Wiki は現在でも利用可能で,http://c2.com/cgi/wiki?FrontPage にアクセスすると,図 8.1 に示すそのフロントページを見ることができる.一種独特のロゴが左上にあるが,Wiki を

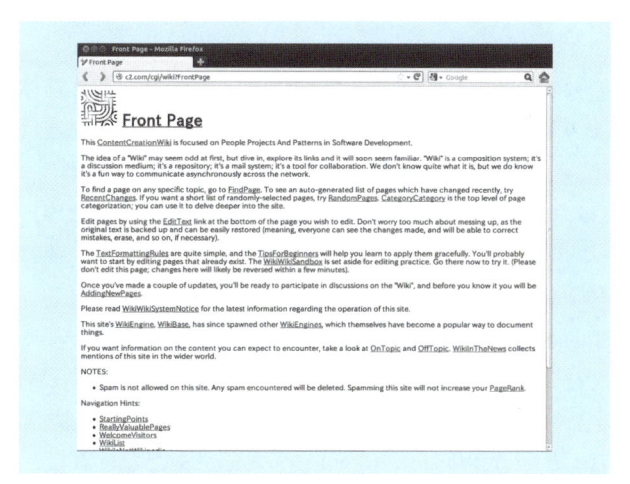

図 8.1　Wiki のフロントページ(ロゴは左上)

開発した1995年当時はインターネットといえども今日のような高速な回線はなく，当時カラフルな画像をロゴに使いそれを配信しようなどとは考えも及ばす，できるだけシンプルなロゴとして，当時カニンガムの子息がおもちゃとして使っていた「スタンプ」を流用してあのモノクロの線模様のデザインとなったそうである．このことは筆者がカニンガムから聞いた．

　まず，wikiとは何か，を理解する手掛かりは，「wikiは動的ウェブページ」(の集まり) である，ということにある．一般に，ウェブページは静的である．つまり，ウェブブラウザはあらかじめウェブサーバに格納されているウェブページを送信してもらい，それを表示するだけである．しかし，動的ウェブページ生成の技法を使えば，ウェブページは動的に生成できる．つまり，ウェブサーバが持っているHTML文書に，たとえばCGIの技法でスクリプト (script) 言語Perlで書かれた簡便なプログラムを埋め込むことにより，HTML単独では実現できなかった動的なウェブページ生成機能を実現させることができる．

　では，なぜwikiは**動的ウェブページ**でないといけないのかといえば，その理由は至極簡単である．wikiは複数のプログラマが協同してデザインパターンを構築していくプラットフォームとして設計されたから，複数のプログラマが同時に同一のウェブページにアクセスしてそのウェブページを書き換えていくことができないといけないからである．また，複数人が協同して同じwikiページを編集することになるから，wikiは編集競合解決法も備えていけないことにもなる．このことは後述する．

　Wikiクローンが提供してくれる協同作業支援機能をより具体的に理解するために，より身近な**MediaWiki**を用いて，wikiページとはどのようなウェブページで，何ができるのか概観してみる．よく知られているように，MediaWikiはウェブ上の百科事典Wikipediaを構築するために開発されたWikiクローンの1つである．まずMediaWikiをコンピュータにインストールして，それを立ち上げると，「Main Page」が現れる (図8.2)．サイドバー (sidebar) に「search」というボックスがあるので，作成したいwikiページのタイトルを入力して，Searchボタンをクリックする (たとえば，WikiSym2010と入力する)．そうすると「Search results」画面が返される．この例では，WikiSym2010というタイトルのwikiページがまだなければ，このページを生成しますか？と聞いてくる．そう書いてあるボタンをクリックすると

8.2 Wiki

図 8.2 MediaWiki のメインページ

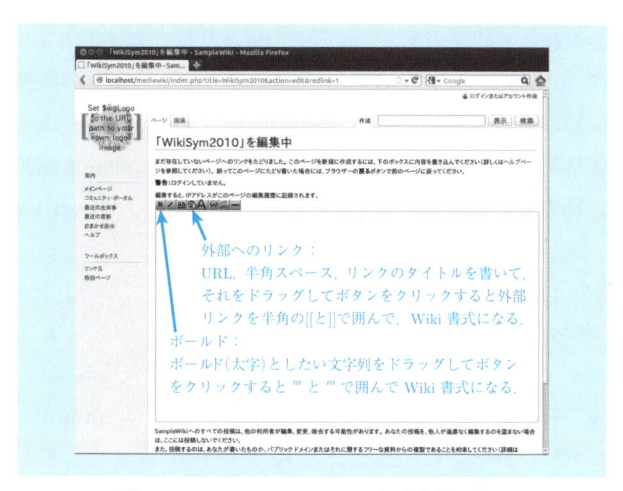

図 8.3 MediaWiki での記事編集画面

「Editing WikiSym2010」というページが開き，その編集ボックスで内容を記述・編集することができる．編集を容易にするために，Wiki 記法と呼ばれる Wiki 専用のマークアップ言語 **Wiki Markup Language** が用意され，それで記述したページは MediaWiki により，通常の HTML ファイルに変換され，ウェブブラウザで閲覧可能となる．編集ボックス内での編集作業を容易にする

ために，編集中のテキスト内の文字列を選択したうえで，（上部に配置されている）マークアップ用ボタンを押すことによって，簡単にマークアップが行えて，文書の体裁を整えたり，他の MediaWiki ページへの内部リンクを張ったり，あるいは URL を指定して外部リンクを張ったりすることができる．その様子を図 8.3 に示すが，そこではテキスト中の文字列をボールド（＝太字）にする編集と，外部リンクを張る編集が例示されている．

8.2.3　wiki の編集競合解決メカニズム

　wiki は協同作業を実現するために開発されたので，同じ wiki ページを複数の利用者が同時に編集する状況が発生する．したがって，**編集競合**（edit conflict）が起こることとなり，その競合をいかにして解決（あるいは解消，resolve）するのか，wiki は編集競合解決メカニズムを持ち合わせていなければならない．

　さて，編集競合は，wiki に限らず，一般的に，何かを協同して開発しようというときには必ず起きる問題であるので，その解決法はこれまでさまざまな立場から多くの研究・開発がなされてきた．たとえば，ソフトウェアの版管理（version management）はその典型的な問題解決法の 1 つで，Apache Subversion は広く知られた版管理システムである．実は wiki も Subversion も編集競合を解決するために，同じ原理を使っている．それが **2 元マージ**（**two-way merge**）である．

　Wiki を例にとり，2 元マージを説明すると次のようになる．いま，Alice と Bob が同一の Wiki ページ（そのバージョンを，たとえば v_0 とする）をほぼ同時にチェックアウト（check-out）し，それぞれがそれを編集し，Alice の方が早くに編集を終えて save 要求（＝ check-in，あるいは commit）をし，それが受け付けられて，ページはバージョン v_0 から v_1 になったとする．Bob は遅れて編集を終えて save 要求を出すが，Wiki は Bob が編集の拠り所としていたページはもう古くなっており，Bob の編集結果を受け付けることはできないとその要求を拒否し，Bob には v_1 に（Bob が編集結果としたかった）v_2 を 2 元マージするよう要求する．Bob がその要求に応えて，バージョン v_3 のページを編集して，それが（他者と競合することなく）受理されれば，協同編集が一歩前進する．その様子を図 8.4 に示す．

8.2 Wiki

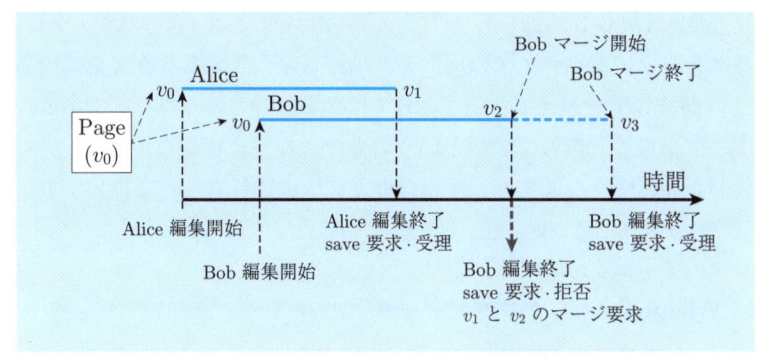

図 8.4 Wiki における 2 元マージによる編集競合解決原理

なお，一般にマージ法で編集競合を解決するには 3 つの考え方がある：

(1) **上書き（no merge）**：　常に，後行編者の編集結果をマージ結果とする．

(2) **2 元マージ（two-way merge）**：　後行編者は先行編者の編集結果に自分の編集意図をできるだけ反映させる．このとき，マージポリシー，つまり先行編者の編集結果をどこまで尊重するか，あるいは後行編者の編集意図をどこまで汲み上げるか，あらかじめポリシーとして取り決めておかないと，ごたつく．

(3) **3 元マージ（three-way merge）**：　後行編者は先行編者の編集結果に加えて，オリジナルの文書がどのようなものであったかも勘案して，先行編者の編集結果に自分の編集意図をできるだけ反映させる．もちろん，この場合もマージポリシーを決めておかねばならない．実際，マージポリシーにより，マージ結果は大きく変化する．

ここで，協同編集のときに起こりがちな**編集合戦**（edit war）についても記しておく．編集合戦は編集競合とは異なる．編集合戦とは，見解の対立など何らかの理由から記事内容を A 状態にしたい人と B 状態にしたい人が同時に存在し，A 状態 ⇒B 状態 ⇒A 状態 ⇒B 状態 … と互いに相手の編集の取り消しを繰り返すことをいう．特に政治や宗教，価値観のように意見の対立が起きやすいテーマにおいてしばしば起こる．ウェブ上の百科事典 Wikipedia では，編集合戦は禁止されており，違反者は投稿ブロックを受けることがある．その Wikipedia では，編集合戦の目安となるルールとして，**Three-Revert Rule**

(**3RR**, 編集差戻し3回則) を設けている．Revertとは「前の状態」を意味し，編集者はあるウィキペディアの項目を，ページの一部であろうと全部であろうと，24時間に3度を超えて，差し戻してはならないというルールである．これは3度までなら差し戻してよいということではなく，極端な場合，1日の差戻し回数が3回に満たなくても，編集合戦または破壊行為として投稿ブロックされる可能性があるとWikipediaは記している．

8.2.4　Wikipedia

ウェブ上の百科事典 **Wikipedia**（Wikiとencyclopediaの合成語）はウェールズ（Jimmy Wales）とサンガー（Larry Sanger）により2001年に立ち上げられたが，ウェールズによれば，「誰もが人類の知識の集合に自由にアクセスできる世界」の構築を目指している．2003年に **Wikipedia Foundation** が設立され，その活動がサポートされている．Wikipediaはクリエイティブコモンズライセンス（Creative Commons License）のもとで利用可能である．また，**MediaWiki** はWikipediaのために開発されたWikiクローンであり，MediaWiki.orgが開発し，提供している．MediaWikiの機能の一端は前節で垣間見た通りである．

Wikipediaについては，執筆者，ウィキペディアン（Wikipedian）という，は不特定多数の匿名の者であり，編集委員はいなく，査読制度もない．2013年2月1日時点のWikipediaは，英語版（416万記事），日本語版（84万記事）など285言語で構築されており，全言語の統計では2461万記事という．Wikipediaでは記事の信頼性や信憑性が常に問題になるが，かつて英語版の信頼性について，重大な誤りの割合は百科事典Britannicaと同程度というジレス（Jim Giles）の報告 [46] があった．しかし，筆者が見るに，やはりすべての記事を専門家が書いているわけではないので，誤りが散見されるのは事実である．この場合，誤りを誤りと気が付けばよいが，そうでない場合は社会的混乱を引き起こすかもしれない．第5章で指摘した英語版Wikipediaが与えている"Social computing is a general term for an area of computer science..." という記事はそのような典型例であろう（第5章コラム参照）．

Wikipediaについてはこれまで数多くの紹介があるので，ここではこれ以上その詳細には立ち入らないことにする．ただ，Wikipediaで興味深く考えられ

ることは，それは文字通り「集合知」であるということである．Wikipediaの立ち上げ時からその活動に深くかかわってきたリー（Andrew Lih）がその著書[47]の中で，Wikipediaがなぜ成功したのか，その理由を2つ挙げている．

(1) **参加**（participation）： 人は参加することに喜びを見出せば，無償でも努力する．
(2) **ピラニア効果**（piranha effect）： ピラニア1匹では何もできないが，集団となると川を渡る牛を食いつくして骨だけにしてしまう力を持つ．

参加が，Web 2.0の参加のアーキテクチャに通じ，ピラニア効果は協調的消費の**クリティカルマス**の存在に通じる．いずれも，それらにより，大きなコミュニティの力が発生し，人々は民主的に集合知を作り上げる喜びに浸るのである（6.4.2項参照）．

Wikipediaに関して最後に1つだけ話題を提供したい．図8.5を見ていただきたい．この図は，ポーランドはゲダンスク（Gdansk）で2010年に開催された国際会議WikiSym2010でリーが行った招待講演（講演タイトル：What Hath Wikipedia Wrought: Crowds Remaking the News）の中で示されたグラフである（講演タイトルは，what hath God wrought（神が造り給いしもの）をもじっている）．縦軸が英語版Wikipediaの記事の数，横軸が年を表している．記事の数に頭打ちの傾向が読み取れる（図中の外挿曲線はリーが描いた）．記事の数は増加し続けるとしても，上限が存在するように見える．もしそうなら

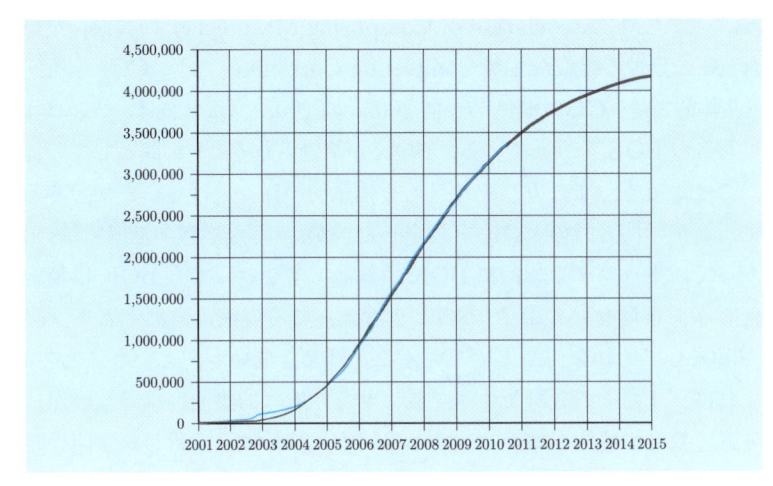

図 8.5 Wikipediaの記事の数の成長曲線

ば，その上限は何件であろうか？ Wikipedia の創設者の 1 人であるウェールズは，Wikipedia は人類の知識の集合表現であると述べているが，「人類の知識の総量」を Wikipedia は測ることができるのであろうか？ ちなみに，英語版 Wikipedia の 2013 年 2 月 1 日時点の記事の数は 4,156,019 であったので，頭打ちの状況はリーの予測よりもう少し先かもしれない．

8.2.5 WikiBOK

カニンガムが運営している Wiki のウェブサイトを訪問すると，wiki が Wikipedia のみならず，文書の協同編集，知識共有，情報共有，意見交換，教育促進など，さまざまな分野で使われているアプリケーション開発の一端を知ることができるが，本節では筆者らが研究・開発してきた学問分野の**知識体系**（Body Of Knowledge，**BOK**）の協同構築支援システム **WikiBOK**[48, 49, 50] についてその概要を示したい．

WikiBOK が BOK 構築支援の対象とした学問分野は**社会情報学**（social informatics）という新生（学際）学問分野の 1 つである．新生学問分野は生命科学，サステナビリティ学など枚挙に暇がないが，1 つだけ共通している点は，まだ誰もその分野の「権威」がいないということである．これは誕生後すでに 60 年は経過したコンピュータサイエンスなどとは大いに違う所で，実際コンピュータサイエンスではその道の権威的団体である IEEE-CS（IEEE Computer Society）と ACM（Association of Computing Machinery）の共同作業班が結成され，この分野の権威たちが Computing Curricula（以下，CC）を策定している（具体的には，**CC2001**[26]，同 2005，同 2008）．これらは，コンピュータサイエンスの BOK を与えている．BOK が策定されると，学問としての体系を論じることができ，またカリキュラムを体系的に作り上げることができる．

さて，新生学問分野の BOK を策定したいが，（幸か不幸か）権威はいない．したがって，トップダウン的に BOK 構築はできない．でも BOK は策定したい．何とか，策はないのか？ このとき考えられる方策は，ボトムアップ的に人々が協調してそれを作り上げていくことはできないか，ということである．換言すれば，まだその分野をすべて見渡せる権威（的集団）はいないが，その学問分野で教育や研究を始めた人たちはいる．彼らはその新しい学問分野の全貌については不明であるが，その一部について断片的な知識を持ち合わせてい

る．しからば，そのような断片的知識を持ち寄って，「集合知」として，その分野の BOK を策定することはできないのか？

このような考え方をベースにして，文書間に意味的リンクを張れる MediaWiki の拡張（extension）である **Semantic MediaWiki** を核として，新生学問分野の事例としては社会情報学を取り上げて，BOK 協同構築支援システムを構築するために筆者らは WikiBOK プロジェクトを立ち上げた．構築するシステムの名前は WikiBOK で，図 8.6 にそのシステム概念図を示す．

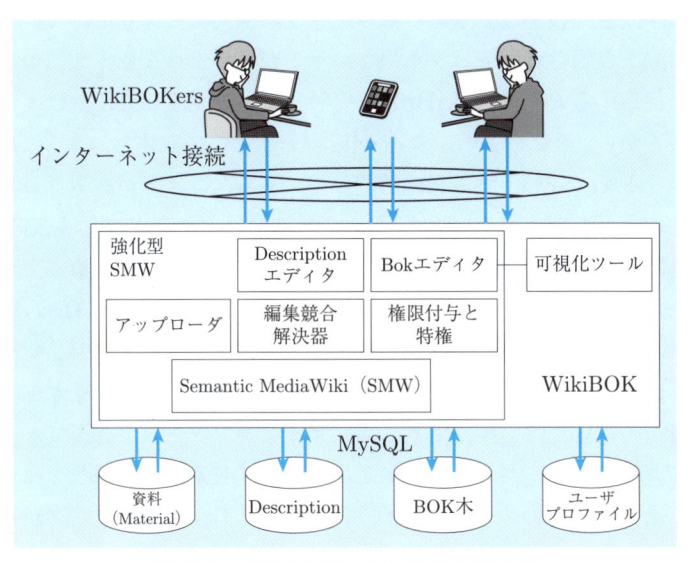

図 8.6　WikiBOK のシステム概念図

BOK の表現にはさまざまな方法があるが，その学問分野の名前を根（root）とする**概念木**（conceptual tree）として定義するやり方がある．典型例として IEEE-CS と ACM の共同作業班が策定した CC2001 で示された **CSBOK**（Computer Science BOK）がある．これに倣うと，根直下には**エリア**（area）と称する部分領域がくる．CSBOK では，離散構造，プログラミング基礎，オペレーティングシステムなど 14 個のエリアが定義されている．各エリアはさらに 10 個程度のより細かい部分領域に細分化され，**ユニット**（unit）として定義される．さらに，各ユニットは**トピック**（topic）と称されるさらに細かな学問の部分領域に分解される．CSBOK ではエリア，ユニット，トピック合わ

せるとその数は1200個ほどになっている．先述のようにCC2001で示された CSBOK木は権威集団によりトップダウンで構築されたものである．しかし，新生学問分野ではその学問分野を俯瞰できる人はいないので，ボトムアップでそのBOKを構築していかねばならない．つまり，そのようなBOK木を協同して構築しようとする人々は，第1義にはその学問分野が取り扱うべきと考えられるトピックをまず持ち寄り，関連するトピックをいくつかまとめてユニットを定義し，さらに関連するユニットをまとめてエリアを構築して，という具合にその学問分野のBOK木をボトムアップに協同して作り上げていくのである．この際，登録されたトピックやユニットがどのような意味を持つのかを協同作業に従事する人々（**WikiBoker**と称する）が相互に分かり合えることが必要であるから，それら1つ1つをwikiページとして記述し，さらにあるエリアがユニットを"cover"する意味的関係や，あるユニットがあるトピックについてであることを表すために"about"であるといった意味的関係を定義する．このために"Semantic" MediaWikiを使用している．このようなことが行えるwikiページの集合体は意味ネットワークを構成するが，それを「Description空間」と称している．一方，BOK木を見通しよく構築していくには，意味ネットワークを直接のユーザインタフェースとするのではなく，BOK木を表現するべき木構造の部分だけを操作できるユーザインタフェースが有用であり，それを「BOK空間」と称している．図8.7にWikiBOKのBOKエディタが提供するBOK木編集画面のスナップショットを示す．BOK木は横に寝かせられた状態で編集の対象となっているが，一番左端にBOK木の根が来ている．筆者

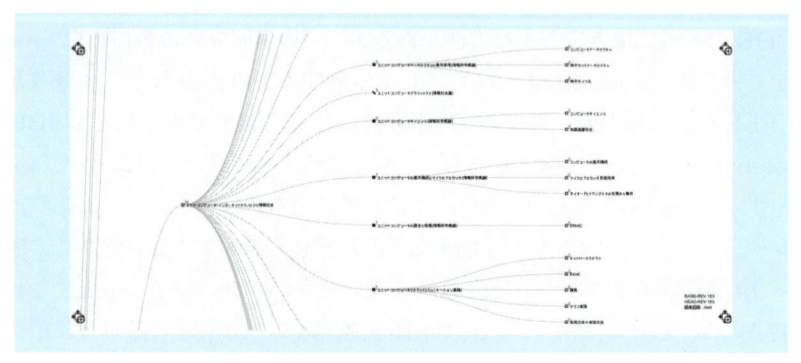

図 8.7 BOK木編集画面のスナップショット

らの開発事例では，BOK 木の構築対象となった学問分野は社会情報学であるので，その直下に社会情報学を構成するエリア候補が来ている．さらにその下にユニット候補が表示されている．加えて，いくつかのトピックがさらに一段下のレベルに表示されている（より具体的な BOK 策定法は本章末のコラム参照）．

さて，BOK 木や Description 空間の要素の記述では当然のこととして編集競合が起こる．図 8.6 中の**編集競合解決器**（Edit Conflict Resolver）は 8.2.3 節で述べた 3 元マージ（three-way merge）に則り，その競合を解決している．WikiBOK は BOK 構築の学問分野を選ばないので，社会情報学以外の新生学問分野の BOK 構築にも積極的に使用してもらえればという願いから，ソースコードを公開している (https://github.com/WikiBok)．

8.3 ソーシャルブックマーキング

8.3.1 ソーシャルブックマーキングとは何か

まず，ブックマークとは何か，確認しておく．ブックマーク（bookmark）の原義は，また後での検索に備えて，（ユニークなブックマーク名と共に）セーブ（save，保存）された URL (Uniform Resource Locator) のことをいう（URI でも構わない）．1993 年に世界で初めての本格的なウェブブラウザとして開発された Mosaic に端を発し，現代のウェブブラウザはことごとくこの機能を持ち合わせている．IE (Internet Explorer) ではブックマークは**お気に入り**（favorites）と名付けられて，その URL データは **Favorites** フォルダに格納されている．ブックマーキング（bookmarking）とはブックマークすること，あるいはブックマーク法というような意味になる．無数にあるウェブページの中から，必要なページにブックマークを付けて保存できることは大変意味のあることである（あとで見つけ直そうとしてもなかなか見つからないかもしれない）．

しかし，従来のブックマーキングでは，その機能は 1 台のコンピュータ（＝ウェブブラウザ）に限定的であった．また，お気に入りのウェブページをブックマークすることはできても，それに自分好みの**タグ** (tag) を自由に付与することもできなかった．ここに，タグとは，原義は商品などの付け札やラベルのことをいうが，ウェブ資源に割り当てたキーワードで，それを分類するのに用いられる用語である．

そこで，ウェブブラウザを使うのではなく，ウェブサイトでブックマーキングを行うという新しい考え方が生まれた．それが，**ソーシャルブックマーキング**（social bookmarking）である．どういう仕組みかというと，ユーザは適当なソーシャルブックマーキングサイトに入会（sign up）する．すると，使用しているウェブブラウザに「タグ」と名付けられたボタンなどが組み込まれる．ユーザはブラウジングしていてこれはと思うウェブページがあれば，その時タグボタンをクリックする．そうすると，そのページにいくつかのキーワードをタグとして付与することを要求してくるので，適当なキーワード（群）を入力してセーブする．このタグとしてのキーワードには，このキーワードが付与されたウェブページのURLとの対なので，それはそのページを後に検索していくときの拠り所となる．**タグ付け**（tagging），つまりキーワードを付与するにあたり，特段の規則はない．自由である．したがって，極めて感性的であっても一向に構わない．ソーシャルブックマーキングサイトはそのユーザがセーブしたすべてのウェブページとタグを保持し，提示してくれる．セーブしたサイトの数が膨大になっても，タグの一覧からあるタグを指定すると，それがタグ付けされたページのみを検索・表示してくれる．さらに，ユーザは自分が付与したタグを公開し，共有することができる．これがソーシャルブックマーキングの「ソーシャル」たる所以である．その結果，他のユーザは自分が付けたタグを共有することができる．また，他のユーザが付け加えたタグを見ることができる．したがって，（自分としては）タグを公開したことで，他のユーザのためにもなるが，他人が付けたタグも一緒に閲覧できるので，自分は気が付かなかった新しいページを発見することにもなる．タグの集まりは**タグクラウド**（tag cloud）を形成する．そこでは，重要なタグは大きく，また概念的に近いタグ同士は近くに配置される．ソーシャルブックマーキングサイトとしては，元祖である **del.icio.us**（現 Delicious）が2003年に設立された．日本では，**はてなブックマーク**が多くのユーザから支持されている．

さて，ソーシャルブックマーキングのカギを担う「タグ付け」であるが，ウェブページに自由に付与されたタグの名称は**索引語**（index term）と見なすことができる．その結果，フォークソノミーと称する新しい分類法（＝索引体系）が生み出されたことになる．次項でこれについて論じる．

8.3.2 フォークソノミー

フォークソノミー（folksonomy）はファンデル＝バール（Thomas Vander Wal）が folk（民衆，大衆）とタクソノミー（taxonomy，分類学）を足し合わせて作った造語であるといわれている．2004年にウェブ上で写真の共有サイト **Flickr** が出現し，投稿された写真にそれを見た人々が自由にタグ付けした当時の状況を反映して造られたという．ソーシャルタギング（social tagging），ソーシャルインデキシング（social indexing），ソーシャルクラシフィケーション（social classification），**協調的タグ付け**（collaborative tagging）もほぼ同義で使われる用語である．

そもそも，「タグを付ける」，「インデックス（索引）を付与する」，あるいは「分類する」などという概念は，対象世界（の構成要素）を分類・整頓して対象世界の多様性を整然とした形で理解しようとする目的で行われてきた．このような分類に対しては，いわゆる**タクソノミー**（taxonomy，分類法）がその源で，古くは古代ギリシャの哲学者・**アリストテレス**（Aristoteles）の動物分類にまで遡ることができるという．タクソノミーについては以下でさらに詳しく紹介したいが，ここでは対象世界を「分類する」とは，それすなわち「検索する」（search）ことでもあるという点に注意しておきたい．

さて，さまざまなコンテンツにタグ付けあるいは索引付けをする主体についてであるが，従来の考え方を敷衍すれば，その対象となったコンテンツが扱っている分野に精通した人やグループが何らかの分類法に従ってそれを付与するというやり方であろう．たとえば，図書が索引付けの対象となり，司書が**日本十進分類法**（我が国の図書分類法）に基づき索引付けをしていくというような場合である．この場合，司書はどこまで忠実に日本十進分類法に基づき索引付けをできたか，つまりきちんと分類ができたか否かが問われる．自分勝手な索引付けは許されない．その結果，ある分類法に従って分類したのであるから，極めて統制的で，かつ極めて硬直化した分類がなされる．タクソノミーとは日本十進分類法のごとき，かつて専門家や権威が策定して，金科玉条のごとくに用いられる分類法を指して使われる学術用語である．

一方，**フォークソノミー**はタクソノミーとは真逆の発想から生まれている．ソーシャルインデキシングとも呼ばれるがごとく，専門家や権威ではなく「群

衆」（crowd）がコンテンツに索引付けをしていく．たとえば，写真の共有サイト **Flickr** に 1 枚の可愛い子猫の写真がアップされたとしよう．タクソノミーによれば，動物分類に従って「猫」がその写真に付与される索引となる．しかし，フォークソノミーでは，Flickr ユーザである群衆は自由にタグを付与できるので，「子猫」とタグを付ける人がいるかもしれないが，「可愛い」とタグを付ける人もいるかもしれない．その結果，可愛い「子犬」の写真を発見することにつながるかもしれない．

さて，タクソノミーに従って，タグの名称あるいは索引語を付与すると，タクソノミーは階層的な **概念木**（conceptual tree）なので，「ヒト」（human）に対しては，ホモサピエンス（Homo sapiens）という索引語が付与される．なぜならば，動物の分類体系では，ホモサピエンスはヒト属で，ヒト属はヒト科で，ヒト科はサル目で，サル目は哺乳綱で，哺乳綱は脊索動物門で，脊索動物門は動物界で，動物界は真核生物である，という具合に下位から上位へ概念階層化されているからである．したがって，タクソノミーは **階層的分類**（hierarchical classification）ということができる．一方，フォークソノミーではコンテンツに対して群衆が自由にタグを付与できるから，一般的にはさまざまな性質を持つ複数のタグが付与されるので，非階層的な **多重分類**（multiple classification）となる．両者の違いを概念的に図 8.8 に示す．また表 8.1 はタクソノミーとフォークソノミーを比較した結果を表している．

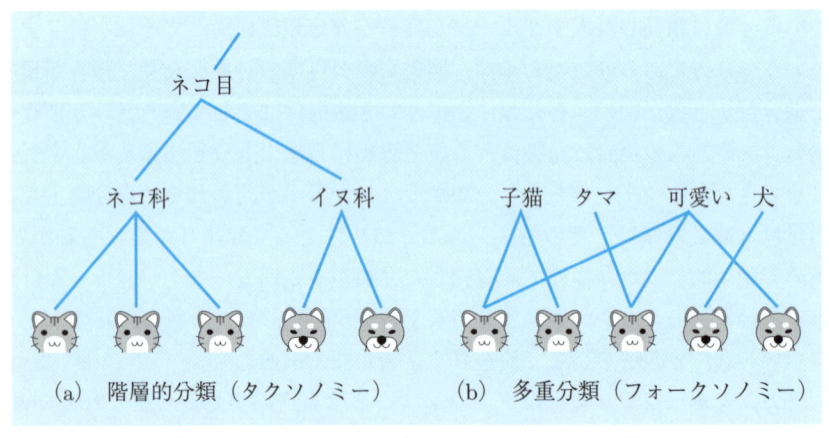

図 8.8　タクソノミーとフォークソノミーの違い

表 8.1 タクソノミーとフォークソノミーの比較

比較項目	タクソノミー	フォークソノミー
構築法	権威主義的 トップダウン 重厚長大	民主的 ボトムアップ お手軽
構築コスト	高い（権威集団による）	低い（群衆による）
構築物	統制語彙 静的	集合知 動的（常にベータ版）
分類法	階層的 正確	非階層的（多重分類） 実用的
利用法	制限的	柔軟

表 8.2 フォークソノミーの利点と欠点

利点	(a) 多重分類によるタグ付けができる． (b) 人間中心で感性的なタグ付けができ，また機械では不可能な内容に踏み込んだタグ付けができる． (c) ページランクではなく，タグクラウドを読み解くことで，群衆が重要と感じているウェブ資源を検索できる．
欠点	タグ付けにはなにも統制語の使用は義務付けられていないので，次のような問題が発生する． ① 同義語・類義語を判別できない（たとえば，「猫」，「ねこ」，「ネコ」，「キャット」など）． ② タグの揺らぎを扱えない（たとえば，コンピューターとコンピュータ）． ③ 多義語，つまり複数の意味を持つタグが付与される（たとえば，Appleはコンピュータ？あるいはリンゴ？）． ④ 間違いの発生が起こる（たとえば，内臓ディスク）． ⑤ タグの付け方に基準がない（単数形，複数形，大文字，小文字など）． ⑥ 一部の仲間内にしか分からないタグが付与される． ⑦ タグ間の概念階層が与えられていないので，「500SL」とタグ付けされると，蒸気機関車かと思う．本当はオープンカー．

続いて，フォークソノミーの利点と欠点をまとめて表8.2に示す．なお，タグ付け，索引付けは，裏を返せば検索であると先に述べたが，第10章で論じるソーシャルサーチはソーシャルインデキシングとは関係がない．

8.4 協調的消費（＝シェア）

ウェブ社会における**協調的消費**（＝**コラボ消費**），つまりシェアの現状をボッツマン（Rachel Botsman）らの著書[51]を参考にして，その要点を垣間見ることとする．この著書の邦訳タイトルは"シェア"であるが，原題は"What's Mine is Yours: The Rise of Collaborative Consumption"である．あなたのものは私のものではなく，私のものはあなたのもの，であることにまず注意しないといけない．これがシェア（share，共有）の精神である．副題は，協調的消費の台頭であり，これからは共有からビジネスを生み出す時代である，としている．

ボッツマンらは，世界で起きつつあるコラボ消費の事例を，3種類のモデルに分類している：

(1) プロダクトサービスシステム
(2) 再配分市場
(3) コラボ的ライフスタイル

プロダクトサービスシステム（product-service system，PSS）とは，ビジネスモデルの1つで，消費と生産，両方の持続可能性を確保しようとする．この基本は，製品を100%所有しなくても，その製品から受けたサービス，つまり利用した分，にだけお金を払うという「所有より利用」の考え方である．したがって，このモデルは，個人の私的所有を前提に成り立ってきたこれまでの産業を破壊しつつあるという．たとえば，企業が所有するさまざまな製品をシェアするサービス（カーシェアなど），個人が所有するものをシェアする，などがある．これがコラボ消費の第1のタイプである．

再配分市場とは，この目的のために開設されたウェブサイトの加入者となり，中古品や私有物を，必要とされていない場所から必要とされるところ，また必要とする人に配り直すことによって，レデュース（reduce，ごみを減らす），リサイクル，リユース，リペア，そしてリディストリビュートという**5つのR**を達成する．これがコラボ消費の第2のタイプである．

コラボ的ライフスタイルは，シェアやスワップ，物々交換の対象になるのは，自動車や自転車や中古品といった目に見えるものだけではない．同じような目

的を持つ人たちが集まり，時間や空間，技術やお金といった，目に見えにくい資産を共有する．これがコラボ的ライフスタイルモデルで，コラボ消費の第3のタイプである．インターネットのおかげで，会員同士を調整し，規模を拡大し，物理的な隔たりを飛び越えることができるようになったために，このモデルは世界的な広がりを見せている．

さて，コラボ消費の事例は，その規模，成熟度，目的においてさまざまなものがあるが，上記3つのタイプの成功事例には共通する4つの原則があるという：

(a) クリティカルマス
(b) 余剰キャパシティ
(c) 共有資源の尊重
(d) 他者との信頼

第1の原則，**クリティカルマス**（critical mass，臨界質量）は社会学分野の用語で，社会を変え得る力になる程度の数の人の動きを意味するが，コラボ消費においては，チョイスの多さ，参加者の数の多さなどがある一定数を超えると急激に受け入れられることをいう．第2の原則，**余剰キャパシティ**は，たとえば一生でたった6分から13分しか使われない電動ドリルが米国の約半数の世帯が所有しており，その数は5000万本になる．これを余剰キャパシティという．ドリルが欲しいのではなく，穴をあけたいだけなのであるから，コラボ消費の核心はこの余剰キャパシティを配分し直す問題となる．第3の原則，**共有資源の尊重**は，皆が関心を寄せる資源について，人々が皆で組織的に共有資源（commons）として自己管理することが可能であるとの立場から，たとえば**レッシグ**（Lawrence Lessig）がインターネット時代の著作物の適正な再利用の促進を目的として，著作者が自らの著作物の再利用を許可するという意思表示を手軽に行えるようにするためのさまざまなレベルのライセンスを策定し普及を図るために**クリエイティブコモンズ**（Creative Commons）を立ち上げたことを指し，その結果，ウェブ社会でシェアを促進させるような重要な文化を生み出したと評価する．第4の，**他者との信頼**は，コラボ消費のほとんどのモデルは，程度の差はあっても，見知らぬ誰かを信用しなければ成立しないことをいっている．これは，人々が協力してプロジェクトや特定のニーズにあたれるような適切なツールを持ち，お互いを監視し合う権利を上手に管理できれば，「共有者」（commoner）は共有資源を自己管理できる，とする学説に裏打ちされている．

ウェブは地球規模のコラボ消費のためのプラットフォームである．そのコラボ消費の範疇は，車や自転車，工具のシェアからモノのリサイクル，リユース，そして，お金や空間やスキルのシェアにまで拡大し，かつてない多様なシェアビジネスが始まっている．大規模なコラボ消費はビジネスを変革させるだけでなく，（Wikipediaのように）知の創成にまで深く関わっている．

> **コラム　カニンガムと話したこと**
>
> フロリダはオーランドで開催された国際会議WikiSim 2009（The 5th International Symposium on Wikis and Open Collaboration）に筆者らが研究・開発していたWikiBOKの発表をしに参加した際，その会場で筆者はWikiの開発者カニンガム（Ward Cunningham）と約50分にわたり差しで話をする機会に恵まれた．2009年10月26日朝9時〜9時50分のことである．
>
> 　筆者らはその前日のポスター発表で我々の研究「A Collective Intelligence Approach to Formulating a BOK of Social Informatics, an Interdisciplinary Study Field」を行ったが，そこに彼が来てくれて，議論を交わしたり一緒に写真を撮ったりし，最後は「Good luck! Hard work!」と我々を激励してくれた仲とはなっていた．しかし，Wikiについて真剣にその開発者と話をしたわけではなかった．
>
> 　10月26日の朝，私は早すぎたとは思ったのだが，なぜか朝9時前には（前日ポスター発表の行われた）オープンスペースの会場にいた．すると，私以外にはまだ誰もいない会場に彼が現れた．まだ先の10時半からのオープンスペースの準備のためのようであり，はがれかけたポスターのピンを刺しなおしたり，椅子を並べなおしたり，1人で黙々と（会場設営を）やり始めた．Wikiの創始者である彼がそんな小間使いのようなことを黙々やるのか，と少し驚いたが，その真摯な姿に彼のおごらない人柄を見てすごく親しみを感じた．作業が一段落したところを見計らって彼のところに行き，「Wikiの人口はどれぐらいいるのですか？」で切り出した．「それは分からないけれど，100以上のWikiがあるよ」と答え，そこから会話が始まった．「Wikipediaが盛んだけど，本来の目的はコラボレーションですよね」と水を向けると，「まあ，椅子に腰掛けて話そうや」と彼がいいそこから話が本格化した．話は，Wikiの着想時に遡り，1994年ごろ同僚とPattern Programming Languageを開発したときのことから始まった．私が「データベースはウェブになり，次はソーシャルコンピューティングになるときに，Wikiはとても大事だ」との認識を述べて，Wikiの意義を

強調したらとてもうなずいていた.「Wikipedia は対話（conversation）であり，みんながやがや集まってやるにはちょうどよい.しかし Wiki はコラボレーションが本来の目的なんだ」と彼はいう.話しているうちに，Wiki の記事集合を書くだれ彼でなく，書き手と読み手という話になり，彼が「自分自身のページは3万ページあり，沢山の用語を使っている.何が書いてあるのかを読み解くのは難しい」という.そこで，私は「読み手が Wiki を使ってコラボレーションをすればよい」といったら，それはそうだねということになった.話は，Wiki ページの集合が持っている知の体系をどのようにして見つけ出すか，に移ったが，とても難しい研究課題だといい，「貴方たちのポスター発表はそれをやるためのものだろう？」と彼がいうから，「それをやりたいんですよ！」といったやり取りで，それは価値ある難題であることで一致した.Wiki の果たすべき役割について，「再現性のある科学にするんだ」というようなことをいうので，「ウェブでは Web Science を謳っているから，Wiki Science というのがよいね」と私がいうととても喜んでいた.彼は「昔，Smalltalk とかオブジェクト指向プログラミングをやっていたんだ」といった.私も OODB（オブジェクト指向データベース）を研究していたと話したら，「お互い結構近いところにいるね」と親近感を表してくれた.日本に来たことがあるのかと聞くと，1985年に一度来たといっていた.東京と京都に行ったがよい旅だったといっていた.「私は DBSJ（日本データベース学会）の会長をしているが，会長として一度日本に招待したいな」といったら，「通常外には行かないんだけど，きっとよい旅になるだろう」と結んでくれた（会長は当時）.

コラム 社会情報学の知識体系と集合知の力

開発した知の創成支援システム WikiBOK を使用して，社会情報学に携わる大学教員10名余りで，社会情報学の知識体系，これを SIBOK（Social Informatics Body Of Knowledge）と呼ぶ，を構築する研究・開発に取り組んできた.BOK を集合知としてボトムアップで構築するのであるから，BOK 木を CSBOK（Computer Science BOK）のように，根から始まって，エリア，ユニット，トピックと階層的にだんだん粒度の細かい概念に展開する考え方とは真逆，未知の学問分野に携わる我々がまず行わなければないらないことは，社会情報学に関係すると考えられるトピックをリストアップして，それをみんなでユニットにまとめ上げ，続いてユニットの集合を何個かのエリアにまとめ上げていく作業を，BOK エディタを通してどこまで行えるか，ということである.

ところが，これを実際行ってみると，みんなで出し合ったトピック候補があっという間に数百個になり，これらをいくつかのユニットにまとめろといわれても，数が多すぎるのと，もう1つは全く何も手掛かりがないところから，いくら集合知でまとめ上げるといっても，容易にはいかないことが判明した．この難問をどう解決すべきか，その時，閃いたことは，**リバースエンジニアリング**の考えである．つまり，コンピュータサイエンスのカリキュラムはCSBOKのユニットをいくつか目的的にピックアップして科目を策定していっている．一方，社会情報学では，まだBOKはないがカリキュラムは策定されており，これが社会情報学であるということで教育がなされている．しからば，現行の社会情報学のカリキュラムは，まだその姿を見たことのない幻のSIBOKのユニットをうまくピックアップして構築されたものであるとみなせば，各科目のシラバスを分析して，ユニット候補やそれにぶら下がるトピック候補を抽出することができて，それらをうまくみんなでまとめ上げれば，集合知としてSIBOKが策定できるのではないか，と考えた．この考え方は成功し，青山学院大学社会情報学部のSIBOKは次の11個のエリアを持つことが明らかとなった：

(1) 人・組織・社会
(2) 地球環境と資源・エネルギー
(3) ウェブ社会とビジネス
(4) 情報システムとプロジェクトマネジメント
(5) コンピュータ・インターネットテクノロジと情報社会
(6) データマネジメントと分析
(7) 社会情報抽出とハンドリング
(8) 社会システム
(9) ウェブテクノロジと情報社会
(10) 意思決定とリスクマネジメント
(11) 社会とメディア

これまで，世界でSIBOKが策定されたことはないから，まだ不十分とはいえ，快挙である．これ偏（ひとえ）に，集合知の力であると強調したい．

演習問題

問題 1 ソーシャルソフトウェアとは何か，要領よく説明しなさい．

問題 2 Wiki とそのクローンはウェブ上の協同作業支援を容易に行える特性を持っているから，教育や仕事の現場で使われ役に立っている．何か 1 つそのような現場で Wiki やそのクローンが使われている事例を見つけて，それが何の目的で，どのような仕組みで使われているか，調査してレポートしなさい．

問題 3 貴方は，何かを知ろうとした時，Google で検索しますか（＝ググりますか），それとも Wikipedia で検索しますか？ これに関して，次の 2 つの設問に答えなさい．

(1) Google 検索と Wikipedia の類似点・相違点をさまざまな角度から示してみなさい．

(2) もし，こういう場合はググり，ああいう場合は Wikipedia にアクセスしているというようなことがあれば，それを分析して，結果を示しなさい．

問題 4 Wikipedia を編集しているときに発生するかもしれない，編集競合と編集合戦について，どういうときにそれが発生するのか，またそれをどのように解決するのか，調査してレポートしなさい．

問題 5 フォークソノミーとタクソノミーとは何か，それぞれを要領よく説明しなさい．また両者を構築法，構築コスト，構造物，分類法，利用法から比較して，その結果を表示しなさい．

問題 6 ウェブ社会における協調的消費（＝コラボ消費）においてクリティカルマスとはどのようなことをいうのか，要領よく説明しなさい．

第9章
ソーシャルネットワーク

9.1 ソーシャルネットワークとは何か

　ウェブは生得的にソーシャルである．なぜならば，ウェブには社会のさまざまな営為が写し込まれているからである．したがって，ウェブを「マイニング」することで，社会を読み解く一助とすることができる．このことは第12章で筆者らの研究を引用しつつ詳しく述べるが，ウェブのもう1つのソーシャルな側面は，構造的アプローチをとる社会学者が研究の対象としてきたソーシャルネットワーク（social network）の典型がそこにあるからである．このことはFacebookに注目すればすぐ分かる．そこでは，友達が友達を誘い，友人の輪ができて，ソーシャルネットワークが出来上がっている．社会学の言葉を借りれば，人（社会学では行為者（actor）という）と人とのつながり（社会学では紐帯(ちゅうたい)という）が織りなす社会ネットワークがそこにある．

　つまり，ソーシャルネットワークとは行為者間の紐帯関係を表すネットワークをいい，構造的社会学分野の人々は，その意義を次のように捉えてきた：

　　たとえば，ある企業のCEOにBobが就任したとしよう．Bobってどんな人？このとき，2つのアプローチがある．1つはBobについて，生年，学歴，職歴，家族，特技，趣味といったBobに係る属性（attribute）を調べ上げて，Bobはこういう人物ではないか，と迫るアプローチである．もう1つは，Bobの職場での人のつながり，友人関係，知人関係，あるいは趣味でつながる人間関係などを「ネットワーク」として捉え，そこからBobとはこういう人物ではないか，と理解するアプローチである．後者が構造的アプローチで，そこで作られる人と人との関係が「ソーシャルネットワーク」を形成し，それを分析するとBobのことがよく分かる．

行為者はもともと人であったが，その概念はグループや組織に拡大され，社会現象をネットワークと捉えてその本質を解明しようとするソーシャルネットワー

ク分析（Social Network Analysis, SNA）は，社会学を含む文系学問分野のみならず，理学，工学，医学，情報科学の分野にまで広く浸透し，さまざまな問題解決の強力な手段となっている．SNAを行うにあたっては，いうまでもないが，その手法が問題になる．その基本を与えるのが，**スモールワールド現象**とその解明にあたり採られてきた数学的アプローチであり，インターネットトポロジやハイパーリンクでつながり合うウェブの構造が持つスケールフリーなネットワークの特性の理解である．以下，このような観点から，より詳細にソーシャルネットワークを論じる．

9.2 スモールワールド ― ミルグラムの実験 ―

9.2.1 スモールワールド現象

「世間は狭いですねー」（It's a small world, isn't it?）とはよく我々が会話の中で口にするフレーズである．実際，世間は意外と狭いのではないか．この認識は古くからあったが，そのことを書き物で初めて唱えたのは，ハンガリーの作家**カリンティ**（Frigyes Karinthy）であるという．彼は，1929年に短編 "鎖"（Chains）の中でこう書いたという．"Using no more than five individuals, one of whom is a personal acquaintance, he could contact the selected individual." この記述に関しては，the selected individual は five individuals に入るのか否か明らかでないという問題指摘があったりするが，もし入っていなくても，見知らぬ2人は高々5人の仲介者でコンタクトをとれる，と唱えたということである．

さて，実際のところ，世間はどれくらい狭いのであろうか？　はっきりした解答はその後与えられることなく時は過ぎた．この問題は**スモールワールド現象**（small world phenomenon）あるいは**スモールワールド問題**（small world problem）といわれるが，この問題に数学的に初めて取り組んだ**ワッツ**（Duncan J. Watts）は次のように定式化している．

【スモールワールド問題】
世界中から任意に2人をピックアップしたとき，その2人が知り合いである確率はいくつか？

少しフォーマルに述べれば，次のように定式化される．人 a と人 z は直接の知り合いではないとする．しかし，彼らは 1 人あるいは複数のお互いの知人を共有しているかもしれない．このときは，人の集合 B ($= \{b_1, b_2, \ldots, b_n\}$，ここで b_i は個人) が存在して，次のような知人関係で，結果として a と z はリンクされる．つまり，より一般的には，a と z は 1 人の共通の知人でつながるのではなく，一般に何人かの（知人の知人という）仲介人が存在して，$a - b_1 - b_2 - \cdots - b_n - z$ によってつながるであろう．すなわち，a は b_1 を知っている，b_1 は a を知っているが b_2 も知っている，b_2 は b_1 を知っているが b_3 も知っている，という具合に続く．

したがって，スモールワールド問題を次のように問い直すことができる．

【スモールワールド問題（別表現）】

世界中から任意に 2 人，X と Y，をピックアップしたとき，X と Y がつながるまでに，何人の仲介者たる知人が必要か？ つまり，上記の n はいくつか？

この問題は，もし人と人とが「ランダム」につながっているのであれば，自分の友人 2 人が知り合いである可能性とベニスのゴンドラ乗りとエスキモーの漁師が知り合いである可能性は等しいことになるが，現実の社会はそのような仕組みになっていないことは明らかである．したがって，実際には，n はどれほどなのであろうか？

この問題に対して，グラフ論的にその解を明らかにして見せたのが次節で紹介するワッツらであるが (1998 年)，それに先立つこと約 30 年，それを真面目に「実験」して世界の狭さを証明してみせた学者がいた．社会心理学者のミルグラムである．次にそれを紹介する．

9.2.2 スモールワールド実験

社会心理学者ミルグラム (Stanley Milgram) が，ハーバード大学 (Harvard University) に在職中の 1967 年に行ったスモールワールド実験を彼らの論文[54, 55]に従って紹介する．

【スモールワールド実験】(Small World Experience,（広いようで）世間は狭い実験)

9.2 スモールワールド—ミルグラムの実験—

(1) スモールワールド実験の手順

(a) 実験の舞台は米国である（実験当時の米国の人口は約 2 億人）．実験は，実験を開始する人が，（この人に託せばなんとかなるかと思う）知り合いに自分は知らない宛先の人に届くべき**郵便物**（mail）を託す．その人が，宛先の人を知らなければ，また，その人の知り合いにまたその郵便物を託す．何回このような仲介者を経れば，その郵便物はちゃんと届くであろうか？ 実験する．

(b) そのために，郵便物が届くべき**標的**（target）となる人を 1 人選んだ．マサチューセッツ州（Massachusetts）はボストン（Boston）郊外のシャロン（Sharon）に住む株主（stockholder）で，ボストンで正業に就いている．彼の名前，住所，職業と勤務地に加えて，実験に参加した人たちは，彼の卒業した大学と卒業年次，兵役日付，そして彼の奥さんの旧姓と生まれ故郷，も知らせる．

(c) 実験を開始するにあたり，最初に郵便物を預けられる人々のグループを 3 グループ形成した．総勢 296 人のボランティアからなる．そのうちの 196 人はネブラスカ州（Nebraska，米国の中央に位置する）に在住する人々で，郵便物でこの実験への参加を勧誘されて応じた．このうちの 100 人は優良株の株主であるということで選んだ．このグループを「ネブラスカ株主」ということにする．残りは，全住民から選ばれた．このグループを「ネブラスカランダム」と名付ける．これら 2 つのネブラスカグループに加えて，ボストンの新聞広告で募った 100 人のボランティアからなる「ボストンランダム」グループである．

(d) **仲介者**（intermediaries）は，実験が終わってみると 453 名であったのだが，郵便物を託した者から，この人に託せば郵便物は標的とするボストンの人に届くのではないかと思われて，郵便物を託された人で，その人も同じ思いで次の人に郵便物を託する．すべてボランティアである．何らの報酬も支払っていない．

(e) 実験にあたり，最初のボランティアである 296 人に郵送された「文書」（document）の内容は次の通りである：この研究の説明とこの実験への参加のルール．標的となった人物の名前と彼に関する情報（上述の通り）．実験に参加した人がその人の名前を署名するための名簿（roster），そして各参加者の情報を書き込んでもらうための 15 通の業務用返信はがきの束．名簿は，第 1 義には（一度託された人がまた他の人から託されるという）「ループ」を排除することが狙いである．返信はがきには，誰に郵便物を託したか，を必ず記入しても

らう．その結果，郵便物が宛先に届かなかった場合の情報源になる．15 通という数字は実験にあたり，標的となった人に文書が届くまでに最大でも仲介者は 15 人だろう（実際はもっと少ないだろう）という読みがうかがえる（実験を始めるにあたって，100 人程度の仲介者が必要ではないかと予想した教養人がいたという）．

(2) 実験結果

(a) 実験開始時の 296 人のうち，217 人が友人に文書を託した．これらの文書のうちの 1 通は，次の条件が満たされていれば，標的とする人に届くであろう：

1) 文書を受け取った人が次の人に文書を託そうとするに十分なやる気がある．
2) 参加者が文書を標的により近づけるためにどうしたらよいか，戦略を立てることができる．
3) 開始者と標的をリンクするパスは短いに越したことはない．

これらの状況のもとで，実験を行った結果，実験開始者から託された文書のうち，64 通が最終的に標的に届いた．このデータを基に，仲介者数を算出していくが，ちなみに到達率は 29% である（$64 \div 217 \fallingdotseq 0.29$）．

(b) 鎖長の分布

開始者と標的をリンクするに要した仲介者の数を**鎖長**（chain length）と定義する．その平均長は 5.2（人の仲介者）であった．しかしながら，開始者は 3 つの母集団に分かれている：ネブラスカランダムグループ，ネブラスカ株主グループ，そしてボストンランダムグループ．ネブラスカの母集団から標的までの距離は約 1300 マイルである．一方，ボストンの母集団から標的までの距離は 25 マイル以内である．社会的近接は一部分において地理的近接に依存するので，ボストン地区の実験開始者から標的に至った鎖長は，ネブラスカから発した鎖長よりも短いであろうと簡単に予測するかもしれない．この推測はデータによって裏付けられた．表 9.1 にその結果を示す．

表 9.1 から分かるように，ボストンランダムグループからの完全鎖長の平均長は 4.4（人の仲介者），一方ネブラスカランダムグループのそれは 5.7（人の仲介者）であった．鎖長は開始者と標的の居住地という人口統計学的変数に反応している．ネブラスカ株主グループは金融仲介業者にコンタクトしやすいので，標的が株主だからネブラスカランダムグループよりも，より効率的に標的

9.2 スモールワールド―ミルグラムの実験―

表 9.1 開始者から標的に至った（完結した）鎖長

グループ	仲介者数												合計
	0	1	2	3	4	5	6	7	8	9	10	11	
ネブラスカランダム	0	0	0	1	4	3	6	2	0	1	1	0	18
ネブラスカ株主	0	0	0	3	6	4	6	2	1	1	1	0	24
ボストンランダム	0	2	3	4	4	1	4	2	1	0	1	0	22
全体	0	2	3	8	14	8	16	6	2	2	3	0	64

開始グループ	平均長（＝平均仲介者数）
ネブラスカランダム	5.7
ネブラスカ株主	5.4
ネブラスカ全体	5.5
ボストンランダム	4.4
全体	5.2

に到達しやすいのではないか，と推察された．しかし，予想とは異なり，ネブラスカ株主グループの完全鎖長の平均長は 5.4（人の仲介者）であった．両者に統計的有意差は見出せない．ネブラスカ全体の完全鎖長の平均長は 5.5（人の仲介者）となる．（人が単位なので）切り上げれば，その平均長は「6」（人の仲介者）となる．以上が，ミルグラムらが行ったスモールワールド実験の結果の概要である．

9.2.3 6次の隔たり

ミルグラムの実験後，しばらくはスモールワールド現象が積極的に取り上げられることはなかったが，1990年に現代アメリカの劇作家グエア（John Guare）が "Six Degrees of Separation" というタイトルの戯曲を書き上げ，そのブロードウェイでの上演が評判となり，それが1993年には映画化もされて（邦題．"私に近い6人の他人"），「6次の隔たり」という言葉が広く認知されることとなった．この戯曲はニューヨークの上流階級を舞台に，現代社会の多面性，虚飾，そして偽善を痛烈なタッチで炙りだしてゆくコメディドラマとのことであるが，主人公ウィザが娘に向かって「この地球上に住む人は皆，たった6人の隔たりしかない．私たちはたった6人を介してつながっている」と語ったことから，世間は意外と狭いんだよね，という認識が改めて世界中で認知されることになった．

ただ，1つ問題があって，6次の隔たりとは正確には何を意味しているのか，世間ではその理解にいささか混乱が見られるようなので，一言述べておきたい．

まず，6次の隔たりとは「見知らぬ他人と，自分の知り合いの，知り合いの，…と辿っていくと 6 人目にはその他人とつながっているよね」という具合に理解しているのだとしたら，それは誤解である．正解は「見知らぬ他人と，自分の知り合いの，知り合いの，…と辿っていくと 6 人目にはその他人を直接知っている人とつながっているよね」である．これが正しい理解であることを，「degree of separation」（**隔たりの度合い，分離度**）の意味を吟味することで，確認しておきたい．

そこで，広い世界から任意に 2 人（A さんと B さんとしよう）をピックアップしてきたとしよう．もし，A さんと B さんが直接の知り合いであったら，「隔たりはない」，つまり「0 次の隔たり」である．次に，もし A さんと B さんは直接の知り合いではなかったが，A さんの知人に C さんがいて，C さんが B さんを知っていたら，A さんと B さんは仲介者の C さんを介して知り合いであるので，「1 次の隔たり」である．したがって，6 次の隔たりとは，A さんと B さんは 6 人の仲介者を介して，つながるという図式である．往々にして，A さんの知り合いの知り合いという具合に辿っていって，6 人目が B さんであるかのように説明している解説や文献に遭遇するが，これでは「5 次の隔たり」であるから誤りである．つまり，6 人目に B さんを直接知っている仲介者に到達するということである．誤解や誤用の無いように注意しなければならない．

世界は 6 次の隔たりでつながっていることは，ミルグラムの実験によっても裏付けされている．彼の実験に戻れば，前述のごとく，ネブラスカ州の人が差し出した郵便物はボストンの標的に届くまでに，平均で 5.5 人の仲介者を経たという結果であったから，（人が単位なので）切り上げれば（切り捨てでは郵便物は届かない），仲介者の数は平均して「6」人となる．この数字は，まさしく 6 次の隔たりとなっている．繰り返すが，平均して 6 人目の仲介者で標的となっている人物を知っている人に巡り合った（＝行き着いた）ということであって，標的は 7 人目である．

9.3 スモールワールドネットワーク

9.3.1 スモールワールド現象の数学理論

　世間は狭いね，という現象を，数学的に説明しようと挑戦した人々がいた．つまり，スモールワールド現象の特徴を定義してくれるようなグラフ（＝**スモールワールドネットワーク**）のクラスを特定しようというのである．この問題に初めて解答を示した研究者が**ワッツ**（Duncan J. Watts）である．ワッツと彼の指導教官である**ストロガッツ**（Steven H. Strogatz）との共著の論文は 1998 年に Nature 誌に掲載された [56]．

　この研究の具体的な意味合いを少し補足すれば，SNS の友人関係が織りなすソーシャルネットワーク，ウェブページがリンクし合って出来上がっているウェブというネットワーク，インフルエンザなどの感染性疾患の拡散ネットワーク，あるいは影響力ネットワーク（influence network）など，ノードとノードのつながりが規則的でもなく，一方，ランダムでもないネットワークとは一体どのようなネットワークなのであろうか，それを**複雑ネットワーク**というならば，その数学的特性を初めて明らかにしてみせたということである．

　さて，ワッツが何を行ったのか概観してみるが，いささか数学的準備を必要とするので，それから始める．なお，用語として「グラフ」を使用することがあるが，これは「ネットワーク」という用語を使うよりは，より数学的な意味合いを強調した方が座りがよいか，というときに用いている程度の違いで，両者は基本的に同義で使われている．

9.3.2 グラフとそれに関する諸定義

　ネットワークを離散数学のグラフと捉えることから始め，関係する諸定義を与える．

【グラフの定義】

　$G = (V, E)$ はグラフである．ここに，V はグラフ G の頂点（vertex）の集合，E はグラフ G の辺（edge）の集合とする（$E \subseteq V \times V$）．$|V|$ で G の頂点の総数を表し，G の**位数**（order）という（これを n で表す）．$|E|$ で G の辺の総数を表し，G の**サイズ**（size）という（これを m で表す）．

ワッツが何を考え，何を行ったかを紹介する本節の目的に照らして，以下で考察の対象とするグラフは次の 5 つの制約に従うものとする：

(1) 辺は固有の向きを持たない「無向」グラフ
(2) 辺は重みを与えられていない「重み無し」グラフ
(3) 同一の頂点間の複数の辺や自分自身への辺のない「単純」グラフ
(4) 「疎」なグラフ．つまり，無向グラフ G の定義可能な辺の数の最大値は ${}_nC_2 = (n \times (n-1))/2$ で与えられるから（このとき，G は完全グラフ），疎とは $m \ll (n \times (n-1))/2$ をいう（$a \ll b$ は，a は b に比べて非常に少ないことを表す記号）
(5) 任意の点は有限個の辺からなる経路を経由することで他の任意の頂点に到達可能である「連結」グラフ

現実のネットワークでは，多くの場合，関係は有向であったり，連結でなかったりするが，これらの制約を課したのは，モデルとしては現実のネットワークを表現する能力の低下を招くものの，一方で解析が単純化されるが，しかし本質的問題は損なわれず，かつ最小限の構造的出発点になっているとするワッツらの知見による．後に見るように，スモールワールドの特性を実現するグラフは，一見両立しにくい「疎」でありかつ「連結」していることが重要な要件であることが分かる．

引き続きいくつかの定義を与える．

【次数と平均次数の定義】

グラフ $G = (V, E)$ の頂点 v に連結している辺の数を v の**次数** (degree) といい，k_v で表す．グラフ G の**平均次数**$\langle k \rangle$ は，想定しているグラフ G は無向グラフなので，$m = (n \times \langle k \rangle)/2$ だから，$\langle k \rangle = 2m/n$ で与えられる．

次数分布 (degree distribution) とは，グラフの頂点が持つ次数それぞれの値についてその値を持つ頂点の数を表した分布のことをいう．本節では，グラフは疎であることを制約の 1 つとしているが，それは $\langle k \rangle \ll n$ を意味する．ちなみに，グラフ G が与えられたとき，最大次数を有する頂点を**ハブ** (hub) という．ハブは次節でスケールフリーネットワークを議論する時，重要な役目を果たす．

次に，G の「固有パス長」を定義する．

9.3 スモールワールドネットワーク

【固有パス長の定義】

グラフ $G = (V, E)$ の任意の 2 頂点を結ぶパスのうちの最短パス長の総和を最短パスの総数で割った値を L と書き，グラフ G の**固有パス長** (characteristic path length) という．

固有パス長の単位は，ホップ (hop) やリンク (link) であろう．たとえば，$G = (V, E)$，ここに $V = \{v_1, v_2, v_3\}$，$E = \{(v_1, v_2), (v_1, v_3)\}$ とすれば，v_1 と v_2 の最短パス長は 1，v_1 と v_3 を結ぶ最短パス長も 1，しかるに v_2 と v_3 を結ぶ最短パス長は 2 となるから，G の固有パス長は，$(1+1+2)/3 = 1.33$（ホップ）となる．

固有パス長の大雑把な解釈は，グラフの固有パス長が大きいということは，そのグラフが表象する実世界はスモールワールドではなく**ラージワールド** (large world) であるというイメージである（ミルグラムの実験になぞらえれば，差出人から標的に郵便物が届く道のりはとても長い）．

なお，本節で取り扱うグラフは「連結」であることを仮定しているが，これは，もしグラフが非連結であれば，明らかにどう頑張っても到達できない頂点同士が存在することになり，その結果，グラフの固有パス長が ∞（無限大）になってしまうからである．

続けて，G の「クラスタ係数」を定義する．

【クラスタ係数の定義】

グラフ $G = (V, E)$ の**クラスタ** (cluster) とは，三角形の部分グラフ (triangular subgraph) をいう．**クラスタ係数** (clustering coefficient) とは，グラフ G のいくつの頂点がその隣接する頂点とクラスタを形成するか，を表す尺度である．まず，G の任意の頂点 v に対して，v のクラスタ係数 C_v を次のように定義する．

$$C_v = \frac{L_v}{{}_{K_v}C_2}$$

ここに，$K_v = |\{u \mid (v, u) \in E\}|$ は v に隣接する頂点の数を表す．また，$L_v = |\{(u, u') \mid (\exists u, u' \in V)(((v, u), (v, u') \in E) \land (u, u') \in E)\}|$ は頂点 v を含む三角形の数を表す．明らかに，$0 \leqq C_v \leqq 1$ である．

このとき，G のクラスタ係数 C を次のように定義する．

$$C = \frac{\sum_v C_v}{n}$$

ここに，$\sum_v$ は G のすべての頂点 v について C_v の総和をとる記号であり，n は G の位数である．

クラスタ係数のソーシャルネットワークにおける解釈は次のようである．C_v はある人 v について，人 u_1 と人 u_2 が共に v の隣人（＝友人）であれば，u_1 と u_2 も隣人同士である割合が高いであろう，という基本的性質を表す指標になっている．つまり，クラスタ係数が 1 に近ければ，v の友人はみな互いに親しいことになるし，一方 0 に近ければ，v の友人は v を介してつながっているだけにしか過ぎない．クラスタ係数が高いということは，自分の友人 2 人が知り合いである可能性の方がベニスのゴンドラ乗りとエスキモーの漁師が知り合いである可能性より高いだろうという実世界のスモールワールドの特性を表していることになる（この意味でも，現実世界はラージワールドではない）．

続けて，**d-正則グラフ**（d-regular graph），あるいは単に**正則グラフ**，と**ランダムグラフ**（random graph）について述べる．前者はいずれの頂点にも整然と d 本の辺が接続されている（つまりいずれの頂点の次数も d である）のに対して，後者はランダムに接続されるという意味で正反対の特徴を有する．この 2 つの両極端の性質を持つグラフを俎上に載せるのは，ワッツとストロガッツが混沌と秩序の狭間にある現実世界のネットワークを探求するために，その考え方の出発点としたネットワークだからである．つまり，ミルグラムがかつて実験で示したように，ネブラスカからボストン近郊の標的まで平均して 6 人の仲介者で郵便物が届いたのであるから，現実社会のネットワークでは，その頂点の数はとても大きいのに，グラフの固有パス長は小さいはずであり，一方で，現実社会では集団やコミュニティが豊かなクラスタを作って絡み合っている社会的構造であるから（最近は都市化で，隣は何をする人ぞ，という側面も否めないが…），そのクラスタ係数は大きくなくてはならず，そのような特性を有するネットワークとはどのようなネットワークなのかを考えるために選んだ両極端のネットワークが正則グラフとランダムグラフであったということである．つまり，直観的にとらえれば，正則グラフでは，頂点は他の頂点と整然とつながっている．したがって，クラスタ係数は大きいが，一般に遠方の頂

点にはやはりしかるべき頂点を経由しないと到達できないから，固有パス長は大きくなるだろう．一方，ランダムグラフでは，頂点と頂点はそれぞれ確率的に選択され，リンクされるから，クラスタ係数は小さいものの，固有パス長はひょっとして小さいかもしれない．したがって，ワッツらの考え方はその中間的性質を持ったネットワークを作れれば，そのネットワークは小さな固有パス長と大きなクラスタ係数を持つネットワーク，これがまさしく「スモールワールドネットワーク」である，を作り上げることができるのではないか，という発想である（固有パス長が小さいだけでスモールワールドネットワークという文献が散見されるので，注意すること）．

さて，正則グラフの一種である「d-次元格子」の定義を与えよう．ここに，d-次元のユークリッド立体格子とは d-次元ユークリッド空間 E_d 内の整数格子 $Z_d = \{(x_1, x_2, \cdots, x_d) \mid x_i \in Z\}$，ここに Z は整数集合とする，である．

【d-次元格子の定義】

位数が n のグラフ $G = (V, E)$ の任意の頂点 p（ここで，頂点は番号付けられていて，$0 \leq p \leq (n-1)$）が格子の隣接した頂点 q および r に次のように連結された d-次元のユークリッド立体格子を **d-次元格子**（d-dimensional lattice）という．ここに，q と r は次のように計算される（$a = b(\mathrm{mod}\, n)$ は $a - b$ が n で整除されることを表す）．また，$1 \leq i \leq k/2,\ 1 \leq d' \leq d$，一般に $k \geq 2d$ と仮定する．k は次数である．

$$q = ((p - i^{d'}) + n)(\mathrm{mod}\, n), \qquad r = (p + i^{d'})(\mathrm{mod}\, n)$$

定義から，$k = 2$ の1次元格子はリングであり，$k = 4$ の2次元格子は2次元の正方格子などとなる．図 9.1 にワッツらが正則グラフの典型として考察の対象とした $k = 4$ の1次元格子の例を示す（$n = 20$）．1次元であるから，$d = 1$ であり，したがって $d' = 1$ となるから，$k = 4$ とすれば，$i = 1, 2$ となる．たとえば，$p = 5$ なら，q は 4, 3 で，r は 6, 7 となる．

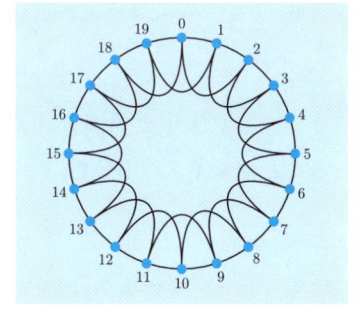

図 9.1　1次元格子の例
　　　　（$n = 20, k = 4$）

なお，$k \geq 2$ の 1 次元格子の固有パス長 L とクラスタ係数 C は次の通り与えられる．

$$L = \frac{n \times (n+k-2)}{2k \times (n-1)}, \quad C = \frac{3 \times (k-2)}{4 \times (k-1)}$$

したがって，図 9.1 に示した 1 次元格子（$n=20, k=4$）の例では，$L = 2.89$, $C = 0.5$ となる．

ここで，ランダムグラフについて述べる．広義には，位数 n のランダムグラフは，n 個の頂点からなる頂点の集合およびあるランダムな方法で生成された辺の集合の対である，と定義できよう．しかし，あるランダムな方法で，とはいったいどのような方法であろうか．本節の意図は，ランダムグラフの一般論を語ることではなく，スモールワールドの世界を語ることなので，次項で紹介する，ワッツらが導入した「WS ネットワークの生成アルゴリズム」で書換確率 p が 1 の値をとるときのグラフをランダムグラフと定義する．

ここで，ランダムグラフの固有パス長とクラスタ係数を示す．

まず，ランダムグラフ G の**固有パス長** L であるが，そのために，まず G の密度 D を定義する．

【グラフの密度の定義】

グラフ $G = (V, E)$，ここに $|V| = n, |E| = m$ としたとき，G の密度 (density) D をグラフの実際の辺の数と定義可能な辺の最大数との比として定義する．G の考えられるすべての辺の数は ${}_nC_2 = (n \times (n-1))/2$ であるので，G の密度 D は次のように定義される．

$$D = \frac{2m}{n \times (n-1)}$$

ランダムグラフ G の固有パス長 L は密度 D の関数として次のように近似されることがルイス (Ted G. Lewis) の著書で紹介されている（4.3.2 項 [62]）．

$$L(D) = \frac{1.32 \times \log_2(n)}{\log_2(1.51 \times n \times D)}$$

続けて，ランダムグラフ G の**クラスタ係数** C はワッツらが示しているように次のように与えられる．ここに，$\langle k \rangle$ は G のノードの平均次数である．

$$C = \frac{\langle k \rangle}{n}$$

ところで，一般に $\langle k \rangle = 2m/n$ であり，これと密度 D の定義から，$\langle k \rangle = (n-1)D \sim nD$ $(n \gg 1)$．したがって，$n \gg 1$ の時，次式が成立する．

$$C = D$$

9.3.3　WSネットワークの性質 ― 固有パス長とクラスタ係数 ―

　スモールワールド現象を解明する目的を持ったワッツらは整然とした正則グラフから始めて，その辺の張られ方を確率的に書き換えて（rewrite），そのグラフを次第にランダムグラフにしていく手段で問題解決に迫った．

　現実のシステムでは何らかの「構造」を有するのが一般的で，頂点同士が全くランダムに結合されているというランダムグラフは意味を成しにくいことは明らかである．しかしながら，何かを比較するときのベースラインとしての意義がある．実際，ランダムグラフではノードは勝手につながりあっているから，一般的に固有パス長とクラスタ係数は共に小さな値をとるだろう．

　さて，ここで，ワッツとストロガッツが考案したスモールワールドネットワーク，これを両氏の頭文字をとって **WS ネットワーク**と名付ける，をどのように生成するのか見てみよう．このアルゴリズムで現れる**書換確率**（rewriting probability）p とは，その生成アルゴリズムの (2) 項で記されているように，グラフ G の各々の辺 (u,v) に対して，確率 p で，それを書き換えて新しい辺 (u,v') とする，という意味である．本節では，理解を容易にするために，ベースとなる正則グラフは図 9.1 に示した 1 次元格子（$n=20, k=4$）とする．

【WS ネットワークの生成アルゴリズム】

(1) 位数 n，次数 k を与えて 1 次元格子 G を作成し，書換確率を $p (0 \leqq p \leqq 1)$ とする．

(2) G の $(n \times k)/2$ 個の辺の各々に対して，$0 \leqq q \leqq 1$ であるランダム値 q を生成して，もし $q < p$ ならば，その辺 (u,v) を削除し，代わりに v 以外の頂点 v' をランダムに選択して，(u,v') を新たな辺とする．ただし，$u = v'$ であったり，(u,v') がすでに存在している場合は，そのような事態は回避したいので（それを許すとグラフが単純でなくなる），もう一度 v' を選択し直す．もし $q \geqq p$ ならば，書き換えをしない．

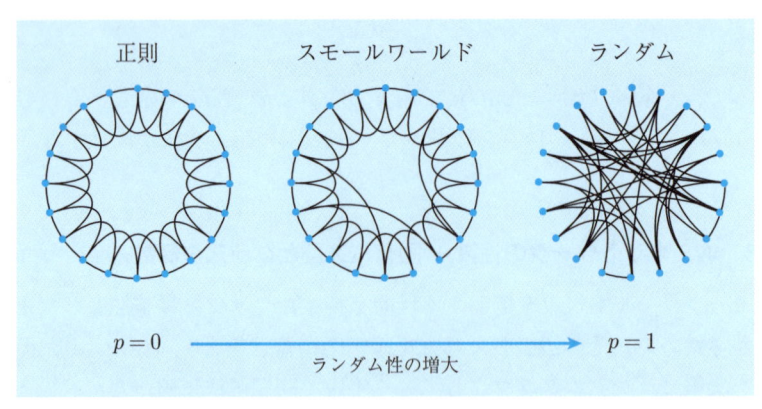

図 9.2 1次元格子 ($n=20, k=4$) がランダム化されていく様子

　この生成法から，WSネットワークは，確率 p でランダムで，確率 $(1-p)$ で正則なグラフの混成物であると，ざっくりいうことができる．明らかに，このように作られるWSネットワークの中には連結でないものが現れる可能性がある．このことについては，ワッツはNature誌に掲載された論文中で[56]，$\langle k \rangle \gg \ln(n)$ のときランダムグラフは連結であろうことを保証するというボロバス（B. Bollobás）の論文を引いている．図9.2に図9.1から始めて，書換確率 p を大きくしていくにつれて1次元格子 ($n=20, k=4$) の正則グラフがランダム化されていく様子を示す．議論を先取りした形になるが，正則とランダムの中間にスモールワールドの特性を持ったグラフが現れる．

　図9.3に，図9.2で示した1次元格子のパラメタを，$n=1000, k=10$ として（ちなみに，$\ln(1000)=6.9$），固有パス長とクラスタ係数が書換確率 p と共にどのように変化するかを，各々正則グラフの場合の値を基準値として正規化した値として，それぞれ20回ずつコンピュータシミュレーションして得られた値の平均値で示す．

　図9.3が示すように，正則グラフ（$p=0$）ではクラスタリング係数は大きいが，固有パス長も大きく，これはスモールワールドの特性に反する．一方，完全にランダムなグラフ（$p=1$）では固有パス長は小さいが，クラスタリング係数も小さくなり，これはスモールワールドの特性に反する．しかしながら，書換確率 p を0と1の間の適当な数にとれば，固有パス長を小さく，かつクラスタリング係数を大きくとれるグラフが生成され，スモールワールドの特性が実

9.3 スモールワールドネットワーク

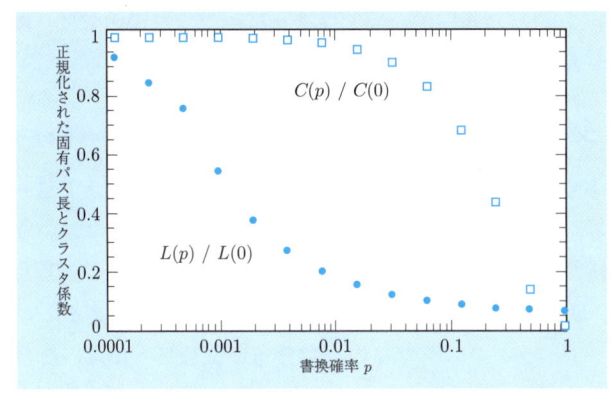

図 9.3 図 9.2 で示したグラフに対する正規化された固有パス長とクラスタ係数の変化 [56]

現できていることが見てとれる（p を変化させることでさまざまな固有パス長とクラスタ係数の組合せをもつ WS ネットワークを構成できる）．なお，ここで注意するべきは，図 9.3 のグラフの横軸が「対数」スケールであることである．つまり，横軸をリニアスケールにすると（正規化された）固有パス長の値もクラスタ係数の値もその急峻な変化が $p=0$ にごく近いところで起こっているので，それらの値は縦軸に沿って急激にドロップしており，WS ネットワークの特性を掴むことは困難となる．表現を変えれば，ネットワークのスモールワールドの特性は固有パス長が小さく，一方でクラスタリング係数が大きいことであるから，その特徴は書換確率 p が非常に小さいときに起こっていることが分かる．図 9.3 から分かるように，**WS ネットワーク**のスモールワールドの特性は $p=0.01$ あたりで顕著であるが，$n=1000$ かつ $k=10$ なので，その 5000 本の辺のうち，たった 50 本がつなぎ変えられただけで，ネットワークは劇的に性質を変え，スモールワールドの特性を呈することが読み取れる．

なお，WS ネットワークは 1 次元格子をベースにしてその辺を書き換えていくが，ベースとして 1 次元格子（＝環構造）を選択したことの正当性について，ワッツは (1) 環構造自体，その単純さゆえに大変興味深い構造であり，特に物理学や生物学における統合システム（をモデル化するため）に使われていること，(2) 環構造は，土台としては疑う余地のないほど一般的なものであるとは言えないまでも，特殊ではないという意味では一般的であると言えること，(3)

与えられた n, k を持つ規則的な周期構造を持つグラフの中では，環構造が一番固有パス長が大きいこと，を挙げている．

9.3.4 WS ネットワークの性質 — 次数分布 —

WS ネットワークの次数分布について言及する．このネットワークはその生成のメカニズムから，部分的に正則グラフとランダムグラフというハイブリッドな性質を持つ．まず，k-正則グラフの次数分布は，すべての頂点の次数が k であるから，明らかに次数 k のとる頂点の数が頂点の全数となるパルス状の分布となる．一方，ランダムグラフの次数分布は位数（＝頂点の総数）を極限まで大きくするとポアソン分布（Poisson distribution）になることがグラフ理論で知られている．したがって，WS ネットワークの次数分布は通常のポアソン分布よりピーキーで痩せた形の（基本的に）ポアソン分布になるだろうと直観される．実際この直観が正しいことが，ルイスの著書で紹介されている（5.1.3 項[62]）．ちなみに，ポアソン分布は一定区間（時間，距離，面積など）あたりに偶然発生する事象の数の分布で，世の中で知られている最初の例は馬に蹴られて死んでしまう兵士の数の分布であったという．現代に例をとれば，単位時間あたりに受け取る電子メールの数の分布やウェブサーバへのアクセス数の分布はポアソン分布に従っている．

9.3.5 さまざまなスモールワールドネットワーク

ワッツらは Nature 誌に掲載された歴史的論文の中で，次の 3 つの事例を研究し，それらがいずれも固有パス長が短く，クラスタ係数が大きい，スモールワールドネットワークであることを示している．それらは次の通りである．

(a) 俳優ネットワーク： the Internet Movie Database（IMDb）をアクセスして取得した 22 万人余りの俳優の共演関係を表す社会ネットワークを作成してコンピュータ解析し，固有パス長 3.65，クラスタ係数 0.79 であることを見出し，スモールワールドネットワークであることを明らかにした．ちなみに，このネットワークに等価（つまり，グラフの位数と平均次数が同じ）なランダムグラフの固有パス長は 2.99，クラスタ係数は 0.00027 である．

(b) 米国西部州送電グラフ： 米国のロッキー山脈以西のすべての州に電力

を供給している発電所と高電圧線の地図である西部州送電ネットワークを解析の対象にした．その結果，固有パス長 18.7，クラスタ係数 0.080 であることを見出し，スモールワールドネットワークであることを明らかにした．ちなみに，このネットワークに等価なランダムグラフの固有パス長は 12.4，クラスタ係数は 0.005 である．

(c) **C. エレガンス**（Caenorhabditis elegans）という線虫の神経回路網：
生物学の研究史上で有名なミリメートル長の小さな虫で，研究の結果，ゲノムの配列や，神経回路網など，ほぼすべてのことが解明されている．そのニューロンの数は 302 個でニューロン間の結合も分かっている．この神経ネットワークを解析し，固有パス長 2.65，クラスタ係数 0.28 であることを見出し，スモールワールドネットワークであることを明らかにした．ちなみに，このネットワークに等価なランダムグラフの固有パス長は 2.25，クラスタ係数は 0.05 である．

なお，ワッツは C. エレガンスの神経回路網をモデル化するにあたって，スモールワールドの枠組みを活用するために，ニューロンの（異なる）特性を無視したり，ニューロンとニューロンをつなぐ神経の多重性を無視したり，さらには辺（＝神経）の方向性を無視して無向としてモデル化した．これに対して，生物学者からはこれでは何ら生物学的機能に関する結論を導けないと反感を買ったとのことであるが，ネットワーク解析の結果，さまざまなネットワークで実はスモールワールドの特性が統一的に成り立っていることが明らかになれば，それは必然的に高度に抽象化されたものになるのは当然ではないか，と擁護している．

他にも，ケビン・ベーコン（Kevin Bacon）ゲーム，エルデシュ数（Erdös number）など実にさまざまな種類のソーシャルネットワークがスモールワールドネットワークであることが知られている．社会ネットワークの守備範囲は広く，伝染病が伝染して広がる様子は人から人に伝染していくから，（感染の対象となる）人々を行為者と捉えればれっきとした社会ネットワークとして捉えられる．口コミの情報が伝搬する様子を表すネットワークも同様である．加えて，行為者を人に厳密に限定せず，たとえば集団や企業などの組織体と拡張すれば，企業間の資本提携の様子を表す**経済ネットワーク**，より広義には**影響ネットワーク**（influence network）もソーシャルネットワークである．これらもすべてスモールワールドの特性を有している．

最後に，あと 2 つ，スモールワールドの特性を有するネットワークに言及する．1 つは**インターネットトポロジー**（接続形態）で，これはインターネットに接続されたホスト，すなわち IP アドレスを有するコンピュータ，プリンタ，ルータなど，が接続し合ったネットワークの構造である．実際，パケットがある地点から別の地点に送信される際に辿らねばならないリンク数は，インターネットのとてつもない広がりにもかかわらず，数段階にしかすぎず，自らの組織化を成し遂げている．もう 1 つは，ハイパーリンクでつながりあっているウェブページの集まりとしての**ウェブ**そのものである．バラバシ（Albert-Laszlo Barabasi）ら [59] は，ウェブ上の任意の 2 つのウェブページ（＝文書）を選んだ時に，一方から他方にハイパーリンクを辿って到達するために何回クリックする必要があるかをウェブの直径と定義した時，それは約 19 回であったという．

ここで，注意しないといけないことは，インターネットもウェブも上記のようにスモールワールドを呈するが，実はその理由はワッツらのパターンには当てはまらず，ハブという莫大なリンクを持つ少数のノードの存在によっている．つまり，ネットワークをスモールワールド化する方法は 1 つだけではない，ということで，このことを次節で論じる．

9.4 スケールフリーネットワーク

9.4.1 スケールフリーネットワークとは何か

ワッツらが明らかにした WS ネットワークは，短い固有パス長と大きなクラスタ係数を有するというスモールワールドの特性を実現できたが，その次数分布は（基本的に）**ポアソン分布**であった．

1999 年，ウェブの地図（ウェブページがハイパーリンクでつながり合ったネットワークとしての構造）を作ろうとインターネットにロボットを放ってウェブページとそれが持つ入りリンク（in-link）や出リンク（out-link）のデータを収集し研究していた**バラバシ**らの研究グループは意外な発見をした．実験を始める前は，ウェブというネットワークでは，ウェブページは互いにランダムに接続されていて，したがってウェブページが持つリンク数の度数分布はポアソン分布に従っているのではないか（ランダムネットワークの次数分布はポアソン分布である），つまりその度数分布にはピークが現れ，すべてのウェブページは一様に人気があるのではないか，と推察したという．しかし，ロボットが持ち帰った結果は

9.4 スケールフリーネットワーク

意に反して，大半のノードはわずかばかりのリンクを持つにすぎず，ごく少数のノード，これが**ハブ**（hub）である，が膨大な数のリンクを集めていた．バラバシらはこの次数分布に合う関数を探し求めて，それが**べき（冪）乗則**（**power law**）であることを発見した．そして，この発見はワッツらのスモールワールドネットワークの発見に続いて，**スケールフリーネットワーク**（scale free network）と称される新しいネットワークの理論と実際の導入のきっかけとなった．

ここで，まずべき乗則について筆を足す．正規分布やポアソン分布では**度数分布**（degree distribution）は「釣り鐘型」の形をしている．つまり，度数分布はある値でピークを持っている．たとえば，友人の身長を計測し，何センチメートル（から何センチメートル幅）の人が何人いたかをプロットすれば，そこにピークが現れるであろう．そして，その分布のすそ野の方に目をやれば，その度数は指数関数的に減少する．つまり，ピークからある程度離れたところの度数はほぼ0に近くなってしまう．一方，べき乗則に従う分布（＝べき乗分布）にはピークは現れない．そして，べき乗分布では，値は小さいが大きな度数を持つ事象と，度数は小さいが大きな値を持つ事象とが共存している．後者がいわゆるハブで，ハブの存在を許すべき乗分布ではすそ野はゆっくりと減少する（ゆっくり減少するから，ハブが存在し得る）．図9.4に，一般にランダムネットワークの次数分布が従うポアソン分布と，バラバシらが発見したウェブのリンク構造ネットワークが従うべき乗分布の分布曲線の概形を示し，両者の違いを直観的に把握しておくこととする（正規分布とべき乗分布の違いも同様である）．共に横軸が（変数がとるべき）値で縦軸が度数を表す．なお，**指数分**

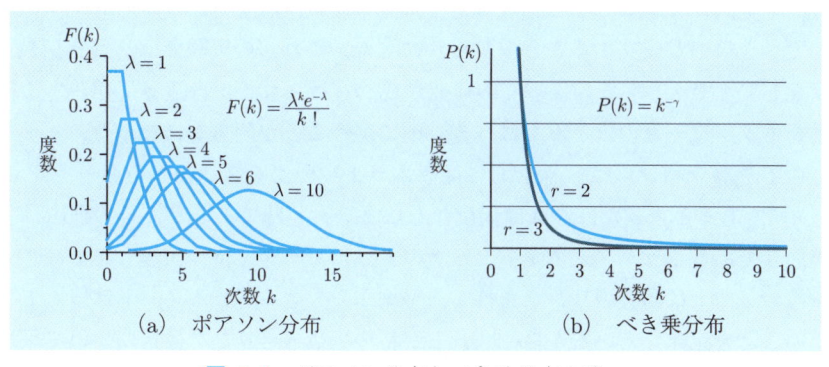

図 9.4 ポアソン分布とべき乗分布の違い

布はべき乗分布と似たような曲線となるが，べき乗分布に比べて度数の落ち込みが激しく，すぐに底をつく感じで，したがって，ハブの存在を説明することは困難な点で全く異なる．この観点からは，べき乗分布は**脂尾分布**（fat tailed distribution）ともいわれる．

ここで，べき乗則をもう少しきちんと定義しておく．本章では，一貫してネットワークの次数分布を議論してきたので，ネットワークの次数 k を変数として記述する．

【べき乗則の定義】

べき乗則とは，次数 k に対して，その次数分布 $P(k)$ が次のように定義される法則をいう．ここに，γ を**べき指数**という．$\propto$ は比例を表す．

$$P(k) \propto k^{-\gamma}$$

明らかに，両辺の対数をとると，$\ln(P(k)) \propto -\gamma(\ln(k))$ とになるから，図9.4(b) に示したべき乗分布を縦軸，横軸を共に対数の尺度で表せば，左上から右下へ勾配が $-\gamma$ の直線になる．

バラバシらは，ウェブページの**入りリンク数**の度数分布はべき乗則に従い，（両対数プロットの傾きから）そのべき指数 γ はおよそ「2.1」であること，**出リンク**の分布も同様にべき乗則に従うが，そのべき指数は入りリンクのそれよりもわずかに大きくおよそ「2.5」であることを示した[59]．バラバシらはその後，**俳優ネットワーク**（べき指数はおよそ 2.3），**米国西部州送電グラフ**（べき指数はおよそ 4），**エルデシュの共著関係のネットワーク**（べき指数はおよそ 3），細胞内で k 個の分子と相互作用する分子の数，航空会社のルートマップなどでべき乗則が成立することを明らかにした．これらの実験では，べき指数 γ は 2.1〜4 である．その後多くの研究が成し遂げられて，自然界に存在する複雑なネットワークのほとんどはべき乗則に従うことが明らかになった．

さて，バラバシらはべき乗則に従うネットワークを**スケールフリー**（scale free）であると言った．これは**尺度がない**という意味であるが，その理由は次の通りである：ランダムネットワークのようにピークを持つ次数分布では，大多数のノードは同数のリンクを持ち，平均から大きく外れるノードは極めて少ないことを意味しているから，ノードが持つ次数（＝リンク数）について**平均的ノード**という**スケール**（scale, 尺度）が存在しているといってよい．しかる

に，べき乗則に従うネットワークでは，その次数分布（図9.4(b)）にはピークは現れず，そのネットワークを特徴づけるような意味のある平均的ノード（＝スケール）は存在しない．このことを表してべき乗則に従うネットワークを「スケールフリーネットワーク」という．

実は，べき乗則は古くから認知されてきたさまざまな現象を支配している法則であることが明らかになっている．たとえば，19世紀末に経済現象にも法則があることを初めて主張した**パレートの法則**（Pareto law）は，実はべき乗則である．たとえば，その法則によれば，「人口の20%の人々によって80%の所得が占有されている」，つまり大半のお金は一握りの極めて裕福な人々の懐に入り，人口の大多数はわずかばかりの収入を得るに過ぎないことを意味している．収入分布がべき乗則に従っていることは横軸に所得，縦軸にその金額を所得している人口をプロットするとべき乗分布になるので分かる．パレートの法則は**80:20の法則**としても知られている．英語の単語の出現頻度に関する**ジップの法則**（Zipf's law）もべき乗則に従う．

最後に，べき乗則のネットワーク（特にウェブ）での意味にもう一度立ち戻っておく．べき乗則が成り立つということは，その分布が緩やかに減少するために，莫大なリンクを持つ少数のノードが存在していても不思議ではない．すなわち，スケールフリーネットワークでは少数のハブが存在することが予想され，そのハブがネットワークのトポロジを決定付けている．

9.4.2　BAネットワーク

WSネットワークは，ワッツとストロガッツが考案したスモールワールドネットワークで，それによりネットワークがスモールワールドである特性をシステマティックに生成し解明できるようになった．一方，スケールフリーネットワークを見い出したバラバシらは次数分布がべき乗則に従う性質を持つネットワークを生成しその特性を解明するために，**BAネットワーク**を考案した．ちなみに，BAのBはバラバシ，Aは彼の学生であったアルバート（Reka Albert）の頭文字である．BAネットワークは現実のネットワークが**成長**（growth）と**優先接続**（preferential attachment）という2つの特徴を有することに着目し考案された．そして，それらが生成されたネットワークがスケールフリーな，べき乗分布の特性を有することになる．

(a) 成長： ネットワークが成長していく様を実現するために，グラフの位数は時間の経過と共に増加していく（これは位数が一定の WS ネットワークと対照的）．
(b) 優先接続： たとえば，新規のウェブページはよく知っていて人気のある既存のウェブページにリンクしたがるように，新規の頂点を既存の頂点につなぐ確率は均一ではなく，すでに大きな数のコネクションを持っている頂点により高い確率でもってリンクされる（これはランダムネットワークでは均一であることと対照的）．

【BA ネットワークの生成アルゴリズム】
(1) 少数（m_0 個とする）の頂点を与える．1 単位時間の経過と共に，新規頂点を 1 つ追加し，それを既存の m（$\leq m_0$）個の異なった頂点に辺を張る．
(2) 優先接続の具現化は次の通りとする．新規頂点が頂点 i に接続される確率 p_i は，その頂点の次数 k_i に依存し，$p_i = k_i/\Sigma_j k_j$ とする．したがって，t 単位時間経過後，ネットワークは $t + m_0$ 個の頂点と，$m \times t$ 個の辺を持つことになる．

バラバシらはシュミレーションを重ね，BA ネットワークは，時間の経過と共に成長し，k で頂点の次数を表せば，その度数分布が $P(k) \propto k^{-\gamma}$ で，$\gamma = 2.9 \pm 0.1$ のべき指数を持つスケールフリーネットワークとなることを突き止めた．図 9.5

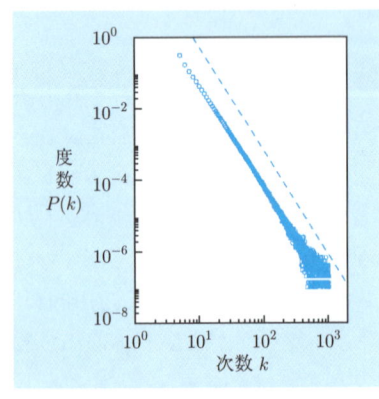

図 9.5 BA ネットワークの次数分布 [59]

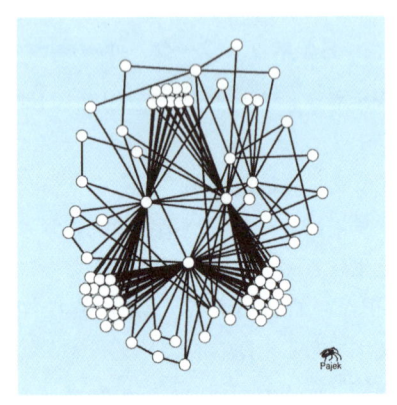

図 9.6 BA ネットワークの一例（$m = m_0 = 2$ とし，$t = 78$ 単位時間経過後）[64]

に $m = m_0 = 5$ とし，$t = 150,000$ 単位時間経過（○），$t = 200,000$ 単位時間経過（□）時の BA ネットワークの次数分布のシミュレーション結果を示す．図中点線の勾配は $\gamma = 2.9$ である．縦軸，横軸共に対数の尺度で表されているので，次数分布は直線で表されている．

最後に，生成された BA ネットワークはどのような構造を有しているのか，スケールフリーであるから，そこにはハブの存在が見て取られねばならないわけで，その一例を図 9.6 に示す．そこでは $m = m_0 = 2$ とし，$t = 78$ 単位時間経過の様子を示している．したがって，ネットワークは 80 個の頂点と，156 個の辺を持っている．

> **コラム　ブログと SNS のネットワーク考**
>
> 数あるウェブアプリケーションの中でも，ソーシャルネットワーク分析の対象としてよく取り上げられるのが，次の 2 つである．
> (a)　ブログとマイクロブログ
> (b)　**SNS**（Social Networking Service）
> しかし，両者をネットワーク的に観察すると，以下に示すように，両者は似て非なるものであることが分かる．まず，ブログではブロガー（blogger，ブログに日記を書いている人）とそれを読む人という関係のもとで，人と人との間のネットワークを定義できる．また，マイクロブログ（= Twitter）ではツイートする人とそのツイートを読んだり，リツイート（re-tweet）する人（= follower, フォロアー）という関係で同様にネットワークを形成できる．一方，SNS は，本人と友人，その友人の友人，… という関係で人と人との間でネットワークを構築していける．ブログも SNS も結果的に人と人との間でネットワークを定義できるというところでは同じである．しかし，より立ち入って観察するとネットワークの性質が違っている．ブログやマイクロブログで張られるリンクは友人関係を表しているのではない，伝えたい，あるいは知らせたいかつ知りたいと思う情報の流れでつながっている．一方，SNS ではリンクをたどれば，そこに見出せるのは友人関係でつながった人々のネットワークである．このつながりを支配しているのが，アリストテレスのいう人の社会性である．つまり，ブログやマイクロブログの張るネットワークは（情報の流れを表すという意味で）**情報ネットワーク**であり，一方 SNS の張るネットワークは（人と人との関係性を表す）**ソーシャルネットワーク**であるといえる．もちろん，ブロガーやマイクロブロガー達の張る情報ネットワークに社会性がないのかといえば，それはそうではないだろう．しかし，その社会性は SNS での友人関係とは異質だ．

コラム　べき乗則と民主主義

　べき乗則に従うウェブにはハブが存在する．このことは，見方を変えると次のようにも解釈できる．ウェブでは誰しもが情報発信できるという意味で，表現の自由を担保し，公開に際して費用はほとんどかからないから，ウェブを究極の**民主主義**の場と考えることができる．しかし，この見解はウェブがランダムなネットワークならそうであるが，現実にはそうではなく，ウェブの構造は，入りリンクおよび出リンクの数を見ると一様ではなく，その度数分布はべき乗則に従っているから，実は，我々は数あるウェブページのごく一部にしか接することのできない構造になっていて，その意味では民主主義は微塵もない．つまり，ほとんどのウェブページは入りリンクのほとんどない孤立した状態であり，ウェブのサーファーからほとんど気づいてもらえない（＝アクセスが非常に困難な）ページとなっている．一方，ごく一部のハブと称される，ずば抜けて多数のリンクを有するウェブページ（たとえば，Yahoo!，Google，Amazom.com など）があり，そこからリンクを張ってもらえない限りほとんど認知不可能となる．したがって，徹底的に民主的だと思っているウェブは実は民主的とはほど遠いのかもしれない．

演習問題

問題 1　幾何学でよく知られている公式に，三角不等式がある：$d(a,c) \leqq d(a,b) + d(b,c)$．しかし，$a, b, c$ を人とし，d を人と人との親密さの度合いを表すとすると，人と人との関係を表すような社会システムでは三角不等式は成り立たないことが考えられる．これはどういうことか，もう少し詳しく論じなさい．

問題 2　スモールワールドの特性は明らかにされたが，その対極に「ラージワールド」という世界が考えられるとしたら，それはどのような世界か，考察した結果を要領よく示しなさい．

問題 3　スモールワールド現象についてエルデシュ数がよく知られている．それは何か，調査して，レポートしなさい．

問題 4　スモールワールド現象についてケビン・ベーコンゲームがよく知られている．それは何か，調査して，レポートしなさい．

問題 5　ソーシャルネットワークとは行為者（＝人）と行為者との間の社会的関係を表すネットワークであるが，実にさまざまな関係性が考えられる．たとえば，友人，知人，近隣，同級，同窓，同僚，同期，上司・部下，親子，兄弟，家族，恋人，子弟，

愛情，友情，信頼，影響，嫌悪，衝突，敵対，共著，共演，コラボ，感化などきりがない．自分に身近な社会的関係を 1 つ想定し，実際にソーシャルネットワークを構築してみて，固有パス長とクラスタ係数を計算してみなさい．

問題 6 次は，ランダムグラフの 1 つの定義法を与えている．

【ランダムグラフの定義】
位数が $n\ (=|V|)$ で，サイズが $m\ (=|E|)$ のランダムグラフ $G=(V,E)$ を次のように生成する．(辺の数を表す) 変数 #edges の初期値を 0 とおいて (#edges = 0)，#edges = m となるまで，(a)～(d) を繰り返す：
(a) ランダムに頂点 (tail) を選択する．
(b) ランダムに頂点 (head) を選択する．
(c) 単純グラフであることを保証するために，もし tail = head なら，そうでなくなるまで新たな head を探す．
(d) 単純グラフであることを保証するために，もしその (tail, head) の組が (すでに生成された辺と) 重複した辺を生成するのであれば何もしないで (a) に戻る．もし，そうでなければ #edges に 1 を足して，(a) に戻る．

この定義に基づいて，ランダムグラフを生成するプログラムを 1 つ作成して，それがきちんと作動していることを確認しなさい．加えて，固有パス長，クラスタ係数を求める機能もプログラムに埋め込み，それらの値を検証しなさい．

問題 7 BA ネットワークの成長の様子を，$m=m_0=2$ とし，最初の 5 単位時間経過までネットワークを作成してみて確かめなさい．

問題 8 ブログや Twitter のソーシャルネットワーク分析をしても，それらのネットワーク構造は解明できても，ブログや Twitter の発言の内容そのものは分からないから，たとえばブロゴスフィアやツイッタスフィアの姿を明らかにしようと思っても，なかなか難しいという問題がある．この壁を乗り越えるにはどうしたらよいか，考えてレポートしなさい．

問題 9 Wolfram Demonstration Project (http://demonstrations.wolfram.com/) をアクセスして，「Scale Free Network」を検索し，さまざまなスケールフリーネットワークのデモを体験し，レポートしなさい (ただし，フリーソフト Wolfram CDF player のインストールが必要)．

第10章

ソーシャルサーチ

10.1 ウェブ検索の過去・現在・未来

　本節では，世界で最初のインターネット検索（＝サーチ）エンジン，世界で最初のウェブ検索エンジン，そして世界で最初のソーシャルサーチエンジン，というインターネット及びウェブ検索についての大まかな歴史的流れを述べる．続く節では，具体的に世界で最初のロボット型ウェブ検索エンジン Google Search，そして世界で最初のソーシャルサーチエンジン Aardvark の仕組みを詳述する．

　まず，世界で最初のインターネット検索エンジンはまだウェブが正式には誕生していない 1990 年に開発された．当時カナダのマックギル大学の学生だったエムテージ（Alan Emtage）が作成した **Archie** である．TCP/IP で規定される FTP（File Transfer Protocol）を使用して，インターネット越しにアノニマス FTP サーバ（anonymous FTP server）に蓄積されているファイル（インターネット上の誰もが入手できるファイル）をファイル名で（完全一致，部分一致）検索できる機能を有する．1992 年には世界で 200 の FTP サイトをカタログに載せるほどになり，ピークの 1995 年には 30 の Archie エンジンがインターネットをクロールし，数百万のページをカタログ化したという．Archie は現在も稼働している．その URL は次の通りである：http://archie.icm.edu.pl/archie_eng.html．興味のある向きには一度アクセスしてみるとよい．当時が彷彿とする．

　その後，ウェブページの全文検索技術に基づいた **Alta Vista**（1995）の時代があったが，1998 年に世界で最初の本格的なウェブ検索エンジン **Google Search**（単に Google ということが多い）が開発された．その中核をなす PageRank と名付けられたウェブ検索アルゴリズムは，本章の主題であるソーシャルサーチを理解するうえでも，十分に知っておく必要があるので，次節で少し詳しくその要点を紹介する．

　そして，その後，世界で初めてのソーシャルサーチエンジンが開発された．そ

れが **Aardvark** である．Aardvark については限られた文献しかないが，ソーシャルサーチとは何か，その本質がそこにはあると筆者は考えているので，文献を参照しつつ，10.3 節でソーシャルサーチエンジンの基本的仕組みを詳述したい．Google Search のような旧来型の検索エンジンが，アルゴリズムに基づき的確な「ウェブページ」を見付けようとするのに対し，Aardvark にみるソーシャルサーチでは，ソーシャルネットワークに基づき質問に的確に答えられる「人」を見つけようと働くところが際立った対照点で面白い．後者も回答者を見付けるにあたっては，しっかりとアルゴリズムが動いているのだが，以下，旧来型のウェブ検索を「アルゴリズム的サーチ」，後者を「ソーシャルサーチ」といい，区別することにする．

10.2 アルゴリズム的サーチ

10.2.1 ウェブ検索とアルゴリズム的サーチ

ウェブ検索（Web search）とは，ウェブを構成している莫大なウェブページ群から利用者の検索要求に合ったウェブページ群を検索してくることをいう．一般に，ウェブページには URL が付随し，ウェブページには入りリンク（in-link）や出リンク（out-link）のハイパーリンクが通常付随しているから，ウェブブラウザがあれば，URL やリンクを頼りに，いつかは見つけたかったウェブページに辿りつくことができるかもしれないが，通常は気の遠くなるような作業であろう．

このような要求に応えるために，ウェブ上で**検索ポータルサイト**（search portal site）が稼働している．ポータルとは「玄関口」という意味であり，ウェブ検索をしたいなら，まずそのサイトを訪れなさいという意味である．検索ポータルサイト（以後．単に検索サイトということも多い）には，大別するとロボット型とディレクトリ型の 2 種類がある．Google は前者の典型であり，Yahoo! は後者の典型であった．ここでロボット型検索とディレクトリ型検索の特徴を簡単に述べておくと，**ロボット型検索ポータルサイト**では，検索の対象は「ウェブページ」であり，利用者が検索キーワードを入力すると，探索ロボットが収集してきた膨大な数のウェブページから，検索エンジンはさまざまな要因を勘案して **SERP**（Search Engine Results Page，検索エンジン結果ページ．サー

プ）を返してくる．どのような要因がどのように勘案されてSERPのウェブページの表示順位が決定されるのかは，SEO（Search Engine Optimization, 検索エンジン最適化）対策のこともあり，検索ポータルサイトの機密事項で一般には知ることはできない．したがって，探しているウェブページが常に上位に順位付けられているかどうかは保証の限りではない．一方，**ディレクトリ型検索ポータルサイト**では，検索の対象は「ウェブサイト」であり，多くの不特定多数のウェブサイトからディレクトリへの収録依頼が来て，それらを人手により精選してディレクトリへの登録がなされる．この場合の検索手法は（人手による分類を反映した）ディレクトリ対応による．したがって，ウェブサイトはあらかじめ精選されているので検索精度が高い反面，検索の対象となるサイトの数が限られている，また，検索はあらかじめ決められたカテゴリ階層を辿らなければならないなどの問題がある．本節では検索の対象が恣意的に選択されているディレクトリ型ではなく，自由に情報発信されたウェブページそのものがすべて検索の対象となるロボット型検索ポータルサイトを，以降，検索サイトあるいは検索エンジンといえば特に断らない限り指すものとする．

　図10.1に一般にロボット型検索ポータルサイトがシステム全体としてどのように機能しているかを示す．**クローラ**（crawler），**蜘蛛**（spider），**ボット**（bot）などと称されるウェブページ探索ロボット（＝ウェブページ巡回プログラム）をウェブ上に多数放ち，ウェブページ間のハイパーリンクを辿って，定期的に世界中のウェブページを収集してくる．収集されたウェブページは索引付けをされてデータベースに格納される．索引付けはページに現れる重要語を検索語とす

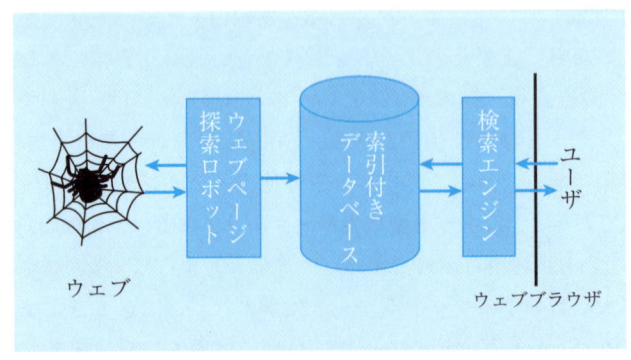

図 10.1　ロボット型検索ポータルサイトの仕組み

ることで行われ，ハイパーリンク関係の情報も保持される．利用者は検索ポータルサイトのトップページの検索ウインドウに検索キーワードを入力して検索を要求すると，検索エンジンが SERP を計算して，それを利用者に表示する．ここで，SERP について，若干説明を補う．たとえば Google Search を例にとれば，その検索エンジンの中核は，10.2.3 項で詳述する PageRank という検索アルゴリズムである．つまり，ユーザが検索キーワードを入力すると，第一義的には PageRank が作動して探索ロボットが収集してきた膨大なウェブページから，検索キーワードに関連している (relevant) 度合いの高いもの順にウェブページを順位付けて検索結果とする．このときの順位を **PageRank 順位**といおう．一方，SERP は，一般に（ウェブページの）タイトル，URL，そしてスニペット (snippet，ウェブページの簡単な紹介文) からなるが，検索エンジンは，SERP を作成するにあたり，PageRank アルゴリズムだけでなく，コンテンツ，キーワード，タイトルなど多数のファクターを勘案して，SERP で表示されるウェブページの順位を計算する．この順位，**SERP 順位**といおう，は当然 PageRank 順位とは異なってくる．ウェブクライアントにとって重要なのはこの SERP 順位であるから，ウェブサイトを立ち上げている企業にとっては，自社のウェブページがこの SERP 順位でどれだけ上位にランクされるかが大変重要な課題となる．**SEO**（対策）とはこのことをいう．

　いうまでもないが，SERP 順位は本当に大事で，これに関しては Eyetools 社による Google の**黄金の三角形** (golden triangle) として興味深い研究結果が知られている (Eyetoools, Inc., "Eyetools Research and Reports," http://www.eyetools.com/inpage/research_google_eyetracking_heatmap.htm)．つまり，Google で SERP の上位 10 位を一画面に表示した場合，1 位〜3 位に位置したウェブページは利用者の 100%の視認率を得るが，4 位 85%，5 位 60%，6・7 位で 50%となり，8・9 位で 30%，10 位となると視認率は 20%に下がる．つまり，ウェブページは SERP 順位の 7 位までに入らないと半分以上の利用者は見てくれない．

10.2.2　索引付きデータベース

(1)　索引付け

　索引付けを，**Google Indexer** を事例として説明する．Google Indexer は

探索ロボット **Googlebot** が収集してきたウェブページに索引を付ける．索引なしではクロールデータ（crawl data ＝クロールされたウェブページ群）は大量すぎて検索できないからである．索引付けは，クロールデータを**索引語**（index word）で「転置」(invert) することによりなされる．索引付けはさまざまなコンテンツに対して行われる．つまり，索引付けは，HTML ファイル，PDF ファイル，.doc ファイルなどさまざまに対して行われる．索引語の抽出は次のように行う：

- Google Indexer は検索のパフォーマンスを向上させるために，ストップワード（stop words，データ検索において検索文字列中に含まれていても無視される語で，is, on, or, of, how, why, 特定の単一数字/文字など）には索引付けしない．
- Google Indexer はすべての文字を小文字にすると共に句読点 (punctuation) や空白を無視する．それら以外の語は原則としてすべて索引語としている．
- Google Indexer が作成するこの索引は索引語によってアルファベット順にソートされている．ここで，各索引項目はその索引語が表れている文書のリストとそれが生起している文書中の位置を格納している．このデータ構造がユーザの問い合わせ用語を含んでいる文書を迅速にアクセスできるようにしている．

ここで，検索エンジンは索引を使って実際にどのように検索を行なうのか，掻い摘んで示す．たとえば，ユーザが**索引語**「civil war」（南北戦争）と打ち込んできたとする．このとき，Google Search Engine は次の2つのステップの処理をする．その結果が SERP としてユーザに表示される．

(1) civil と war を索引語としてどこかに含んでいるウェブページの集合を見つける．(civil と war の転置リストの共通部分 (intersection) を効率よく見つける．)

(2) 関連性の度合いに応じて適合したウェブページをランク付けする．

(1) について，さらに補足すると，Google では，Google Indexer が付与した索引を数百台のコンピュータに分けて格納している．1 台に格納しているより，台数分だけ速く検索できるからである（台数効果）．同様に Google は検索語にマッチする文書をより速く見つけるために，文書データを分割して格納してい

10.2 アルゴリズム的サーチ

る（次に述べる BigTable を tablet に水平分割していること）．

(2) BigTable

Google 社は当初，クローラが収集してくるウェブページに索引を付与した大量のデータを格納するために **GFS**（Google File System）と称する専用の分散型ファイルシステムを開発した．しかし，GFS は，それ専用であるがゆえに，汎用性に欠けるデータ構造であり，その後，Google 社がそのサービスを提供するさまざまなウェブアプリケーション，たとえば，Google Reader, Google Maps, Google Print, Google Earth, Blogger, YouTube の大量データを格納するには適していなかった．この問題を解決するために開発されたのが **BigTable** と称されている分散型記憶システムである．BigTable は数千台のコモディティサーバ（commodity server）でもってペタバイト（peta-bytes）級のデータを格納できる．BigTable の概要は 2006 年に学会で発表されているので [69]，それを基に少しその要点を見てみる．図 10.2 にウェブページを格納している BigTable の様子を示す．

さて，BigTable のデータモデルは疎な，分散型の，永続的な多次元の（行が辞書順で）ソートされた map（写像）である．つまり，map は行キー，列キー，時刻印で索引付けされている．map 中の各値は解釈されないバイトのアレイである（row 値は，たとえば com.cnn.www を単に文字列としてそれをバイト列で表現する）．この写像は次のように定式化される．

$$(\text{row:string, column:string, time:int64}) \rightarrow \text{string}$$

BigTable の「行キー」は任意長の文字列で，ウェブページの URL のドメイン名部分を反転させた文字列（検索をトップレベルドメインから始めるため）である．たとえば次の通りである．

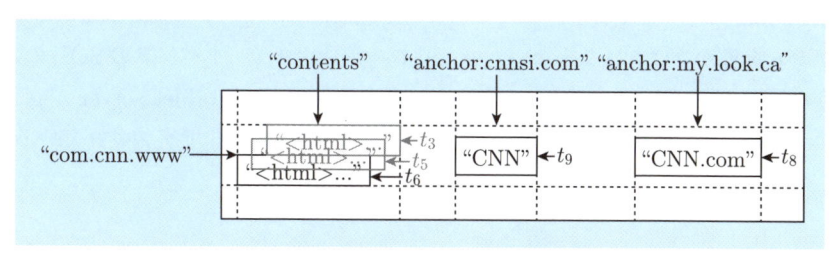

図 10.2 ウェブページを格納している BigTable の様子

maps.google.com/index.html → com.google.maps/index.html

BigTable の contents という「列群」(column family) は収集した時刻印 (microsecond の実時間を 64 ビットの整数で記録) 付きのページコンテンツ (いわゆる BLOB (binary large object) 型のデータ) を格納する．anchor 列群は，そのページを参照しているすべてのアンカー (anchor) のテキストを格納する．この例では，CNN のホームページは CNN の Sports Illustrated から「CNN」というアンカーの名前で，MY-look のホームページからは「CNN.com」というアンカー名で参照されているので，その行は anchor:cnnsi.com と anchor:my.look.ca と名付けられた列を有する．contents 列はこの例では 3 つのバージョンを有する．

行について補足する．BigTable は行キーの辞書的順序でソートされている．また，

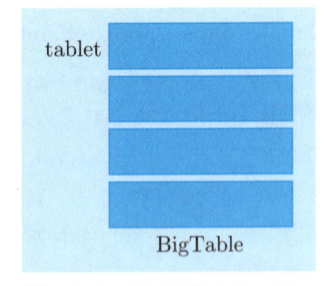

図 10.3 BigTable と tablet

BigTable は行キー値により動的に (水平) 分割されて，分散と負荷バランスの単位となる．これは **tablet** と称される．図 10.3 に BigTable が複数の tablet に水平分割されるイメージを表している．

列ファミリ (column family) について補足する．列キーは列ファミリと呼ばれる．それは集合にグループ分けされる．この例では，contents:や anchor: である．異なる列ファミリの数は少ないが，一方，BigTable のカラムの数に上限はない．列キーの構文は次の通りである．たとえば，anchor:cnnsi.com である．

family:qualifier

BigTable は C++で実装されている．BigTable へのデータの読み書きはプログラムを書かなければならない．またリレーショナルデータベースの SQL のような質問言語はない．tablet の大きさは 100〜200MB で tablet server が管理する．BigTable は複数の tablet からなり，tablet は GFS で実装されている．

BigTable ⇔ {tablet} ⇔ GFS

10.2.3 PageRank

ロボット型検索ポータルサイトの草分けである Google 社は 1998 年に当時スタンフォード大学の大学院生であったペイジ (Larry Page) とブリン (Sergey Brin) により設立されたことはよく語られることである．検索キーワードの出現回数が多いウェブページを検索結果の上位に表示する従来の方法よりは，ウェブページが多数のバックリンクを有している場合や数は少なくても高いランクを持ったウェブページからバックリンクを有している場合（たとえば，Yahoo!（のホームページ）からリンクが張られている場合）の方が重要なページであるという尺度，これを **PageRank**（これは Google 社の登録商標）という，を使うほうがよりよい検索結果を提示するであろうという彼らの博士論文を実践するべく起業された．もちろん，現在の Google の検索エンジンは，ウェブページの重要度を計算するにあたり，バックリンクの数だけでなく，実にさまざまな要因を勘案・処理して検索結果を求めて表示していることは，前途の通りである．しかしながら，ここでは，オリジナルの PageRank の計算アルゴリズムを概観する（これと次節で示すソーシャルサーチを比較すると，両者の考え方の違いが歴然とする．その意味で，本節でその詳細を記している）．

さて，ページ A の PageRank（以下，PR と略記）を $PR(A)$ と書くことにする．また，ページ A から他のページに（向かって）張られているリンク（以下，出リンクと略記）の数を $L(A)$ と表し，ページ A にリンクを張っているページの集合を $S(A)$ と表すことにする．d ($0 < d < 1$) を PageRank 計算アルゴリズムが収束するための**減衰係数** (damping factor) とする．このとき，各ページ A の PageRank $PR(A)$ は次のように定義される．ここに，$PR(B)/L(B)$ はページ B からリンク先ページ A への「投票値」である．

$$PR(A) = (1 - d) + d \times \sum_{B \in S(A)} (PR(B)/L(B))$$

この定義を見て分かることは，あるページの PageRank は一般に他のページの PageRank を用いて計算されるが，計算に用いたそれらのページの PageRank は実は PageRank を計算しようとしていたページの PageRank を用いて計算されている．つまり，この計算は再帰的に反復して行われるものである（逐次近似法）．単に反復計算を行えば，計算値は ∞ に発散してしまうかもしれない

ので，それを押さえて，計算値が収束するようにするために減衰係数 d が導入されている．$d = 0.85$ と設定している場合が多い．PageRank の計算値はきちんと決まる場合もあれば，ある値に向かって収束する挙動を示す場合もある．後者の場合，どこで計算を打ち切るかが問題となるが，ある許容変動幅 δ を決めておき，連続した反復計算値の差が δ に収まれば計算を打ち切ればよい．なお，ペイジとブリンは，PageRank の計算は，ハイパーリンク行列（＝推移確率行列）を定義し，その最大固有値 1 に対応する固有ベクトルをべき乗法により算出するという問題として定式化したが [70]，上記はそれを線形代数で定式化して解いているということである．

10.2.4　PageRank の計算例

さて，ここで，図 10.4 に示される極めて簡単なウェブページ群とその間のリンク構造を用いて，実際に PageRank を計算してみる．

計算にあたっては，各ページの PageRank の初期値が与えられていないと計算ができないので，それを 1 としている．初期値をもとに各ページの PageRank を計算するステップを第 1 反復，ということにする．以下，反復を繰り返していくと，値が収束して，各ページの PageRank が求まる様子が見てとれる．[第 1 反復結果]

$PR(A) = 0.15 + 0.85 \times (1/2 + 1 + 1/3) = 1.708$

$PR(B) = 0.15 + 0.85 \times (1/3) = 0.433$

$PR(C) = 0.15 + 0.85 \times (1/2 + 1/3) = 0.858$

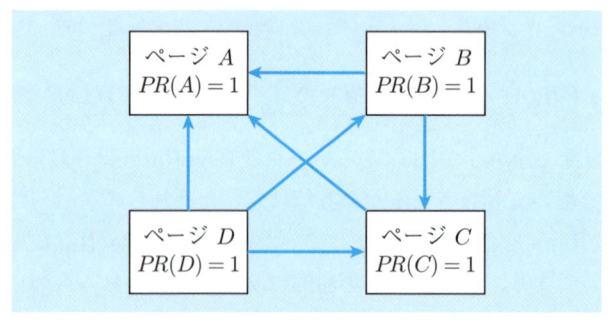

図 10.4　PageRank 計算のためのハイパーリンクの構造例

10.2 アルゴリズム的サーチ

$PR(D) = 0.15 + 0.85 \times (0) = 0.15$

[第 2 反復結果]

$PR(A) = 0.15 + 0.85 \times (0.433/2 + 0.858 + 0.15/3) = 1.106$

$PR(B) = 0.15 + 0.85 \times (0.15/3) = 0.193$

$PR(C) = 0.15 + 0.85 \times (0.433/2 + 0.15/3) = 0.377$

$PR(D) = 0.15 + 0.85 \times (0) = 0.15$ ← 最終値

[第 3 反復結果]

$PR(A) = 0.15 + 0.85 \times (0.193/2 + 0.377 + 0.15/3) = 0.595$

$PR(B) = 0.15 + 0.85 \times (0.15/3) = 0.193$ ← 最終値

$PR(C) = 0.15 + 0.85 \times (0.193/2 + 0.15/3) = 0.275$

$PR(D) = 0.15 + 0.85 \times (0) = 0.15$

[第 4 反復結果]

$PR(A) = 0.15 + 0.85 \times (0.193/2 + 0.275 + 0.15/3) = 0.493$

$PR(B) = 0.15 + 0.85 \times (0.15/3) = 0.193$

$PR(C) = 0.15 + 0.85 \times (0.193/2 + 0.15/3) = 0.275$ ← 最終値

$PR(D) = 0.15 + 0.85 \times (0) = 0.15$

[第 5 反復結果]

$PR(A) = 0.15 + 0.85 \times (0.193/2 + 0.275 + 0.15/3) = 0.493$ ← 最終値

$PR(B) = 0.15 + 0.85 \times (0.15/3) = 0.193$

$PR(C) = 0.15 + 0.85 \times (0.193/2 + 0.15/3) = 0.275$

$PR(D) = 0.15 + 0.85 \times (0) = 0.15$

反復計算により，各ページの PageRank 値が収束していく様子を表 10.1 にまとめる．

なお，実際には PageRank の計算は，**Googlebot** が収集してきた莫大な量のウェブページ全体を対象にして行われるものである．PageRank は 1998 年にスタンフォード大学より申請され，2001 年に認可された米国特許（U.S. Patent

表 10.1　図 10.4 を例にした PageRank の計算過程

反復回数	$PR(A)$	$PR(B)$	$PR(C)$	$PR(D)$
1	1.708	0.433	0.858	0.15
2	1.106	0.193	0.377	**0.15**
3	0.595	**0.193**	0.275	0.15
4	0.493	0.193	**0.275**	0.15
5	**0.493**	0.193	0.275	0.15

6,285,999 B1) であり，特許申請は "Method for Node Ranking in a Linked Database" のタイトルで行われている．

最後に，Google が，上記アルゴリズムをベースにし，実際どのような **PageRank** を付与しているのか，そのさわりを紹介しておく．PageRank は 0～10 まで 11 段階ある．Google 社は数か月に一度 PageRank を更新している．PageRank 0：評価なし（たとえば，新設間もないサイト），PageRank 1-3：標準サイト，PageRank 4-6：人気サイト（ちなみに，2002 年に創設された日本データベース学会は PageRank 5），PageRank 7-9：ポータルサイト（たとえば，PageRank 7：Inforseek, livedoor, PageRank 8：Yahoo! Japan, Google Japan, Microsoft Corporation, PageRank 9：Yahoo!(US), Apple, The NY Times, 慶応義塾大学, Adobe, White House), PageRank 10：Google, U.S. Government's Official Web Portal, Massachusetts Institute of Technology, NASA といった具合である．PageRank は **Google PageRank Checker** (http://www.prchecker.info/check_page_rank.php) をアクセスし，チェックしたいウェブページの URL を入力するとその値が出力されるので知ることができる．

10.3　ソーシャルサーチ

10.3.1　ソーシャルサーチとは

ソーシャルサーチ（social search）という用語がウェブ社会の中で話題に上がり始めたのはいつごろか？ Google で検索したり，ACM あるいは IEEE-CS の国際会議の会議録を手掛かりに調べてみると，初出は 2006 年頃のようである．2005 年にウェブで公開されたオライリー（Tim O'Reilly）の Web 2.0 の論文にはこの用語は出てこない．しかし，2006 年 8 月に Search Engine Watch (http://searchenginewatch.com) という検索エンジン関係では名の知れたウェブマ

ガジン誌に "What's the Big Deal With Social Search?" という記事が掲載されている．What's the big deal?とは，何を大騒ぎしているの？／それがどうした／だから何だっていうんだ，という意味であることからも分かるように，当時はまだまだ全然ピンときていない．ソーシャルサーチの定義についても，そのきちんとした定義はなく，それはどうも従来のアルゴリズム的サーチ（algorithmic search，たとえば，Google Search は PageRank アルゴリズムに基づいている）ではなく，人間の判断力（human judgement）によってインターネットが正しい方向に航海する能力をもつサービスで，具体的には単純なブックマークの共有，コンテンツのタグ付けから，人間の知能（human intelligence）とコンピュータアルゴリズムを併用したより巧妙なアプローチへと，その形は多岐にわたると紹介している．そのうえ，Yahoo!のディレクトリだって，Google の PageRank だって，直接・間接に人手が入っている．つまり Yahoo!のディレクトリは人の編集者チームが作り上げたし，Google の PageRank アルゴリズムがよって立つ入りリンク（in-link）や出リンク（out-link）は，それをもともと張ったのは**ウェブマスター**（webmaster，ウェブサイトの編集・製作を始めとし，それに付随する関連業務を行う統括責任者）だから，その意味ではこれらもソーシャルサーチだと言っている．そういわれて，どれ程の人々が納得したのか，知る由もないが，ソーシャルサーチとは何かがよく分かっていない当時の世相を反映した記事である．当時はこれに似た見識が他見もされる．この風潮は変わらず，2007 年にはソーシャルサーチエンジン（あるいはサイト）は 40 以上もあるのだという記事がウェブ上で公開されている（http://mashable.com/2007/08/27/social-search/）．そこではソーシャルサーチエンジンには 2 種類あり，1 つは「民力検索エンジン」（people powered search engine），もう 1 つは「人探しエンジン」（people search engine）としている．前者の典型例はマシーンが検索するが人の多数決がそれを最適化するという考え方のエンジン，後者の典型例はさまざまなソーシャルネットワークをまたいで個人を探し出す検索エンジンである．

ところが，2008 年になると様相はガラッと変わっている．ドットコムカンパニーの **VentureBeat** 社が Google 社の（当時）検索部門担当の副社長であった**メイヤー**（Marissa Mayer）にソーシャルサーチについてインタビューした記事が同社のホームページに記載されているが（Doug Sherrets, "Google's Marissa Mayer: Social search is the future," January 31,

2008．http://venturebeat.com/2008/01/31/googles-marissa-mayer-social-search-is-the-future/)，そこでのメイヤーの受け答えは現在我々が頭に描く定義と一致している．「ソーシャルサーチって，どう説明したらよいのでしょうか？」という問いに対して，メイヤーは次のように答えている．「ソーシャルサーチは社会的交流あるいは社会的つながりの加わったサーチ，ではないでしょうか．毎日がソーシャルサーチなんです．「何かお薦めの映画ない？」とか「夕食，どこがいいかな？」とあなたは友達に聞くと思うのですが，それは"口頭"でのソーシャルサーチ（verbal social search）です．自分一人で考えるよりもよりよい情報が得られるのだろうと社会的つながりを活用しようとしているのです．」ただ，続けての質問「ソーシャルサーチをどのように実装しようとお考えですか？」に対しては，「検索結果にユーザがラベル付けをしてそれをソーシャルネットワーク上の人々が共有するということを試しました．他に Amazon.com が本で行っているようにユーザ間の社会的つながりを構築すれば"あなたに似た他のユーザはこれも検索しています"といったこともできるかなと思っています」というにとどまっている．インタビュー記事が 2008 年初頭であったことを考えると当然かもしれない．しかし，メイヤーが前半部分で述べたことは，2012 年 1 月の Google Search と Google 社の SNS である Google+ を融合した **Search, plus Your World**（単にコンマを省いて Search plus Your World ということも多い）のサービス開始につながっているから，的を射た発言であった．

さて，ソーシャルサーチを最も的確に実現した検索エンジンは **Aardvark**（ツチブタ，という動物名）であると筆者は考えている．Aardvark は Google 社をスピンアウトした人々により開発されて，2008 年に創業，2009 年に一般公開を始めたが，2010 年 2 月には Google 社により買収され，2011 年 9 月にはそのサービスは停止された．買収は多分にそのノウハウを Search plus Your World の開発に取り入れたのであろうと推察される．Aardvark の稼働は短期間ではあったが，ソーシャルネットワークをどのようにウェブ検索に取り入れていくのか，最も自然で典型的なアーキテクチャをそこに見ることができたと筆者は考えている．幸いに，その技術の概要は国際会議に報告されている[72]．ただ，その論文を読んでみれば分かるが，その論文だけから Aardvark が行っていることのすべてを読解できるほど詳細が明らかにされているわけでもなく，またその仕組みはそれほど単純でもない．したがって，以下の紹介は Aardvark

の紹介はしつつも，幾分単純化されていたり，ソーシャルサーチに対する筆者の考えが書き加えられている点もあることを，あらかじめ断っておく．

10.3.2 ソーシャルサーチエンジン Aardvark の概略

まず，**Aardvark** について，その論文で述べられている以下のアナロジーは，少し表現に独特のものがあるものの，核心をついているので紹介しておく：ソーシャルサーチは情報検索のパラダイムシフトをもたらすものである．従来のウェブ検索エンジンは，検索をするのに検索キーワードを使い，もっとも関連性のあると考えられる「文書」を探し出す．(検索結果の)信用性は(支持票が多いという)権威(authority)に基づく．歴史的に見て最も古典的な情報検索のパラダイムは図書館であったことから，これを**図書館パラダイム**(library paradigm)と呼ぶ．一方，ソーシャルサーチエンジンは，質問をするのにインスタントメッセージ(instant message)，電子メール，ウェブ入力(web input)，携帯メール(text message)，音声入力で，自然言語を使う．答えは，ソーシャルネットワークを使って，その質問に答えられる適任者(right person)，つまり「人」を探すことで与えられる．信用性は親密性(intimacy)に基づく．これを**村パラダイム**(village paradigm)と呼ぶ．要するに，文書(つまりウェブページ)を探し出すのか，人を探し出すのか，どっちが質問に最も関連した(relevant)答えを返してくれるか，という対比である．もちろん，Aardvarkは村パラダイムに基づいている．

さて，Aardvarkを利用しようとする新規ユーザが行わなければならないことを述べることから始める．Aardvarkを利用してみたいということは，Aardvarkが質問者を含むユーザのネットワークを構築して，そのソーシャルネットワークを頼りにユーザの質問に最も的確に答えられるであろうユーザの友人(の友人(の友人…))を見つけ出すわけだから，そのために必要な情報の提供に協力することが望ましい．したがって，Aardvarkは新規ユーザに友人関係(friendship)と略歴(affiliation)を聞き，そのユーザの索引付けを行う．このためのデータ構造が**ソーシャルグラフ**(social graph)である．注意しておくべき点は，ソーシャルネットワークの構築と運営が目的ではないので，(新規ユーザの友人関係などは加えるものの)既存のソーシャルネットワーク，たとえばFacebook，とでき得る限り協調できれば，それに越したことはない(図10.5中，輸入業者は

そのためにある).ソーシャルグラフでは略歴に基づき,いくつものグループ,たとえば同じ学校の同窓生とか同じ会社に勤めているとかのグループ,が出来上がっている.同時に,Aardvark は自己申請や友人からの情報に基づいて新規ユーザが一定レベル以上の知識や経験を有しているトピックをそのユーザに索引付けする.もちろんユーザの**プロファイル**ページを**トピック解析器**(topic parser)が分析をしてトピックを抽出する.加えて,Aardvark はユーザがトピックに対してどのような応答をしているかも観察しているという.このようにしてユーザに関連付けられたトピックは順方向インデックス(forward index)に格納され,それから転置インデックス(inverted index)を作成する.(順方向インデックスとは,この例でいえば,ユーザとそのユーザに関連付けられたトピックの集合の対(pair)からなる 2 項のファイルをいう.もし,そのファイルをトピックごと,トピックとそのトピックと関連付けられたユーザの対からなる 2 項ファイルに変換すればそれは転置インデックスになる.)このように,新規のユーザはソーシャルグラフと転置インデックスが作成されると,Aardvark で最初の質問を発することができる.

さて,図 10.5 に Aardvark のアーキテクチャの概略を示す.

図示されているように,Aardvark は 4 つの主要コンポーネントからなっている.

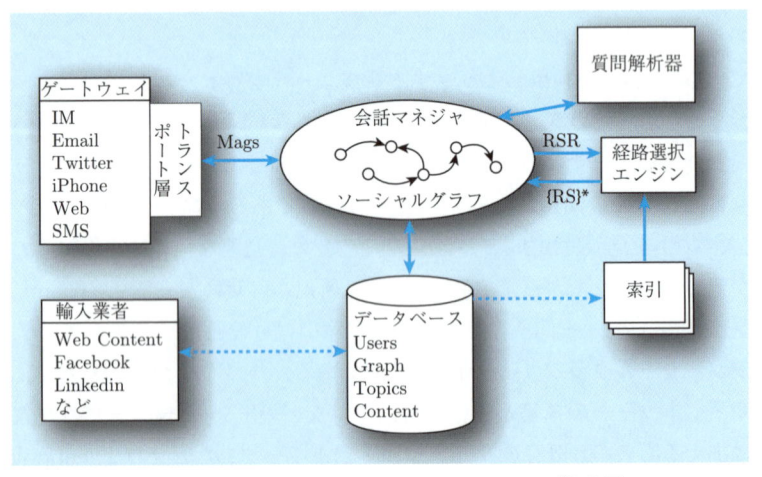

図 **10.5** Aardvark のアーキテクチャの概略図

10.3 ソーシャルサーチ

まず，図10.5左上であるが，ユーザは**ゲートウェイ**を通して，さまざまな手段（つまり，インスタントメッセージ（IM），電子メール，ショートメッセージシステム（SMS），iPhone，Twitter，ウェブベースメッセージ（web-based messaging）で質問を発行できる．それらは**トランスポート層**（Transport Layer）でメッセージ（Msgs）というデータ構造に整形されて，図上段中央の**会話マネジャ**（conversation manager）に送られる．会話マネジャは送られてきたものが質問だと認識すると，それを図右上の**質問解析器**（question analyzer）に送る．質問解析器はその質問を表すに適切な「トピック」を抽出し，それを会話マネジャに返す．会話マネジャはそれを質問者に通知し，もし必要なら修正をさせる．同時に，会話マネジャは図右中央の**経路選択エンジン**（routing engine）に経路選択示唆要求（Routing Suggestion Request, RSR）を発行する．経路選択エンジンは転置インデックスとソーシャルグラフをアクセスして，回答者がどれほどうまくその質問に答えられることができるであろうかというファクターと回答者が質問者とうまくマッチしているであろうか（たとえば，回答者が質問者をよく知っていれば，誠意のない回答はしないのではないか）というファクターを勘案して，選択経路提案（Routing Suggestions, RS）という回答候補者の順位付けリストを作成し会話マネジャに返信する（この操作はアルゴリズム的サーチでの，たとえばPageRankアルゴリズムによる文書の順位付けと同じようなものである）．会話マネジャはそれに基づき，**回答候補者**に質問に答えてくれるか，リスト順に1人ひとりあたり，満足のいく回答が得られるまでそれを繰り返す．会話マネジャは得られた回答を質問者に送ると共に，もしも質問者と回答者が望むならば，追加するべきメッセージの交換をさせる．図10.5の中央下のデータベース（datebase）には，ユーザ，ソーシャルグラフ，トピックなどのデータが格納されている．図左下の**輸入業者**（importers）はユーザプロファイルやソーシャルネットワークの情報を提供してもらうためのFacebookなどのSNS業者を表している．

ここで，Aardvarkのソーシャルサーチのモデルの詳細な議論に移る前に，上に示した質問処理の一連の流れが，より具体的にはどのように行われているのか例を交えて説明を続ける．その結果，より鮮明にソーシャルサーチとは一体どのようなものなのかを知ることができると考えられる．まず，図10.6はAardvarkと回答候補者との間のやり取りの典型例を示している．質問者Michaelからの

184　第 10 章　ソーシャルサーチ

> **aardvark**: You there? I have a question about** tennis** that I think you might be able to answer. (Type 'sure', 'pass', or 'busy')
>
> > **me**: sure
>
> **aardvark**: (From Michael B./29/M/NewYork,US) Does anyone know which health clubs in Manhattan have tennis courts? Or are all the good options in the other boroughs?
> 　(Type 'pass' to skip, or 'more' for extra options.)
>
> > **me**: why
>
> **aardvark**: I thought of you for Michael's question because
> 　-Michael is a friend of your friend Sally Johnson.
> 　-You know a lot about** racquet sports** and** fitness**
> 　-You and he have similar interests in** sports**
> 　(Type 'more' or change settings at http://vark.com/a/XXXXX)
>
> > **me**: Well there is always the Midtown Tennis Club on 8th ave @27th if you really want to stay in manhattan --but the quality isn't great. You'd do just as well to use the public courts in Central Park. Or another good option is to join NYHRC or NYSC in manhattan, and use their courts in other boroughs...
>
> **aardvark**: Great--I've sent that to Michael. Thanks for the fast answer! (Type 'Michael:' followed by a massage to add something, or 'more' for options.)

図 10.6　Aardvark と回答者候補者とのやり取りの例

質問を Aardvark が適任とした回答候補者にコンタクトして，回答を得るまでのやり取りを示している．やり取りの様子は読めば一目瞭然であるが，Aardvark があたかも人であるかのようなやり取りとなっているところが興味深い．高度な質問応答システム技術が背後にないといけないことが分かる．ただし，回答候補者に要求している答え方は，sure か pass か busy を答えなさいという具合に指定しているように，高度な自然言語処理はなるべく避けたい様子が見ては取れる．

　さらに，図 10.7 に質問者と回答者の Aardvark でのやり取りを 3 例示す．
　このように，ソーシャルサーチでは，発せられた質問に適切に答えてくれる

10.3 ソーシャルサーチ

EXAMPLE 1

(Question from Mark C./M/LosAltos, CA)
I am looking for a restaurant in San Francisco that is open for lunch.Must be very high-end and fancy (this is for a small, formal, post-wedding gathering of about 8 people).

(+4 minutes--Answer from Nick T./28/M/SanFrancisco, CA--a friend of your friend Fritz Schwartz)
fringale (fringalesf.com) in soma is a good bet; small, fancy, french (the french actually hang out there too). Lunch: Tuesday-Friday: 11:30am-2:30pm

(Reply from Mark to Nick)
Thanks Nick, you are the best PM ever!

(Reply from Nick to Mark)
You're very welcome. hope the days they're open for lunch work...

EXAMPLE 2

(Question from James R./M/TwinPeaksWest, SF)
What is the best new restaurant in San Francisco for a Monday business dinner? Fish & Farm? Gitane? Quince(a little older)?

(+7 minute --Answer from Paul D./M/SanFrancisco, CA--A friend of your friend Sebastian V.)
For business dinner I enjoyed Kokkari Estiatorio at 200 Jackson. If you prefer a place in SOMA i recommend Ozumo(a great sushi restaurant).

(Reply from James to Paul)
thx I like them both a lot but I am ready to try something new

(+1 hour--Answer from Fred M./29/M/Marina, SF)
Quince is a little fancy... La Mar is pretty fantastic for cevice-like the Slanted Door of peruvian food...

EXAMPLE 3

(Question from Brian T./22/M/Castro, SF) What is a good place to take a spunky, off-the-cuff, social, and pretty girl for a nontraditional, fun, memorable dinner date in SanFrancisco?

(+4 minutes--Answer from Dan G./M/SanFrancisco, CA)
Start with drinks at NocNoc (cheap, beer/wine only) and then dinner at RNM (expensive, across the street).

(Reply from Brian to Dan) Thanks!

(+6 minutes--Answer from Anthony D./M/Sunnyvale, CA--you are both in the Google group)
Take her to the ROTL production of Tommy, in the Mission. Best show i've seen all year!

(Reply from Brian to Anthony) Tommy as in the Who's rock opera? COOL!

(+10 minutes--Answer from Bob F./M/Mission, SF--you are connected through Mathias' friend Samantha S.) Cool question. Spork is usually my top choice for a first date, because in addition to having great food and good really friendly service, it has an atmosphere that's perfectly in between casual and romantic. It's a quirky place, interesting funny menu, but not exactly non-traditional in the sense that you're not eating while suspended from the ceiling or anything

図 10.7 質問者と回答者の Aardvark でのやり取りの例

であろう人を見つけて回答をお願いするので，回答候補者がいずれも"busy"などと答えると，回答はすぐには得られない．そこが，Google などのアルゴリズム的サーチと本質的に異なる．この問題に対して，Aardvark がベータ版で検索サービスを提供し始めた 2009 年 3 月 1 日から（国際会議への Aardvark 論文作成の直前と考えられる）同年 10 月 20 日までの間で，ユーザ数は 90,361 になり，計 225,047 の質問が発行され，386,702 の回答があったという．ただし，以下に示す統計値は最後の 1 ヶ月（2009 年 9 月 20 日〜同年 10 月 20 日）に取ら

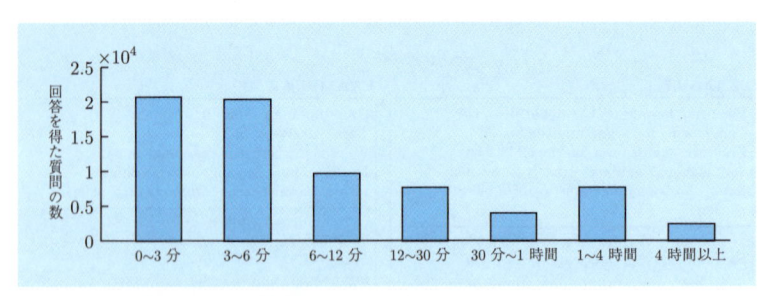

図 10.8　回答が返ってくるまでの時間の分布

れたものである．ここでは，特に質問が発行されてその回答を得るまでの統計についてまとめて紹介すると次のようである：質問に対する回答はすぐに得られている．**Aardvark** に投稿された質問の 87.7%が少なくとも 1 つの回答をもらい，そのうちの 57.2%が最初の回答を 10 分未満で得た．平均して，1 つの質問は 2.08 個の回答を受け取り，回答を受け取るまでの平均時間は 6 分 37 秒であった．これを，一般に公開されている **Q&A サイト**である Yahoo! Answers と比較すると，ほとんどの質問は最初の 10 分以内で回答を得ることはなく，また Facebook に発行された質問では 15 分以内に回答を得た質問は 15.7%にしか過ぎないという結果が報告されている．Aardvark の回答は質もよい．図 10.8 に回答が返ってくるまでの時間の分布を示す．縦軸は回答を得た質問の数を表し，横軸は回答を得るまでの時間である．

10.3.3　ソーシャルサーチのモデル

　Aardvark を参照しつつ，ソーシャルグラフと個人のプロファイルを拠り所にした，**ソーシャルサーチのモデル**を示す．モデル化は統計的に行う．つまり，発行された質問をどの回答者にお願いするべきか，その選択を統計モデルに従って決める．このとき，どのような統計モデルを使うかが，まず問題になる．Aardvark の開発者は次のように考えた：ある**質問者**（asker）がある質問を発行する．これは事実だから観察されるデータである．システムの目的はこの質問に最も適切に回答できる**回答者**（answerer）を見つけることである（厳密には，回答者ではなく回答候補者である．なぜならば Aardvark では回答者とされた者がまず初めのインタラクションの段階で「忙しい」（busy）との理由で

10.3 ソーシャルサーチ

回答を断ることができるからである).回答者は質問者を含む Aardvark のソーシャルグラフのノードの1つ(あるいは複数)である.しかし,これだけではあるユーザからある質問が発行された時に,その質問に最も適切に答えられる(他の)ユーザを回答者として見つけ出すことはできない.そこで,この穴を埋めるために,**潜在変数**(latent variable,あるいは hidden variable ともいう)を導入して,問題解決にあたる.その潜在変数が**トピック**(topic)である.ここでトピックとは,発行された質問は一般に自然言語による文書なので,その文書から抽出されるトピックである.たとえば,質問が「何かお薦めの映画ない?」とか「夕食,どこがいいかな?」であれば,トピックはそれぞれ「映画」や「レストラン」であろう.一方,(前述したように) Aardvark は自己申請や友人からの情報に基づいて新規ユーザが一定レベル以上の知識や経験を有しているトピックをそのユーザに索引付けしているから,質問から抽出したトピックを介して,適切な回答者を見つけ出すことが可能であろう.しかし,ソーシャルサーチを掲げる Aardvark の興味深いところは,トピックを介して候補となった回答者なら誰でもよいのか? という点に対して,いやそうではない,質問者に興味などが一致していて,かつその人との関係が近い(intimate)友人の方がきっとより適切な回答を与えてくれるであろうことをも,その統計モデルに組み入れている点である.したがって,Aardvark は基本的に**確率的潜在意味解析**(probabilistic latent semantic indexing)という統計モデルの手法に従い,次のようにして適切な回答者を見つける:

[第1段階] 質問者から質問 q が発行されたとする.その与えられた質問 q に対して,ユーザ u_i が(有している知識を基に)成功裏に答えられる確率 $p(u_i \mid q)$ は次の通りである:

$$p(u_i \mid q) = \sum_{t \in T} p(u_i \mid t) p(t \mid q)$$

ここに,T をトピックの集合とするとき,$p(t \mid q)$ は潜在変数であるトピック t が発行された質問 q についてである確率,そして $p(u_i \mid t)$ はユーザ u_i がトピック t について成功裏に答えられる確率,である.

[第2段階] この段階で注意するべき点は,(ソーシャルサーチなので)どんな質問が発行されたかとは関係なく,質問者と回答者間の**社会的つながり度**(social connectedness)と**プロファイルの類似度**(profile similarity)に基づいた(質

問とは独立な）回答の成功確率を考慮して，回答者の選出にあたるという考えである．そこで，ユーザ u_i がユーザ u_j に，質問に関係なく，満足した回答を与えられる確率を $p(u_i \mid u_j)$ と表すことにする．

では，社会的つながり度やプロファイルの類似度はどう表すのか？　これについては，Aardvark の論文にはその記載がないので，本節ではそれらを次のように定義して，論を進めることにする：

- 社会的つながり度：　$sc(u_i \mid u_j)$ で回答者 u_i と質問者 u_j の社会的つながり度を表すとする．これは Aardvark が生成して保持するソーシャルグラフを用いて算出する．たとえば，u_i が u_j の直接の友人であれば 1，友人の友人であれば 1/2，友人の友人の友人であれば 1/3··· と設定することも考えられるし，u_i が u_j の直接の友人であれば 1，友人の友人であれば 1/2，友人の友人の友人であれば 1/4，··· と定義することも考えられる．あるいは，親密さの度合いが友人（の友人（の友人···））を隔てることによって弱まっていく関数が知られているのならば，それに従って決めればよい．
- プロファイルの類似度：　これを $ps(u_i \mid u_j)$ と表すとする，これは回答者 u_i のプロファイルを P_i，質問者 u_j のプロファイルを P_j としたとき，$|P_i \cap P_j| \div |P_i \cup P_j|$ と計算されるとする．ここに $\cap$ は共通集合演算，$\cup$ は和集合演算，$|P|$ は集合 P の濃度（cardinality）を表すとする．また $P_i = \{t \mid t \in T \land u_i\text{はトピック } t \text{ に対して一定レベル以上の知識や経験を有している}\}$ とする（P_j についても同じ）．
- 社会的つながりとプロファイルの類似性は独立と仮定すれば，$p(u_i \mid u_j) = sc(u_i \mid u_j) \times ps(u_i \mid u_j)$ と計算される．

[第 3 段階]　第 1 段階と第 2 段階で計算された確率から，オーバーオールな評価関数（scoring function）を次のように定義する：

$$s(u_i, u_j, q) = p(u_i \mid u_j) \times p(u_i \mid q)$$
$$= p(u_i \mid u_j) \sum\nolimits_{t \in T} p(u_i \mid t) p(t \mid q)$$

つまり，回答者の順位付け問題のゴールは，ユーザ u_j からの質問 q が与えられた時，$s(u_i, u_j, q)$ を最大化するユーザ u_i のランク付けリスト（ranked list）を提示すればよいことが分かった．

10.3.4 ソーシャルサーチの計算例

ソーシャルサーチがどのように行われていくのかを，上記のモデルに従って，小さいながらも例を吟味することで，より理解を深めることができればと考え，簡単な計算例を示す．この例を見て，ソーシャルサーチの評価関数に取り込むべき他のファクターや改良点などを思いあたることがあったとしたら，それは大いなる収穫でもあろう．

さて，Aardvark のような仕組みで動くソーシャルサーチがあったとし，質問者（asker）とその友人関係，および各人のプロファイルを表すソーシャルグラフは図 10.9 で表されている通りとしよう．以下の問いに答える形で，回答（候補）者がどのように見つけられていくのか追ってみよう．なお，この例では，回答者 u_i と質問者 u_j の社会的つながり度 $sc(u_i \mid u_j)$ は直接の友人であれば 1，友人の友人であれば 1/2，友人の友人の友人であれば 1/3 という具合に仮定する．

(問 1)　$p(Movie \mid q)$ の値はいくつか？

(解答)　質問 q は「面白い Movie は？」なので，トピックは $Movie$ のみとなるから，q が与えられたとき，$Movie$ が q についてである確率である $p(Movie \mid q)$ の値は「1」である．

(問 2)　$p(u_1 \mid asker)$ の値はいくつか？

(解答)　$p(u_i \mid asker) = sc(u_i \mid asker) \times ps(u_i \mid asker)$ であるが，$sc(u_i \mid$

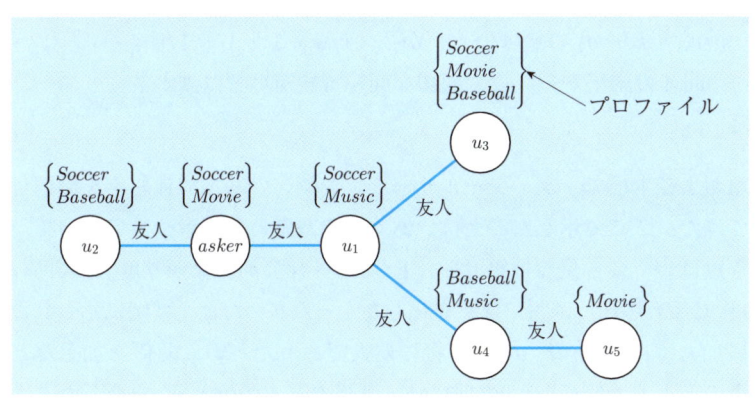

図 10.9　質問者の友人関係とプロファイルを表すソーシャルグラフ

$asker) = 1$, $ps(u_i \mid asker) = | \{Soccer\} | / | \{Soccer, Movie, Music\} |$
$= 1/3$ であるから，$p(u_i \mid asker) = 1/3$ である．

$p(u_2 \mid asker)$ の値はいくつか？ $1/3$

$p(u_3 \mid asker)$ の値はいくつか？ $1/2 \times 2/3 = 1/3$

$p(u_4 \mid asker)$ の値はいくつか？ $1/2 \times 0 = 0$

$p(u_5 \mid asker)$ の値はいくつか？ $1/3 \times 1/2 = 1/6$

(問3) $p(u_1 \mid Movie)$ の値はいくつか？

(解答) u_1 は Soccer と Music に対して一定レベル以上の知識や経験を有しているが，Movie についてはそうでない．したがって，値は 0 である．

$p(u_2 \mid Movie)$ の値はいくつか？ 0

$p(u_3 \mid Movie)$ の値はいくつか？ $1/3$

$p(u_4 \mid Movie)$ の値はいくつか？ 0

$p(u_5 \mid Movie)$ の値はいくつか？ 1

(問4) $s(u_1, asker, q)$ の値はいくつか？

(解答) 評価関数 $s(u_1, asker, q) = p(u_1 \mid asker) \times p(u_1 \mid q)$
$= p(u_i \mid asker) \sum_{t \in \{Movie\}} p(u_1 \mid t) p(t \mid q)$
$= p(u_1 \mid asker) p(u_1 \mid Movie) p(Movie \mid q) = 1/3 \times 0 \times 1 = 0$

$s(u_2, asker, q)$ の値はいくつか？ $1/3 \times 0 \times 1 = 0$

$s(u_3, asker, q)$ の値はいくつか？ $1/3 \times 1/3 \times 1 = 1/9$

$s(u_4, asker, q)$ の値はいくつか？ $0 \times 0 \times 1 = 0$

$s(u_5, asker, q)$ の値はいくつか？ $1/6 \times 1 \times 1 = 1/6$

(問5) 問4の結果から，最も適切な回答（候補）者は誰か？

(解答) u_5

前項および本項で，ソーシャルサーチエンジンの基本的仕組みを例題付で紹介してみた．ここで示したことは，あくまで基礎となる考え方であって，改良すべき点はいくつも見つけ出せる．1つは，「社会的つながり度」の計算法で，図 10.9 で与えられた例題では顕在化しなかったが，たとえば図に示された友人関係に加えて，asker と u_3 が直接の友人であったという関係を加えたとしよう．そのとき，asker と u_3 の間には，直接の友人関係と u_1 を介した友人の友人関係があることになる．したがって，社会的つながり度の計算に曖昧性が出

ることになる．この問題を解決するには，その計算には $asker$ と u_3 との「最短パス」を見つけて，それを使って計算をするというようにモデルを拡張しておく必要があるだろう．第 2 に，「プロファイルの類似度」である．その定義から分かるように，10.3.3 項で与えたモデルによれば，$asker$ とプロファイルの共通集合が「空」の人はその値が 0 になるから，それを計算した時点で回答者候補から外れる．「友人ならば共通の趣味は持っているでしょう」というのが与えたモデルの前提になっている．そういわれれば，納得できないわけではないが，改善の余地がありそうだ．つまり，このようにいうのには訳がないわけではない．たとえば，$asker$ と u_4 は共通のプロファイルを持たないからプロファイルの類似度は 0 である．しかし，$Soccer$ も $Baseball$ も共に $Sport$ である．このように考えれば $asker$ と u_4 のプロファイルの類似度は 0 ではない．つまり，プロファイルを構成しているトピック間に「概念階層」を導入してモデルを拡張することも考えられる．

このように，ソーシャルサーチエンジンについて本章で示した仕組みは，基本中の基本であると理解してほしい．今後，ここで書かれたことをベースにさまざまに発展させていくことによって，豊かなソーシャルサーチの世界が広がるだろう．

コラム　ウェブ上には 1 兆個のウェブページがある …

現在，世界中でどれだけの数のウェブページがあるのだろうか？ 正直，誰も分からない．Google 社はかつて 2004 年に，同社は 80 億に上るウェブページを収集し，主要なページについては，連日更新が行われていると公表したことがある．その後，2008 年 1 月に同社は公式ブログ (http://googleblog.blogspot.jp/2008/07/we-knew-web-was-big.html) で "We knew the web was big…" と題して，1998 年当時の Google index は 2600 万ページ，2000 年までに 10 億に到達，その後 8 年間で増え続け，最近，同社のシステムはウェブ上にユニーク URL (unique URL) を 1 兆 (= 1 trillion) 個見つけていると公表した．この数字は，一般に 1 枚のウェブページが複数の URL を持つことがあるので，そのような重複を取り除いた後の数字だという．また，ウェブページは日ごと数十億 (several billion) ページ増えていっているとブログしている．どう受け止めたらよいのだろう．

加えて，クローラが収集できる「表層ウェブ」ではなく，いわゆる「深層ウェブ」（deep Web）といって，クローラが収集できないウェブページが沢山ある．たとえば動的に生成されるウェブページ，リンクされていないウェブページ，あるいはサインイン（sign in）を必要とするウェブサイト内のウェブページなどである．深層ウェブのページの数は表層ウェブの何倍もあるというから，実際のところ，世界全体で何ページあるのだろうか，分からない．

世界中にウェブサイトはいくつぐらいあるのであろうか？　これについては，Netcraft 社が「Web Server Survey」を行って公表しており（http://news.netcraft.com/archives/category/web-server-survey/），2013 年 3 月調査では，調査に 631,521,198 サイトから返答を得たと報告している．ただ，これは調査に返答したサイトの数だから，氷山の一角かもしれない．それ以前の調査結果も定期的に報告されており，興味があれば同社のウェブページをアクセスするとよい．

ここに，**ユニーク URL** とは，ウェブページに固有（unique）な URL ということで，具体的には次のように説明できよう．つまり，ウェブブラウザであるウェブページを閲覧していたとしよう．そのとき，このブラウザのアドレスバー（address bar）に表示されている URL をコピーして，他のウェブブラウザを立ち上げて，そのアドレスバーにそれを張り付けて，同じ画面が表示されれば，それはユニーク URL である．往々にして，動的ウェブページとして生成された，たとえば，.asp，.jsp，.php で終わっているような URL はユニークでない可能性がある．

コラム　Aardvark 考

筆者は Aardvark を身近に感じたことがある．Aardvark が Google 社に買収され，その後そのサービスが停止される直前の 2011 年 9 月頃である．筆者の研究室の学生が（私の講義を聴いて）ソーシャルサーチに興味を持ち，卒論のテーマにしようとしていたからであった．当時，その学生は Facebook には入っていなかったので友人の友人というルートで回答が返ってきたわけではなかったが，少し小難しい数式の解法を教えてほしいと Aardvark にメールを出したのだという．すぐには誰も返事をくれなかったが，忘れかけた 1 週間ほど経った頃，インド人から回答が寄せられた．そんな経験であった．

Aardvark の開発者たちが，自分たちのアプローチを「村」パラダイム，Google

のような検索エンジンを「図書館」パラダイムと位置付けているのはとても面白い．まさしく，そうであると思う．知らない村に行って，そこの村の歴史に興味を持ったら，図書館でそれを調べようとするよりも，村長さんを訪ねて，挨拶をして，その村の歴史に詳しい人を紹介してもらうのが一番だろう．

ただ，村パラダイムと図書館パラダイムでは守備範囲は異なろう．したがって，何が何でもソーシャルサーチでいく，というのは賢明ではない．これはぜひ読者にも正面切って考えてほしい問題であるから，演習問題とするが，たとえば，出席を予定している国際会議のプログラムを知りたいなどという要求は，その国際会議の主催団体がそのために開いているホームページをググって見るのが一番だろう．しかし，その街でおいしいワインと食事をとれる素敵な店を教えて，などという質問はソーシャルサーチの方がより関連度の高い回答を得られるかもしれない．

Aardvark が機能するには，SNS とユーザが SNS に参加した時に登録したプロファイルの情報が必須であるが，SNS を考案した人たちは，まさかそれがこんな用途に使われるであろうことは，予想していなかったであろう．SNS に限らず，さまざまなソーシャルメディアの使われ方には，無限の可能性があるように思える．

演習問題

問題 1 ソーシャルサーチとは何か，理解したところを，要領よく記述しなさい．このとき，的確な例を挙げることができれば，それを用いて説明しなさい．

問題 2 ソーシャルサーチで検索した方が，従来のアルゴリズム的サーチで検索したより関連性の高い結果が得られると考えられる質問を3つ挙げ，なぜそう考えるのか，理由も示しなさい．

問題 3 Google の PageRank アルゴリズムは集合知を活用していると考えられるが，それはどういうことか，説明してみなさい．

問題 4 Aardvark のソーシャルサーチアルゴリズムは集合知を活用していると考えられるが，それはどういうことか，説明してみなさい．

問題 5 質問者の友人関係とプロファイルを表すソーシャルグラフは図 10.9 で与えられている通りとし，$asker$ が「Baseball のことを知りたい」と質問 q を発行してきたら，誰が1番の回答（候補）者になるであろうか答えなさい．もし，その候補者が回答を拒否した場合，次に回答候補者となるべき友人はだれか答えなさい．

問題 6 ソーシャルサーチにおいて，ユーザのプロファイルの記述のレベル，あるいは粒度にばらつきがあると考えられる．たとえば趣味を「スポーツ」と書く人もいれば，「テニス」と書く人もいるだろう．スポーツにはテニスだけではなく，サッカーもある．したがって，プロファイルに趣味を「サッカー」と書く人もいる．このとき，質問者が「良いテニスクラブを紹介してほしい」と質問したとしよう．趣味を「囲碁」と登録している人は，テニスのことは知らないだろうとしてよいように思うが，スポーツとかサッカーと書いている人はひょっとするとある程度テニスのことにも詳しいかもしれない．つまり，Aardvark の仕組みに，プロファイルの要素間に概念階層を導入すると，より関連度の高い回答者を見つけることができるかもしれない．このアイディアに基づき，ソーシャルサーチエンジンの仕組みを拡張してみなさい．

第11章 リコメンデーション

11.1 協調フィルタリング，評判システム，そして相関ルールマイニング

　本章では，リコメンデーション（recommendation）というタイトルのもとに，いわゆる推薦システムの典型と目されている協調フィルタリング，推薦システムとは多少毛色が異なるが評判システム（ユーザレビューサイト，あるいは単にレビューサイトというも同じ），そして，これまた前2つとは毛色が異なるがデータマイニングの典型と目されてきた相関ルールマイニングを論じる．これらは，1990年代前半にその骨格が出来上がった概念であって，1991年をもってその元年とするウェブ時代の到来と時を同じくして生まれた経緯はあるものの，2000年代中頃の**スロウィッキー**（James Michael Surowiecki）の**群衆の英知**により認知された集合知の活用が強く認識された頃より10年以上も前である事実が物語るように，ブログやSNSやTwitterといったウェブ時代の寵児でもない．しかしながら，それらが行っていることの本質を再考してみると，それらはそれぞれに性格は異なるものの，「群衆の英知」が直接あるいは間接的にかかわり，民主的意思決定を行っている，あるいはそのように解釈できるという点で共通している．特段にソーシャルコンピューティングを意識して開発されたわけではなかったが，これらが行っていることは，明らかにその範疇に入っていると考えられる．これらの民主的意思決定により，購入者であったりレビューアであったりする一般大衆は，推薦やレビュー結果，あるいはデータマイニングの結果にその行動が大きな影響を受けている．つまり，これらのシステムや仕掛けのもとで，我々一般大衆は商品を購入したり，あるいはサービスを享受した場合に，我々がとった行動は，たとえば購入履歴として（間接的に）推薦システムやデータマイナーにより取得・分析されて，その結果に基づいた推薦により，翻って我々の購入活動に変化をもたらすかもしれないということである．同様なことは，我々が評判システムのもとで，顧客として

商品やサービスに対して順位付け（ranking）したり，あるいはレビューを書いたりした結果に，我々は翻(ひるがえ)って何らかの影響を受けている．さらに，次のような点に注意することも意味がある．すなわち，推薦システムや相関ルールマイニングはちょうど Google Search の PageRank アルゴリズムがウェブマスター達が付与したウェブページ間のリンクの情報を利用して SERP（Search Engine Results Page）を計算することに類似しているし，ユーザレビューで蓄積されるレビューの総体はいわゆるブロゴスフィア（blogosphere）やツイッタスフィア（Twittersphere），あるいはウェブ上の集合知の典型と考えられている Wikipedia に通じるものがある．

このように考えると，スロウィッキーの言った集合知と，集合知としての群衆の意思決定がうまく機能する条件として挙げられた3つの条件：意見の多様性，独立性，分散性，とそのような意見の集約メカニズムを考えたときに，推薦システムでは（意見の多様性，独立性，分散性に富む）ユーザが何を買ったかという購入履歴をユーザの「意見」と捉えれば，ユーザの購入履歴を分析して新規ユーザに商品を推薦する仕組みはまさしくスロウィッキーのいう**集約メカニズム**にあたっていると考えられる．相関ルールマイニングも同様である．Wikipedia 構築のベースとなっている Wiki クローンの1つである（Wikipedia のために開発された）MediaWiki はウィキペディアン達が編集し投稿してくるさまざまな記事を取りまとめるための集約メカニズムであり，レビューサイトはさまざまなレビューをまとめ上げて1つの集合知を形成させているという意味で，そのサイトが有するこのための機能も集約メカニズムそのものであるといえる．

表現を少し変えれば，協調フィルタリング，評判システム，そして相関ルールマイニングで行われている一般大衆を巻き込んだ意思決定のなされ方は，まさしく第5章で示したソーシャルコンピューティングのモデル（図 5.2）に合っているし，オライリー流に表現すれば，これらのシステムでは「参加のアーキテクチャ」が実践されていたともいえよう．

11.2 協調フィルタリング

11.2.1 協調フィルタリングとは

考えてみれば，我々は，日々の暮らしで口コミや推薦状や新聞に掲載されている映画や本のレビューや，あるいはガイドブックに掲載されている調査記事など，他の人々の薦めなどに頼って生活していることが多い．この他人の薦めは，何か意思決定をする際に，さまざまな選択肢に対して十分に経験や知識を有していない場合に大変役に立つ．**推薦システム**（recommender system）とはこの大変自然な社会過程（social process，社会を構成する個人や集団の相互作用の過程）を手助けしたり，あるいは補強するシステムである．

さて，推薦システムの嚆矢は 1992 年に Xerox 社 PARC（Palo Alto Research Center）で開発された **Tapestry** といわれている（tapestry とはつづれ織り，の意味）．Tapestry は電子メールを仕分けするシステムで，そこで初めて**協調フィルタリング**（collaborative filtering）という言葉が使われた[76]．つまり，協調フィルタリングは，自分が読んだ文書が非常に面白かったとかそうでなかったとかいった反応を人々が記録し合うことによって，文書（＝メール）のフィルタリングを可能とするために，人々がお互いを助け合うべく協調するということを，単純に意味すると定義されている．

したがって，協調フィルタリングを**ソーシャルフィルタリング**（social filtering）と呼んでもよい．

推薦システムについては，その後いくつものシステム開発や理論が報告され，専門書も数多く出版されている．したがって，推薦システムの全貌を俯瞰したり，解説したりすることが本章の狙いではない．集約メカニズムのもと，人々が協調して意思決定や行動を起こすという本来ソーシャルコンピューティングが目指している姿の一典型を推薦システムが実現しているという意味で，そこに焦点を当てて議論を展開する．

11.2.2 協調フィルタリングのモデル

一般に，推薦システムが用いる手法は次のように分類される．
(a) 内容ベースフィルタリング

(b) 協調フィルタリング
 ① 記憶ベース協調フィルタリング
  (ア) ユーザベースアプローチ
  (イ) 品目ベースアプローチ
 ② モデルベース協調フィルタリング
(c) 内容ベース・協調混合フィルタリング

　内容ベースフィルタリング（content-based filtering）は，文字通り推薦するか推薦しないかを，対象となった電子メールや文章の内容を分析して決める．分析の条件は，ユーザが明示的・直接的に指定するように設計する場合もあるだろうし，そうではなく，たとえばユーザプロファイルを自動的に取得して，ユーザの嗜好を抽出し，それと特徴がマッチする文書や品目（item）を推薦する，というような暗示的・間接的な方法もある．たとえば，ユーザが好みの俳優とジャンルに基づきかつて購入し評価した品目（たとえば DVD）を与えると，類似度を計算するプログラムが動き，好みの俳優とジャンルの他の人気のある DVD を推薦してくれる．

　一方，**協調フィルタリング**（collaborative filtering）は，多数のユーザの存在を前提とする．これは内容ベースのアプローチと全く異なるところであるし，それがゆえに集合知の1つの活用形態として取り上げられるべき事例である．

　さて，協調フィルタリングは更に**記憶ベース協調フィルタリング**（memory-based collaborative filtering）と**モデルベース協調フィルタリング**（model-based collaborative filtering）という2つの手法に分かれる．記憶ベース協調フィルタリングはユーザの行動や評価をそのままデータベースに「記憶」し，その記憶された「生のデータ」に基づき，ユーザ間の類似度をベクトル計算して，ユーザの評価を予測し，推薦する．一方，モデルベース協調フィルタリングはユーザの行動や評価を前処理し，処理結果や機械学習した結果得られる「数学モデル」により，ユーザの評価を予測し，推薦する．内容ベースと協調フィルタリングを混合するとそれぞれの弱点を克服できるとする報告もあるが（たとえば，推薦システム Fab），本書ではこれ以上踏み込まない．

　本節では記憶ベース協調フィルタリングを取り上げるが，それはさらに「ユーザベースアプローチ」（user-based approach）と「品目ベースアプローチ」（item-based approach）の2つに分類される．しかし，考え方としては，当初ユーザ

ベースアプローチがあり，そこでの問題点を解決するために品目ベースアプローチが考案された経緯からして，まずは「ユーザベースの記憶ベース協調フィルタリング」を見てみることから始める．

なお，英語で item を本書では**品目**と訳しているが，流通業界では，サイズ，色は異なっても同じ素材，同じスタイルであれば同一品目として管理される．集合単品ともいう．品目を色・サイズ別で管理することを単品管理という．単品とはこれ以上分けられないところまで分類したもので絶対単品ともいう（流通用語辞典：http://www.jericho-group.co.jp/dic_ryutu/dic_main_r.htm）．

11.2.3 ユーザベースの記憶ベース協調フィルタリング

「ユーザベースの記憶ベース協調フィルタリング」(user-based approach of memory-based collaborative filtering)，以下，単に**ユーザベース協調フィルタリング**という，の基本的考え方は，もしユーザ A（Alice としよう）とユーザ B（Bob としよう）が過去に非常に似た購入履歴を持っている場合，もし A が（まだ B は購入していない）ある品目を購入した場合，B にそれを推薦することは合理的であると考えることにある．もう少し，フォーマルに述べれば，もしユーザ A と B が n 個の品目に類似の順位付け（rating），あるいは類似の行動，たとえば購入したり（buying），見たり（watching），あるいは試聴したり（listening）したら，他の品目についても同じような順位付けや行動をするだろうと考える．

このタイプの推薦システムの代表例はミネソタ大学が 1990 年代中頃に開発した **GroupLens** である[77]．GroupLens とは，ウェブが誕生する 10 年も前に誕生したインターネット上の討論サイト（discussion site）である **Usenet** のニュース（読んだり投稿したりするメッセージのこと）をユーザが明示的に 5 段階に評価し，それに基づきニュースを推薦するシステムである．

ここで，一般に評価の仕方について述べれば，2 つの方法がある：

① 明示的評価

たとえば，ユーザ u_i は品目 i_j に対して 1～5 のスケールで評価項目に対して明示的・直接的に評価値を与える（たとえば，カメラについては，デザイン，画質，操作性，バッテリー，携帯性，機能性，液晶，ホールド

感について5段階で評価する）．

② 暗黙的評価

たとえば，ユーザ u_i は品目 i_j を購入したのかしなかったのか，あるいは，ユーザ u_i は e コマースのウェブページを見ていて，リンクの張られた広告（この場合，これが品目 i_j になる）をクリックしてその企業のホームページにアクセスしたか（click-through），しなかったか，というようなユーザの行動から暗黙的・間接的に取得できる2値のデータを評価値とする．

図11.1 に GroupLens のニュースを明示的に5段階に順位付けするためのインタフェースを示す．

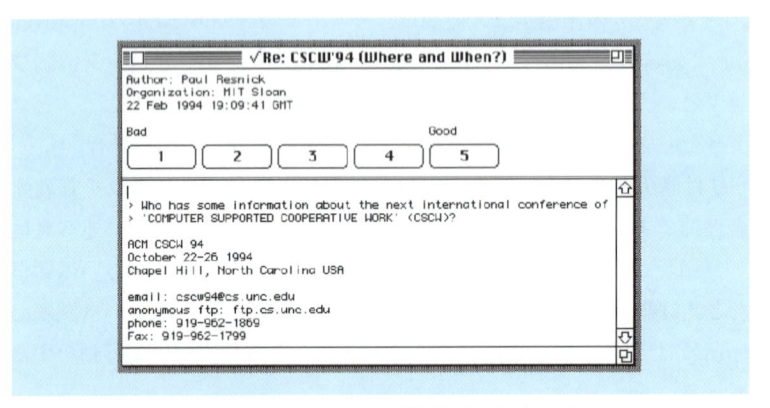

図 11.1 GroupLens のニュース順位付けのためのインタフェース

さて，GroupLens の推薦の仕組みをより詳しくフォーマルに述べてみよう．$I = \{i_1, i_2, \ldots, i_m\}$ を m 個の品目（GroupLens の場合，ニュース）からなる集合とする．$U = \{u_1, u_2, \ldots, u_n\}$ を n 人のユーザからなる集合とする．$R = (r_{ij} \mid i \in \{1, 2, \ldots, m\}, j \in \{1, 2, \ldots, n\})$ は評価行列で，品目 i_j に対するユーザ u_i の順位（rank）である（GroupLens の場合，明示的に1〜5の値）．

ここでより具体的に GroupLens の評価値予測の計算例を与えよう．そこで，メッセージ群に対して，Ken, Lee, Meg, Nan が図 11.2 に示すような評価をしているとしよう．このとき，メッセージ6を Ken と Nan はどれくらい気に入ってもらえるのか，それを読んだ他の人々の意見に基づいて予測したい．な

11.2 協調フィルタリング

お，順位が空白のところは，まだそのニュースを読んでいないか，あるいは順位付けしたくなかったかである．また，この予測は，同じニュースグループのニュースについては，人々が一旦下した評価はその後もそんなに変わらないようだ，という**経験則**（heuristics）に基づいている．

message #	Ken	Lee	Meg	Nan
1	1	4	2	2
2	5	2	4	4
3			3	
4	2	5		5
5	4	1		1
6	?	2	5	?

図 11.2　評価のサンプル行列

では，その経験則をどのように実装していくのか．そのための相関関係と予測のテクニックを Ken のメッセージ 6 に対する評価値を予測することで示してみる．そのために，Ken と他者とどの程度意見を同じくする傾向にあるのかを，両者が共に順位付けをしている値を使って，**相関係数**（correlation coefficient）として計算してみる．たとえば，Ken と Lee の相関係数は次のように計算される：

$$\gamma_{KL} = \frac{Cov(K,L)}{\sigma_K \sigma_L}$$

$$= \frac{\sum_i (K_i - \overline{K})(L_i - \overline{L})}{\sqrt{\sum_i (K_i - \overline{K})^2}\sqrt{\sum_i (L_i - \overline{L})^2}} = \frac{-2-2-2-2}{\sqrt{10}\sqrt{10}} = -0.8$$

ここで，$Cov(K,L)$ は K と L の**共分散**（covariance），σ_K は K の**標準偏差**（standard deviation），$\overline{K}$ は K の**相加平均**（arithmetic average）を表す．具体的には $K = (1,5,2,4)$, $L = (4,2,5,1)$, $\overline{K} = \{1+5+2+4\}/4 = 12/4 = 3$, $\overline{L} = \{4+2+5+1\}/4 = 12/4 = 3$ と計算される．同様に計算して，Ken と Meg の相関係数は：$\gamma_{KM} = +1$, Ken と Nan の相関係数は：$\gamma_{KN} = 0$ と計算される．すなわち，Ken は Lee とは意見が合わず，Meg と意見が合う傾向に

あることが分かる．Ken の評価と Nan の評価には相関関係はない．

次に，Ken のメッセージ 6 に対する評価を予測してみる．そのために，次の式で，メッセージ 6 に対するすべての評価値の**加重平均**（weighted average）をとってみる：

$$K_{6_{pred}} = \overline{K} + \frac{\sum_{J \in raters} (J_6 - \overline{J}) \gamma_{KJ}}{\sum_J |\gamma_{KJ}|}$$

$$= 3 + \frac{2\gamma_{KN} - \gamma_{KL}}{|\gamma_{KN}| + |\gamma_{KL}|} = 3 + \frac{2 - (-0.8)}{|1| + |-0.8|} = 4.56$$

Ken と類似度が高い（相関係数が 1）Meg が評価値 5 を付けているために，$K_{6_{pred}} = 4.56$ という大きな値になった．また，上の式の第 2 項の総和は評価者（raters）でとっている（*pred* は prediction，予測の意味）．4.56 という値は，メッセージ 6 が過去に Ken と意見を同じくした者から高い評価をもらい，そうでなかった者からは低い値をもらっていたから，Ken にとって妥当である．Nan に対して同様な計算を行うと，3.75 という値になる．つまり，Nan は過去において Lee と一部意見を同じくしたが，Lee のメッセージ 6 に与えた低い評価値が Meg が与えた高い評価値を打ち消している．これが，GroupLens の評価値予測の例である．

ここで，ユーザベース協調フィルタリングを適用しようとした場合の問題点を示す：まず，上記がうまく動作したのは，Ken を始め 4 人が過去にそれなりにメッセージを読み，評価をしていたから，（新しく到着した）メッセージ 6 に対する評価値を予測できたのである．表現を変えると，新参者の Alice がやってきたとしよう．Alice はまだどのメッセージにも評価をしていない，つまり過去のメッセージに対して何も評価を下していないので，他者との類似度の計算が成り立たず，メッセージ 6 に対しての評価予測は不可能である．次に，ユーザの数 n がどんどん大きくなっていった場合，$_nC_2$ 個の組み合わせで相関係数を算出しなければならず，計算時間が大きくなり，推測・推薦のためのコストがかかりすぎることになる．また，ユーザごとの評価データの記憶のためにデータベースが大きくなりデータの管理コストが大きくなることも指摘できる．後半で述べた懸念は，ユーザ数が数千万，品目（item）数が数百万になるような e コマースの Amazon.com のような場合に果たして有効な推薦を行えるのか？という現実的な問題点を引き起こす．実際，「ユーザベース」でそれを行うこと

は現実的ではなく，その解決策として次に述べる「品目ベース」の記憶ベース協調フィルタリングが誕生した．

11.2.4 品目ベースの記憶ベース協調フィルタリング

品目ベースの記憶ベース協調フィルタリング (item-based approach of memory-based collaborative filtering)，以下，単に**品目ベース協調フィルタリング**という，とは何か，それが上述のユーザベース協調フィルタリングとどういう関係になっているのか，あるいは何が本質的に違うのか，議論しよう．

実は，この手法は，前述のユーザベース協調フィルタリングの問題点を解決するために Amazon.com が考案・実装した手法で，2001 年には US 特許を取得し，2003 年には学術論文としてその手法の一端が公開されている[78]．本節はその論文に則り仕組みを示すが，Amazon.com の推薦システムは実際これで動いている．

まず，**Amazon.com** がその論文で，e コマースの推薦アルゴリズムは次のよう挑戦的な環境で稼働しなければならないと指摘していることを示しておきたい：

- 大規模小売り業者は巨大な量のデータ，何千万もの顧客，そして何百万もの別個のカタログ品目を持ってよう（実際，Amazon.com の顧客数は 2900 万以上，品目の数は数百万と，当時の論文で述べている）．
- 多くのアプリケーションが，高品質の推薦結果が，リアルタイムで，（それが難しければ）0.5 秒以内に返されることを要求する．
- 新規顧客は，ほんの少数の購入あるいは製品評価しかしていない極端に情報の少ないのがほとんどである．
- 古参顧客は（過去の）何千もの購入と評価に基づく過剰な程に大量の情報を持つことがある．
- 顧客データは揮発性である：顧客とのやり取りの 1 つ 1 つが価値ある顧客データを提供するので，推薦アルゴリズムはこの新しい情報に直ちに応答しなければならない．

換言すれば，Amazon.com の品目ベース協調フィルタリングはこれらの問題点を解決せんがために考案された．それを簡素で的確な例題を挙げて説明することから始める．

Amazon.com のこの方式は，ユーザの購入履歴から同時に注文される 2 つの品目間の割合を類似度として予め計算しておき，商品 X を注文した人にそれと最も類似度の高い商品 Y を推薦することを目指す．そこで，いま仮に，表 11.1 に示される顧客の購入履歴があったとして，品目ベース協調フィルタリングがどのようなものなのか，次のように議論を進めてみよう．表 11.1 は太郎ら 6 人の顧客の購入履歴である．この表の読み方であるが，Amazon.com は推薦システムを構築するにあたり，「同時に購入される品目」という概念で顧客の購入履歴を分析しているので，「顧客が 1 回の注文で購入した商品を表す」と考える．これは，データマイニングで相関ルールを議論する際の「トランザクション」に相当する．

表 11.1 顧客の購入履歴

顧客＼品目	A	B	C	D	E
太郎	1		1	1	
次郎		1	1		
健太		1		1	1
花子	1		1	1	
桃子	1		1		
かほり		1	1		1

行：顧客　列：品目　行列の値 1 は購入したことを表す

さて，Amazon.com は「この商品を買った人はこんな商品も買っています」とか「この商品をチェックした人はこんな商品もチェックしています」というように商品を推薦したい．しかし前項で述べたユーザベースのアプローチには問題がある．そこで考案されたのが，品目ベース協調フィルタリングであった．品目ベースアプローチでは，ユーザの情報を隠すために次のように考える．まず，「この商品を買った人はこんな商品も買っています」といいたいわけであるから，表 11.1 を基にして，表 11.2 に示す表を作成する：

11.2 協調フィルタリング

表 11.2 セットで購入された品目の組合せの度数

同時購入品目＼品目	A	B	C	D	E
A	—	0	3	2	0
B	0	—	2	1	2
C	3	2	—	2	1
D	2	1	2	—	1
E	0	2	1	1	—

行：同時に購入された品目　列：購入された品目

ここに，列は上記の5品目を表し，行はその品目と同時に購入された品目を表し，行列の値は同一ユーザにより同時にセットで購入された品目の組合せの度数を表す（対角線上には値を入れる必要はない）．

次に，各品目の組合せの度数の総和をとり，セットで購入された品目の割合を計算し，その値を記入して表 11.3 を作成する（対角線上に値は入らない）．

表 11.3 セットで購入された品目の割合

同時購入品目＼品目	A	B	C	D	E
A	—	0	3/8	1/3	0
B	0	—	1/4	1/6	1/2
C	3/5	2/5	—	1/3	1/4
D	2/5	1/5	1/4	—	1/4
E	0	2/5	1/8	1/6	—

行：同時に購入された品目　列：購入された品目

さて，上で作成した表 11.3 を基に，推薦リストを作成すると，表 11.4 のようになる（ここでは，値を小数点第1位を四捨五入して，％で表している）．したがって，新規であるか購買歴があるかを問わず，顧客が品目 A を注文したとき，「この商品を買った人はこんな商品も買っています」というメッセージのもとに，Amazon.com は商品は C をまず推薦する．以上が，Amazon.com の品目ベース協調フィルタリングの骨格である．

表 11.4　推薦リスト（の 1 部）

品目	推薦品目	推薦の度合（％）
A	C	60
A	D	40
B	C	40
B	E	40
B	D	20
...		

　ここで，もう 1 度品目ベース協調フィルタリングがうまく稼働する状況を再考しておく．表 11.1 に示される顧客の購入履歴から表 11.4 に示されるような推薦リストができてしまえば，新規顧客の注文状況に即応して，その顧客に最も売れ筋の品目を推薦することは，いわゆる**表参照**（table lookup）でできることなので，瞬時に行える．また，データ量を商品ごとの関連性に抑えることで推薦に係る処理コストの削減が図れるから，低価格のサービスを安定的に供給できることとなる．これらは品目ベースアプローチの利点である．

　品目ベース協調フィルタリングの問題点としては次を指摘できる．顧客の注文や品目は時間の経過と共に，時々刻々変化していくので，推薦リストもそれに応じて計算し直していかねばならない．いうまでもないが，顧客数や品目数がとても大きいと，顧客の購入履歴から推薦リストを算出するのにはそれなりの時間がかかる．また，この計算を新規顧客の注文が舞い込むたびに行っていたのでは，システムとして明らかに即応性に欠けよう．したがって，問題は，いつどのようなタイミングで推薦リストを更新していくかである．一定間隔，あるいは購買データが一定数増加した時点で，定期的に推薦リストを別途計算する必要がある．更に，商品をセットで購入する顧客が少ない場合，推薦が困難になったり，推薦の精度が悪くなる．また，当然のことながら，誰もが購入するような人気の高いアイテムに推薦が偏ることになる．逆にいえば，大多数の顧客の購入履歴を基に品目間の関連性を分析しているために，レアな商品を購入した顧客の購入履歴が推薦に影響することがほとんどない．ユーザベース協調フィルタリングと違って，顧客情報は隠され，計算過程に入ってこないので，パーソナライズされた推薦というわけにはいかない．逆にいえば，推薦は e コマースを顧客ごとにパーソナライズすることが目的とするならば（たとえば，新しく母親となった顧客に赤ちゃんグッズを推薦する），そのような推薦システムの推

薦エンジンとしては適しているとはいい難い．しかしながら，Amazon.com の推薦システムはオライリー（Tim O'Reilly）の言葉を借りれば，**参加のアーキテクチャ**に基づいた集合知活用の典型例として取り上げるに十分魅力的である．

11.3 評判システム

評判システム（reputation system）を一言で定義するのは難しいが，最も典型的な例はオンラインオークションウェブサイト（online auction web site，以下，**オークションサイト**）であろう．米国では eBay，日本では **Yahoo! オークション**（ヤフオク）がよく知られている．そこではさまざまな品物がオークションにかかり，売買が成立している．そのとき，売り手（＝出品者）は買い手を，買い手は売り手を評価して，それがオークションサイトに記録され，オークションサイトの訪問者はそれを閲覧することによって，売り手や買い手の信頼性を知る唯一の手がかりとなる．出品者を評価する仕方はさまざまであるが，ヤフオクでは評価欄で「非常に良い・良い・どちらでもない・悪い・非常に悪い」の 5 段階評価のいずれかを選択できる．そして，評価の理由や出品者の対応への感想などをコメント欄に入力できる．

レビューサイトも評判システムの一種であるといえる．さまざまなレビューサイトがあるが，たとえば，我が国では，「**食べログ**」や「**価格.com**」は典型的なレビューサイトである．Amazon.com は前節で述べた通り推薦システムで有名であるが，レビューサイトとしても知られている．評価の仕方であるが，たとえば，**食べログ**では，さまざまなジャンルの飲食店に対して，利用者が料理・味，サービス，雰囲気，CP（コストパフォーマンス），酒・ドリンクの 5 つの項目に対して 5 段階評価をし，システムはレビューア（＝評価者）の影響度や食通度を勘案して店に点数付けをする．また，レビューアは店の雰囲気やメニューなどに対するレビュー（＝**口コミ**，words of mouse）を書く．そのサイトの訪問客は評価値やレビューを参考にして，行くべき店を決める．より広い意味では，たとえば動画投稿共有サイトである **YouTube** での「再生回数」も評判を表している．さらに広い意味では，ブログや Twitter も評判システムの側面を持っている．実際，ブログや Twitter で「あのショップはひどい」と書かれれば，それは一気に広がり，皆が敬遠するところとなる．見方を変えれ

ば，評判システムは，**ユーザ発信型コンテンツ**（user generated content）のための一技術ともいえる．

評判システムの最大の問題点は，**信頼**（trust）である．2012年1月に，実際に食べログでは，いわゆる「やらせ」が発覚して大きな社会的問題となった．意図的に評判を上げようと投稿してくる者にその飲食店の利用者を装われてしまうと，それを見破ることはなかなか難しい．ヤフオク（Yahoo!オークション）では，落札価格をギリギリまで吊り上げて落札直前にスッと身を引く**吊り上げID**が実際にいて大きな問題となっている．残り時間が短い状況での行為であり，吊り上げてくる買人がどのような者かを瞬時にハンドルネームだけで見破ることは不可能に近く，これは詐欺罪に該当する犯罪行為であろう．

やらせや吊り上げIDなどは論外として，一般に**評判システムの信頼性**を向上するための手法が考えられないわけではないが，いざそれを実現するとなるとなかなか難しいようである．1つは，レビューアの数をできるだけ多くすることが考えられる．しかし，たとえ1件しか評価がなくてもそれが的確であった場合は，それ1つで十分な場合もある．信頼を獲得するためのもう1つの可能性は，いうまでもないことであるが，評判をどこまで可視化（visible）することができるかである．つまり，この評価はどこの誰が下したのか，その人は信頼に足る人なのか？ つまり，評判システムは単にレビューアの下した評価をそのまま集計したりリストアップするのではなく，過去の投稿歴や（できればプロファイルなども取得して）この者はどれほど信頼できるレビューアなのかを評価したデータを付記したり勘案した総合評価を行うことであろう．しかしながら，ウェブの世界はあくまで現実社会ではなく，**匿名性**（anonymity）がいとも簡単にまかり通るサイバースペースである．とどのつまりは，我々はこのような意味での「信頼の限界」を常に念頭に置きつつ，自衛するしかないのかもしれない．

11.4 相関ルールマイニング

11.4.1 データマイニングとは

データマイニングの典型として**相関ルールマイニング**を議論する．まず，マイニング（mining）の原義は採鉱，採掘といったことで，コンピュータサイエ

ンスの分野にこの用語が導入されたのは，1990年代初頭に遡る．Palomar Digital Sky Surveyプロジェクトに参画したファヤッド（Usama Fayyad, 当時，カリフォルニア工科大学）が天文データ（より具体的にはPalomar天文台が撮影した天球探索のためのディジタル画像データ）をマイニングして，新しい銀河を見つけようとした研究に始まる．それは一般には「データマイニング」と呼ばれるようになり，1994年にアグラワル（Rakesh Agrawal, 当時，IBM Almaden研究センター）らによりリレーショナルデータベースに格納されたビジネスデータから「相関ルール」(association rule) とそれを効率よく発見するアルゴリズムが発表されて，データベースや人工知能分野にまたがる新しい研究分野を拓いた．その後，相関ルールは，たとえば銀行だと貸付金が焦げ付かないために，どのような客なら貸し付けてよいのか，をそれまでの貸付データをマイニングして判断基準を求め，それが貸付を認めるか断るかを判断する機械的な拠り所として用いられることになったし，スーパーマーケットでは顧客の購入履歴をマイニングして，共に購入されやすい商品同士を顧客の利便性を考えて近くに陳列する，そうではなく顧客に店内をなるべく歩き回ってもらうために離れて陳列する，といった陳列場所の工夫の根拠とし，売上増に結び付けるための必要欠くべからざる道具となっている．以下，データマイニングの最も一般的な手法として知られている相関ルールについて，その定義や抽出のアルゴリズムを見ておく．

11.4.2 バスケット解析と相関ルールマイニング

(1) 相関ルールとは

バスケット (basket) とは，スーパーマーケットで買い物をするときに，品物を入れるために使う店が用意しているプラスチックや金属の「買い物かご」のことをいう．客は購入する品の入ったバスケットをレジに持ってきて清算する．**バスケット解析** (basket analysis) とは，バスケットにどのような商品が入っていたかを分析して，顧客の購買に関してさまざまな情報を得ようとすることをいう．その典型が「相関ルールマイニング」あるいは「相関ルール抽出」である．

さて，バスケットに入れられてレジを通った顧客の一度の買い物を**トランザ**

クション (transaction) という．データベースでは障害時回復や同時実行制御を扱うためによく知られた用語であるが，原義は「取引」である．相関ルールマイニングの対象はトランザクションの集合，これを**データベース** (database) と呼ぶ，である．ここで，議論をフォーマルにしてみる．

$I = \{i_1, i_2, \ldots, i_m\}$ を m 個の品目 (item) の集合とする．$D = \{t_1, t_2, \ldots, t_n\}$ を n 個のトランザクションからなるデータベースとする．D の各トランザクション t_i は I の部分集合であり，各トランザクションはユニークなトランザクション識別子 (Transaction ID, **TID**) を付与されている．TID を付与する理由は，$t_i \subseteq I$ であるから，同様な買い物をする異なる顧客がいると，一般に $(\exists i, j)\ (i \neq j \wedge t_i = t_j)$ となるトランザクション t_i と t_j があるかもしれないので，それらを区別するためということである．

さて，X と Y を I の互いに疎な部分集合であるとする $(X, Y \subseteq I \wedge X \cap Y = \phi$ (空集合))．このとき，**相関ルール** (association rule) とは $X \Rightarrow Y$ なる形の**含意** (implication) をいう．X をこの相関ルールの**前提** (antecedent)，Y を**帰結** (consequent) という．

さらに定義を続ける．相関ルール $X \Rightarrow Y$ がデータベース D において**確信度** (confidence) $c\%$ で成立するとは，D のトランザクションの $c\%$ が X を含めば Y も含んでいる時をいう．つまり，X を購入した顧客のうち，$c\%$ が Y も同時に購入している．相関ルール $X \Rightarrow Y$ がデータベース D において**支持度** (support) $s\%$ で成立するとは，D のトランザクションの $s\%$ が $X \cup Y$ を含んでいる時をいう（ここに $X \cup Y$ は X と Y の和集合を表し，$X \cap Y = \phi$ とする）．つまり，$X \cup Y$ を購入していた顧客は全体のの $s\%$ である．相関ルール $X \Rightarrow Y$ の確信度と支持度をそれぞれ $c(X \Rightarrow Y)$ と $s(X \Rightarrow Y)$ で表す．

そこで，一般に，I と D が与えられ，X を品目集合とした時 $(X \subseteq I)$，品目集合 X の D に関する**サポート関数** $sup(X)$ を次のように定義する：

$$sup(X) = k/n$$

ここに / は割り算を表し，(n 個のトランザクションからなる) D 中の k 個のトランザクションが X を含んでいる．

そうすると，相関ルール $X \Rightarrow Y$ の確信度 $c(X \Rightarrow Y)$ は次のように定義される（%と比率は適宜換算のこと．以下同じ）：

$$c(X \Rightarrow Y) = sup(X \cup Y)/sup(X)$$

1つ注意しておけば，一般に，$X \subseteq Y (\subseteq I)$ とすれば，一般に $sup(Y) \leqq sup(X)$ である．また，$s(X \Rightarrow Y) = sup(X \cup Y)$ である．

(2) 相関ルールマイニング

トランザクションが与えられたとして，そこから相関ルールをマイニングするということは，単純にはどう考えるのか見てみる．原理原則を示すので，効率のことはここでは考えていない．そこで，品目 $I = \{A, B, C, D, E\}$ と表 11.5 に例示するデータベース $D = \{t_1, t_2, t_3, t_4\}$ があったとする．

表 **11.5** データベースの例

品目 TID	A	B	C	D	E
t_1	1		1	1	
t_2		1	1		1
t_3	1	1	1		1
t_4		1			1

行：TID（トランザクション識別子）　列：品目
行列の値 1 は購入したことを表す

さて，この例では，形式上，相関ルールの形をとり得るその個数は次式で与えられる：

$$\sum_{k=2,5}(({}_5C_k) \times (2^k - 2)) = \sum_{k=2,5}((5!/(k! \times (5-k)!)) \times (2^k - 2)) = 180$$

ここに，${}_5C_k$ は 5 個の品目から異なる k 個（$5 \geq k$）の品目を選ぶ組合せ（combination）の数を表す（老婆心ながら，$0! = 1$ である）．

つまり，形式上は 180 個，相関ルール $X \Rightarrow Y$ の形をとる $\{A, B, C, D, E\}$ の部分集合 X, Y があり得るということである．実際，$X = \{B, C\}, Y = \{E\}$ として相関ルール $\{B, C\} \Rightarrow E$ の確信度とサポートを計算してみると次のようになる．

$c(\{B, C\} \Rightarrow E) = sup(\{B, C, E\})/sup(\{B, C\}) = (2/4)/(2/4) = 1 = 100\%$，また $s(\{B, C\} \Rightarrow E) = sup(\{B, C, E\} \cup Y) = 2/4 = 50\%$ である．別の例として，$X = \{D\}, Y = \{E\}$ として，相関ルール $D \Rightarrow E$ を考えてみると，確信度 $c(D \Rightarrow E) = sup(\{D, E\})/sup(\{D\}) = (0/4)/(1/4) = 0/4 = 0\%$，

また支持度 $s(D \Rightarrow E) = sup(\{D, E\}) = 0/4 = 40\%$ である．つまり，この相関ルールは形式上あり得るが，実際には意味がない．

なお，上で，形式上，可能な相関ルールの総数について 1 例を示したが，一般的には次のようになる．一般に品目集合 $I = \{i_1, i_2, \ldots, i_m\}$ が与えられたとき，I 上で，形の上で可能な相関ルールの総数は次のように計算される：

$$\sum_{k=2,m} ((_mC_k) \times (2^k - 2)) = \sum_{k=2,m} ((m!/(k! \times (m-k)!)) \times (2^k - 2))$$

ここに，$_mC_k$ は m 個の品目から異なる k 個（$m \geq k$）の品目を選ぶ組合せの数を表す．さらに，$I' = \{i_{1'}, i_{2'}, \ldots, i_{k'}\}$ を選ばれた要素数が k の 1 つの部分集合とし，相関ルールを $X \Rightarrow Y$ としたとき（定義より，$X \cap Y = \phi$，$X \cup Y = I'$），I' で X を前提，Y を帰結とする相関ルール $X \Rightarrow Y$ の数は，$X = \phi$ および $X = I'$ の 2 つのケースを除いた I' のすべての部分集合が X になり得るから，$(2^k - 2)$ 通りある（$k \geq 2$ であることも必要）．したがって，可能な相関ルールの数について，上式が成り立つ．明らかに，この組合せの数は少なくとも指数オーダーになり，その組合せをすべて挙げへつらうことは（m が大きくなるにつれて）非現実的である．実際，$m = 5$ だと 180 であったが，$m = 10$ だと約 5700 となる．実際スーパーマーケットで扱う品目の数 m は数千から e コマースになると数百万にも及ぶというから，すべての可能な組合せに対して相関ルールとして相応しいかどうかのチェックを行うことは，非現実的であることは容易に理解できよう．したがって，効率の良いアルゴリズムが求められる．それを次節で紹介する．

11.4.3 Apriori アルゴリズム

さて，品目集合 I とデータベース D が与えられた時に，いかにして効率よく意味のある相関ルール見つけるか，よい方法はあるか？ この問題の解は，1994 年にアグラワルらにより与えられた．それは **Apriori** アルゴリズムと名付けられ [81]，それをここでは論じる．

効率よく重要な相関ルールを求めていくために，**相関ルール採掘器**（miner）に，マイニングする相関ルールが持つべき，**最小支持度**（minimum support, $minsup$ と書く）と，**最小確信度**（minimum confidence, $minconf$ と書く）を

指定する．すなわち採掘するべき重要な相関ルールはこれらの値より大きいか等しい支持度や確信度を持つべきとする．そうすると，問題は次のように整理される：

品目集合 I とデータベース D，および最小支持度 $minsup$ と最小確信度 $minconf$ が与えられている．

[下位問題 1]：$sup(X) \geqq minsup$ である I の部分集合 X（$X \subseteq I$）を求める．この条件を満たす品目集合（itemset）X を**頻出品目集合**（frequent itemset）あるいは大型品目集合（large itemset）という（アグラワルらの原著では大型品目集合）．頻出品目集合を効率よく求めるアルゴリズムが Apriori アルゴリズムである．

[下位問題 2]：頻出品目集合を使って，所望の相関ルールを求める．このためのアルゴリズムは直接的で，頻出品目集合を L とした時，L の真部分集合を J として（$J \subset L$），形式 $J \Rightarrow \{L-J\}$ が $minconf$ より大きいか等しい確信度を有する J をすべて求めればよい．つまり，$c(J \Rightarrow \{L-J\}) = sup(L)/sup(J) \geqq minconf$ である J をすべて求めるという問題である．

そこで，**Apriori** アルゴリズムを示す．なお，このアルゴリズムは，データベース D の各トランザクション t_i を構成する品目は辞書式順序（lexicographic order, たとえば ABC 順）でソート（sort, 整列）されているとする．また，品目集合の元の数をサイズといい，サイズ k の品目集合を「k-品目集合」という（この集合の元も辞書式順序でソートされているとする）．このとき，k-品目集合 d はその元 $d[i]$（$1 \leqq i \leqq k$）を使って，次のように表す：$d = d[1]\cdot d[2]\cdot\cdots\cdot d[k]$，ここに，辞書式順序関係を $<$ で表したとき，$d[1] < d[2] < \cdots < d[k]$ である．また，品目集合 d の（データベース D に対する）支持度は d に付随する関数 $count$ でもって，$d.count$ で与えられるとする（k-品目集合を d と小文字で書いているのは，次に示す Apriori アルゴリズムでは，k-品目集合自体が変数となるからである）．また，品目集合 d の支持度は，先に述べたように，「$sup(d) = k/n$，ここに（n 個のトランザクションからなる）D 中の k 個のトランザクションが d を含んでいる」がその定義であるが，D を与えたうえでの Apriori アルゴリズムのプログラミング上，$sup(d)$ を n 倍して得られる k そのものとし（つまり

トランザクションの数そのもの），最小支持度 $minsup$ も原義に n 倍した値として示されている点に注意したい（そのために，もちろん $d.count$ の初期値は 0 である）．

【Apriori アルゴリズム】

1) $L_1 = \{$ 頻出 1-品目集合 $\}$;
2)   **for** $(k = 2; L_{k-1} \neq \phi; k++)$ **do begin**
3) $C_k = $ *apriori-gen*(L_{k-1}); // New candidates
4)   **forall** *transactions* $t \in D$ **do begin**
5) $C_t = $ *subset*(C_k, t); // Candidates contained in t
6)   **forall** *candidates* $d \in C_t$ **do**
7) $d.count++$;
8)   **end**
9) $L_k = \{d \in C_k |\ d.count \geqq minsup\}$
10) **end**
11) $Answer = \cup_k L_k$;

この疑似プログラムを少し解説をすると，第 1 行目で，**頻出 1-品目集合** (frequent 1-itemset) の集合 L_1 を見つけて与える．これは品目集合 I の各元（＝品目）に対して，その支持度が $minsup$ より大きいかどうかをデータベース D を使って計算していけばよいので，直接的に計算できる．次に，第 2 行目以降であるが，k $(k \geqq 2)$ に対して，まず，L_{k-1} と *apriori-gen* 関数を使って，頻出品目集合を含む集合となるかもしれないという意味で「候補」となる品目集合の集合 C_k を計算する（$k++$ は $k = k + 1$，つまり k に k に 1 を加えた値を代入しなさいという意味）．*apriori-gen* 関数は本来別途定義されねばならないが，ここでは，「L_{k-1}，つまりすべての頻出 $(k-1)$-品目集合を入力とし，すべての頻出 k-品目集合からなる L_{k-1} のスーパーセット（つまり L_{k-1} を含む集合）C_k を返す関数である．第 4 行目からは，データベース D がスキャンされて，各トランザクションについて C_k 中の候補の支持度をカウントし加算していく．その結果，L_k が新たに得られる．この際に，*subset* 関数が使われるが，この関数は C_k の元のうち t に含まれるものだけを返す関数である．アグラワルらの原著では，*apriori-gen* 関数と *subset* 関数の効率のよい実装法が議

論されているが，ここでは省略する．

以上の説明を表 11.5 に示したデータベースを使って，例題で補うこととする．ここで，$minsup = 2$，つまり最小支持度は 2 トランザクション（つまり，50%）とする．

$L_1 = \{\{A\}, \{B\}, \{C\}, \{E\}\}$．ちなみに，$\{A\}, \{B\}, \{C\}, \{E\}$ の支持度はそれぞれ，2, 3, 3, 3 である．

ステップ 3) を $k = 2$ について実行して C_2 を得る．

$C_2 = \{\{A, B\}, \{A, C\}, \{A, E\}, \{B, C\}, \{B, E\}, \{C, E\}\}$

ステップ 4)〜8) を $k = 2$ について実行した後，ステップ 9) を実行して L_2 を得る．

$C_{t_1} = subset(C_2, t_1) = \{\{A, C\}\}$
　$\{A, C\}.count = 1$
$C_{t_2} = subset(C_2, t_2) = \{\{B, C\}, \{B, E\}, \{C, E\}\}$
　$\{B, C\}.count = 1, \{B, E\}.count = 1, \{C, E\}.count = 1$
$C_{t_3} = subset(C_2, t_3) = \{\{A, B\}, \{A, C\}, \{A, E\}, \{B, C\}, \{B, E\}, \{C, E\}\}$
　$\{A, B\}.count = 1, \{A, C\}.count = 2, \{A, E\}.count = 1,$
　$\{B, C\}.count = 2, \{B, E\}.count = 2, \{C, E\}.count = 2$
$C_{t_4} = subset(C_2, t_4) = \{\{B, E\}\}$
　$\{B, E\}.count = 3$

ステップ 9) を実行する．

$L_2 = \{\{A, C\}, \{B, C\}, \{B, E\}, \{C, E\}\}$．ちなみに，$\{A, C\}$, $\{B, C\}$, $\{B, E\}$, $\{C, E\}$ の支持度はそれぞれ（上述の計算通り），2, 2, 3, 2 である．

次に，ステップ 3) を $k = 3$ について実行して C_3 を得る．

$C_3 = \{\{A, B, C\}, \{A, B, C, E\}, \{A, C, E\}, \{B, C, E\}\}$

ステップ 4)〜8) を $k = 3$ について実行した後，ステップ 9) を実行して L_3 を得る．

$C_{t_1} = subset(C_3, t_1) = \phi$
$C_{t_2} = subset(C_3, t_2) = \{\{A, B, C, E\}, \{B, C, E\}\}$
　$\{B, C, E\}.count = 1$
$C_{t_3} = subset(C_3, t_3) = \{\{A, B, C, E\}\}$

$\{A, B, C, E\}.count = 1, \{B, C, E\}.count = 2$

$C_{t_4} = subset(C_3, t_4) = \phi$

ステップ 9) を実行する．

$L_3 = \{\{B, C, E\}\}$．ちなみに，$\{B, C, E\}$ の支持度は 2．

次に，ステップ 3) を $k = 4$ について実行しようとするが，L_3 が単一の元からなる集合なので，apriori-gen 関数が起動できないので，Apriori プログラムは停止する．そして，$Answer = L_2 \cup L_3 = \{\{A, C\}, \{B, C\}, \{B, E\}, \{C, E\}, \{B, C, E\}\}$ となる．

以上で，最小支持度 2 を有する相関ルール $X \Rightarrow Y$ の前提と帰結の和集合，$X \cup Y$ は $\{A, C\}, \{B, C\}, \{B, E\}, \{C, E\}, \{B, C, E\}$ であることが分かった．

ここからは，上述の [下位問題 2] が扱う問題となる．ちなみに，$Answer$ の各元に対して確信度を計算してみよう．すると，$\{A, C\}$ については $A \Rightarrow C$ を想定した場合，その確信度は 100%であり，$C \Rightarrow A$ を想定した場合，その確信度は 67%になる．$B \Rightarrow C$ および $C \Rightarrow B$ の確信度は共に 67%，$B \Rightarrow E$ および $E \Rightarrow B$ の確信度は共に 100%，$C \Rightarrow E$ および $E \Rightarrow C$ の確信度は共に 67%となる．そして $\{B, C, E\}$ については，$2^3 - 2$ 個（＝ 6 個）の相関ルールが考えられる．それらは，$\{B\} \Rightarrow \{C, E\}, \{C\} \Rightarrow \{B, E\}, \{E\} \Rightarrow \{B, C\}, \{B, C\} \Rightarrow \{E\}, \{B, E\} \Rightarrow \{C\}, \{C, E\} \Rightarrow \{B\}$ である．それらの確信度は計算するとそれぞれ，67%，67%，67%，100%，67%，100%である．

したがって，もし，最小サポートを 50%，最小確信度を 100%とすれば，$\{B, C\} \Rightarrow \{E\}$ と $\{C, E\} \Rightarrow \{B\}$ という 2 つの相関ルールがマイニングされたことになる．

なお，この相関ルールマイニングアルゴリズムが apriori と名付けられた所以であるが，アグラワルらの論文には何も記されていない．しかし，このアルゴリズムの特徴の 1 つに **apriori property** がある．それは，「頻出品目集合の任意の（非空）部分集合はまた頻出集合である」という性質で，これを apriori な性質であるといっている．ここに，apriori はラテン語の a priori から派生し，それは，原因から結果の，先験的な，事前の，といった意味である．また，この性質がゆえに，計算は収束する．

コラム　評判システム

　ウェブ社会で何が怖いか？　といわれて，一番怖いものはブログ（含む，マイクロブログ）と評判システムではないか．いわゆる新聞やテレビといったマスコミでは，大衆に何を伝え，何を伝えないか，伝えるとしてもどのように伝えるかなど，情報操作がふんだんに入るから，結局のところ真実が隠され，分からないことが往々にしてある．したがって，不信感がつのる．しかし，ブログでは一般大衆の生の声がそのまま世に出る．マスコミが隠した事柄でも，お構いなしに Twitter で流れる．Twitter をウオッチしていれば，ことの真相を把握しやすい．逆にいえば，これまで情報を握り操作してきたことで特権意識を持っていた連中の時代は終焉しつつある．

　評判システムでも同じことがいえる．レビューアの多くは歯に衣を着せず，ズバッと評価をしてくれる．レビューアは友人でも知人でもないが，心配していた点や，疑問点に関してレビューが見つかると，やはりそうだったのかと，妙に親近感を抱き，納得してしまう．レビューは現在多くのウェブサイトで掲載されているから，商品を選択する場合に最初に行うことはレビューサイトのチェックとなる．ただ，やはり現物を見ないで購入を決めない方が良い品物があるのも事実であるから，特に高価な品の購入には販売店に足を運ぶのも事実ではある．価格.com のような価格比較検索サイトのレビューは商品だけでなく取扱業者も評価対象になっているから，信用ある取引をして常に高い評価をキープしなければ，客足は遠のくこと間違いはない．

演習問題

問題 1 協調フィルタリングは推薦システムが用いる有力な手法の 1 つであるが，そこでの「協調」とはどのような概念か，具体的に説明しなさい．

問題 2 協調フィルタリングには記憶ベースとモデルベース，そして記憶ベースにはユーザベースと品目ベースアプローチに分類される．それぞれどのような働きにより何を推薦するのか，要領よく説明しなさい．

問題 3 記憶ベース協調フィルタリングの 2 つのアプローチ，ユーザベースアプローチと品目ベースアプローチの長所・短所を列挙して比較しなさい．

問題 4 図 11.2 の評価のサンプル行列を使って，Nan の message#6 の評価値を推定しなさい．

問題 5 協調フィルタリングは集合知を活用していると考えられるが，それはどういうことか，説明してみなさい．

問題 6 評判システムで，いつも極端に良い評価をする評価者や，極端に悪い評価をする評価者は問題である．そのような評価者を見つけるにはどのような手法が考えられるか，考察しなさい．たとえば，評価値を横軸として，度数を縦軸とし，度数分布を作成し，その両端に含まれる評価者 ID を分析するというような方法が考えられる．他にも考えられるが，考察しなさい．

問題 7 記憶ベース協調フィルタリングのアイテムベースアプローチと相関ルールを用いた推薦では何がどう違ってくるか，協調フィルタリングにおけるユーザの購買データを相関ルールにおける顧客のトランザクションと見なして，比較してみなさい．

第12章

ウェブマイニング

12.1 社会的表象としてのウェブ

　ウェブは生得的にソーシャルであると同時に，社会的表象でもある．本章では，この観点からウェブマイニングを論じる．その結果，ウェブマイニングは従来の社会調査法とは異なる，新しい社会調査法となり得ることを，筆者らの研究を通して示す．

　さて，ウェブでは実にさまざまな**主体**（個人，家族，グループ，企業，組織体，自治体，国など）が**ウェブサイト**（＝1つのURLにより供されるウェブページの集合．青山学院大学であれば，http://www.aoyama.ac.jp/ で表示されるホームページとそのURLを第1レベルとするウェブページ，たとえばhttp://www.aoyama.ac.jp/faculty/ssi/ のようなウェブページの全体）を立ち上げて情報発信している．たとえば，我が国の大学などの高等教育機関を見てみれば，ウェブサイトを立ち上げていない機関は皆無といってよいだろう．一方で，全国にある八百屋や魚屋はすべてウェブサイトを立ち上げているか，と言われれば，そうではないことも事実であろう．つまり，主体を選ぶことは確かではあるが，主体の社会性が増すに従って，実にさまざまな主体がウェブに情報発信していると認識してよいのではないかと考えられる．

　そうすると，考えるに値することは，ウェブサイトとそれを立ち上げた主体との間には大よそ1対1の関係性が成立するのではないかと考えられるので，ウェブサイト自体とウェブサイト間のつながりをマイニングすれば，実世界での主体の実像や実体間のソーシャルな関係性が読み解けるのではないかと考えられる．それが**ウェブマイニング**である．

　この考え方は，社会的表象論で説明することが可能である．**社会的表象**（social representation）とは，1961年にフランスの社会心理学者の**モスコヴィッシ**（Serge Moscovici）がその言葉を作ったという[85]．近代科学以前の思考は「精神には

計り知れない力がある」という信念に基づいていたが，近代科学の思考はそれとは正反対で，その根底にあるのは「物体こそがすべてである」という信念であり，したがって，思考を作り出すもの，思考の流れを形作るのも，すべては物体の働きである．では，社会的表象とは何か．たとえば，路上で，転倒した車，負傷した人，調書を取っている警官を見かけたら，我々は「事故」が起きたな，と考える．どうしてか？ それは，このような出来事が我々が属しているコミュニティの共通認識として，「事故」を「表象」しているから，事故なのである．つまり，表象が現実を規定し，知覚に至っている．つまり，表象は，行動や社会構造を反映しているどころではなく，表象はそれらをしばしば規定し，さらにそれらに反応している．この学説は，人間は，現象，人々，出来事などといった，客体に反応し理解する，つまり，まずは世界が存在していて，しかるのちに，それを人間が知覚するという社会心理学の従前の認識とは全く逆である．端的にいえば，存在するから知覚されるのか，知覚されるから存在するのか，社会表象論は後者の立場をとるが，この認識をウェブの世界に適用してみると面白い．それがウェブマイニングなのである．

　さて，上述のように多くの主体がウェブに情報発信している．では，端的にいうと，ウェブサイトを立ち上げていない主体は，実世界において存在していないといえるのかどうか？ ウェブを実世界のさまざまな主体の「社会的表象空間」(social representation space) と捉えると，社会的表象論の立場からいえば，ウェブに情報発信していない主体は実世界に存在していないといえる．一方，ウェブに情報発信している場合，ウェブサイトに記載されていること (in-link と out-link のハイパーリンクを含めて)，そのこと及びそれのみがその主体ということになる．関連して，数理論理学には**閉世界仮説** (closed world assumption) という仮説がある．たとえば，ある企業がデータベースを構築し，その企業の社員を登録するために「社員テーブル」を作成したとする．このテーブル (＝表) にはすべての社員が登録されるはずなので，閉世界仮説に基づけば，このテーブルに登録されている人々，およびそれらの人々のみが社員であることになる．ウェブを社会的表象空間と捉えるとは，これに通じる認識を持つということである．

12.2 ウェブマイニングの手法

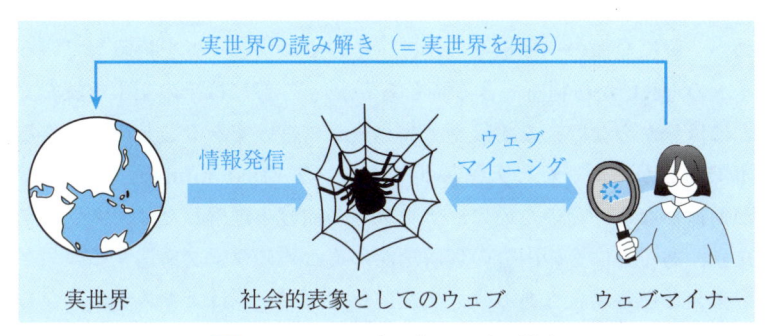

12.2.1 ウェブマイニングの概念

前節で，ウェブマイニングとは社会的表象としてのウェブから実世界での主体の実像やソーシャルな関係性を読み解くことだと定義した．

図 12.1 に実世界，ウェブ，そしてウェブをマイニングするウェブマイナー (Web miner) の関係，すなわち**ウェブマイニング**の概念を示す．ウェブマイナーは高度なドメイン知識（domain knowledge，ある専門分野に特有の知識）を有することが大事で，その結果，社会的表象としてのウェブの「読み解き」が可能となる．

図 12.1 ウェブマイニングの概念

ウェブマイニングには大別して 3 種類ある．それらはウェブ構造マイニング，ウェブコンテンツマイニング，そしてウェブログマイニングである．以下それらを概観する．ウェブ構造マイニングについては，次項でより詳しく述べる．

(a) ウェブ構造マイニング

ウェブには実世界でのさまざまな出来事が写し込まれている．たとえば新たな企業が設立されれば，それは自社のウェブサイトを立ち上げ，そこでさまざまなウェブページを公開することで，その誕生を世界に情報発信するであろうし，その企業が活動を停止すれば，そのウェブサイトも活動を停止するであろう．このようなウェブと実世界の対応関係は，企業にとどまらずウェブに情報発信しようと欲するあらゆる主体についていえることである．したがって，あ

る時点で（共時的に）ウェブに情報発信しているウェブサイトを押さえることができれば、読み解きによりその時点での実世界の姿を知ることができる。また、通時的にウェブサイトの変遷、つまり、ウェブサイトの生誕や消滅、あるいはウェブサイトの分裂や統合といった履歴を的確に押さえることができれば、世の中で何が起こってきたのか、その発展の経緯や動向を知ることができるであろう。これをウェブ構造マイニング（Web structure mining）という。

(b) ウェブコンテンツマイニング

　ウェブの構造ではなく、ウェブページの内容（content）、つまりコンテンツにまでその分析の手を伸ばせば、また異なった観点から実世界を把握することができるのではないか、と考えられる。たとえばタイトルが「原発問題を考える」というウェブページがあったとき、そのウェブページは原発推進派のページなのか、脱原発派のページなのかは（そのウェブページを掲載しているウェブサイトの URL から判断できる時もあるが）、一般にはその記事を読んでみないことには分からない。まずはウェブページに書いてあることを理解することが大事であるから、一般に**テキストマイニング**（text mining）といっている手法が前提となる。そのために、テキストの内容を理解したり、クラスタリングしたり、あるいはその内容の理解を深めるためにウェブ構造マイニングとの連携も必要となる場合もあろう。また、ウェブページはテキストのみならず画像やグラフなどを含むから、テキスト以外のデータ処理も必要になる。これをウェブコンテンツマイニング（Web content mining）という。

(c) ウェブログマイニング

　視点を変えて、ある企業のウェブサーバの「アクセスログ」（access log）、つまり社員がどのようなウェブページをいつアクセスしていたか、あるいは自社のウェブページに、いわゆるビジターからどのようなアクセスがあったのか、などの履歴をマイニングすることができる。前者の例は、より詳しくは、1日のアクセス数、時間帯別のアクセス数、アクセスの多い順で示される URL、どのような検索エンジンが使われたのか、どのような検索キーワードが使われたのか、などの統計を取得しているから、それらの統計情報に基づいて、組織体の情報アクセスの姿を読み解くことができる。アクセスログには個人の思考や性癖が如実に反映されると考えられるから、個人の思想や信条をもつかむことが可能ではないかと考えられるとし、思想調査にも使えるので、人々が住む社会によっ

ては恐ろしいことである．これをウェブログマイニング（Web log mining）あるいはウェブ利用マイニング（Web usage mining）という．

12.2.2 ウェブ構造マイニング

ウェブマイニングには，大別して3種のカテゴリーがあることを知ったが，本項では続く議論をより確かに理解する目的で，ウェブ構造マイニングについて少し詳しく述べる．

ウェブ構造マイニングは，ウェブページ間に張られているハイパーリンクの構造に着目して行うことが最も一般的なアプローチであって，したがって，自ずとウェブページ検索技術の有力な手段として考えられた経緯がある．たとえば，前章で紹介した Google Search を支える検索アルゴリズム **PageRank** は与えられた検索キーワードにヒットする多数のウェブページの中から重要なウェブページを見つけるのに，「入りリンク」の情報を十二分に駆使した．これは，まさしくウェブページ間のリンク構造に着目して初めて動作するアルゴリズムであるから，ウェブ構造マイニングの初期の典型例と捉えられている（本書では，ウェブページのアルゴリズム的サーチの代表例として 11 章で紹介している）．実は，PageRank が発表されたと同じ 1998 年に，**クラインバーク**（Jon M. Kleinberg）は，やはりウェブ検索の候補ページ群から重要なページを順位付けするために，**HITS** と呼ばれるアルゴリズムを提案している[88]．PageRank や HITS に共通していることは，ウェブページ間のリンク構造には人々が下した判断（judgment）が隠されているという認識で，それはまさしくそれらが集合知の事例となることを示している．その後，**ディーン**（Jeffrey Dean）らは HITS アルゴリズムを修正して **Companion** と名付けたウェブページの順位付けアルゴリズムを発表している[89]．これらはウェブページの重要度を計算して順位付けを行うためのアルゴリズムであるが，いみじくもクラインバークが論文の後半に記したように，HITS はハイパーリンクの構造を使ってウェブページ間の類似性（similarity）の概念を定式化するのに使える．豊田らはこの点に着目し，ディーンの Companion アルゴリズムを改修して，関連するウェブコミュニティを航行（navigate）するための**ウェブコミュニティ航路図**（Web community chart）を生成する **Companion−**（コンパニオンマイナス）と

称するアルゴリズム（＝マイニングツール）を開発した[90]．本章では，この Companion– を使って，12.3 節で示すように実際に我が国のジェンダーコミュニティの分析を行っているので，以下，やや詳しく，クラインバーグと豊田らの研究結果を紹介する．

(1) HITS アルゴリズム

HITS（Hyperlink-Induced Topic Search）はウェブページの検索において最も質問に関連するウェブページをどのようにして見つけるか，のためのアルゴリズムである．発案者のクラインバーグによれば，問合せは特定質問（specific queries），**広範囲トピック質問**（broad-topic queries），類似ページ質問（similar-page queries）の 3 つのタイプに分けられる．HITS は 2 番目のタイプの質問，たとえば「Java プログラミング言語に関する情報が欲しい」というような質問に対して有効である．つまり，質問で指定された用語（term）にマッチする膨大な数のウェブページ群をテキストベースの検索で求めてから，（そのトピックに対して）最も権威のある（authoritative）ページをどのようにして見つけるかという問題への 1 つの解決策である．

HITS アルゴリズムは，ウェブページ p の生成者がウェブページ q へのハイパーリンクを張ったということは，ある程度の**権威**（authority）を q に贈ったということである，と考える．リンクは単に航海のためだけにあるときもあるかもしれないが，そう考えるということである．そうすると，広範囲トピック質問に対して検索されてきた多数の関連ウェブページ群を，質問と最も関連している順に順番付け可能となる．さらに，（質問に関連している）多くの権威

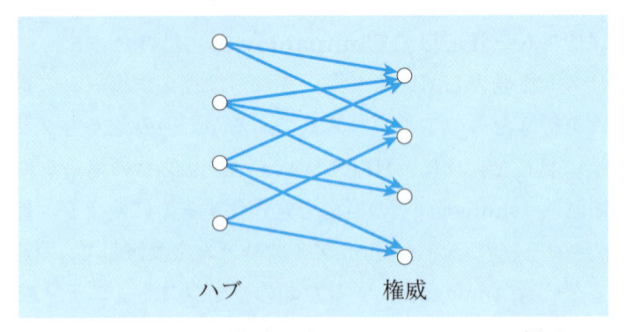

図 **12.2** ハブと権威が密にリンクされている様子

(authority）へリンクを張っているウェブページをハブ (hub) と称し，その2つを同時に HITS は計算する．図 12.2 に権威とハブの関係を直観的に示す．

さて，V をハイパーリングでつながり合ったウェブページの集合を表し，それが有向グラフ $G = (V, E)$ を定義すると見なす．有向辺 (p, q) は p から q へのハイパーリンクの存在を示す．頂点の入りリンク数を入り次数 (in-degree)，出リンク数を出次数 (out-degree) という．一般にウェブにおいて入り次数と出次数の度数分布はべき乗則に従うことは，9 章で述べた通りである．HITS では，広範囲トピック質問 σ が与えられたとき，テキストベースの検索結果のトップ t からなるウェブページの集合をルート集合 R_σ とし，その**周辺グラフ** (**vicinity graph**) S_σ を次のように定義し，それを対象にして権威とハブを計算する．

$$S_\sigma = R_\sigma \cup \Gamma^-(R_\sigma) \cup \Gamma^+(R_\sigma)$$

ここに，$\Gamma^-(R_\sigma)$ は R_σ（の何れかの元への）入りリンクの元となっているウェブページの全体集合，$\Gamma^+(R_\sigma)$ は R_σ（の何れかの元からの）出リンクの先となっているウェブページの全体集合を表す．S_σ には，第 1 レベルの URL が等しいウェブページ間で張られているハイパーリンクがあれば，それは単にウェブサイト内でのナビゲーションのためだけであろうから，そのようなハイパーリンクは削除して，結果として S_σ からグラフ G_σ を得る．

このとき，権威とハブを計算する**反復アルゴリズム** (iterative algorithm) は次のように与えられる：

G_σ の各々の元 p に対して，非負の「権威重み」(authority weight) $x^{\langle p \rangle}$ と非負の「ハブ重み」(hub weight) $y^{\langle p \rangle}$ を付与する．ここに，$\Sigma_{p \in S_\sigma}(x^{\langle p \rangle})^2 = 1$, $\Sigma_{p \in S_\sigma}(y^{\langle p \rangle})^2 = 1$ と正規化されているとする．このとき，大きな x-値や y-値を有するウェブページがより良い権威やハブである．このとき，もし p が大きな x-値を持つ多数のウェブページを指しているならば，それは大きな y-値を貰ってしかるべきである．また，もし p が大きな y-値を持つ多数のウェブページから指されているならば，それは大きな x-値を貰ってしかるべきである．したがって，権威とハブの値は次のように反復計算される．ここに，E は G_σ の辺の集合を表す．

$$x^{\langle p \rangle} \leftarrow \Sigma_{(q,p) \in E} y^{\langle q \rangle}$$
$$y^{\langle p \rangle} \leftarrow \Sigma_{(p,q) \in E} x^{\langle q \rangle}$$

実際に，$x^{\langle p \rangle}$ と $y^{\langle p \rangle}$ は，G_σ の各々の元 p に対して，それらの初期値をすべて 1 と設定して，反復計算し，正規化して求められる．

なお，このように HITS ではウェブ全体ではなくその部分グラフとなる周辺グラフに着目して（権威とハブの）計算を行うが，PageRank はウェブ全体を対象として（PageRank の）計算を行う点で異なっていることに注意しよう（つまり，PageRank では周辺グラフの概念はない）．

(2) ウェブコミュニティ抽出

HITS アルゴリズムを源流として，それを改修していく研究は，このような考え方をウェブ検索に適用するのではなく，ウェブ上に存在する**コミュニティ** (community) を発見し，さらにコミュニティ間のつながりをも指し示す研究へと発展した．この方向性は，ウェブを社会的表象と捉える本書の立ち位置に合っている．また，このようなツールの存在で，初めてウェブをマイニングして実世界の姿を知ることができる（このことは次節で詳述する）．

さて，ウェブコミュニティとは，あるトピックに関するウェブページの集合をいう．たとえば，{NEC, TOSHIBA, SONY, ...} はコンピュータ，{Intel, Logitec, IODATA, ...} はコンピュータ機器，{Canon, Nikon, ...} はデジタルカメラのコミュニティを表していよう．では，ウェブからこのようなコミュニティをどのようにして採掘し，かつコミュニティ間のつながりをどのようにして見出すのか？ クラインバークは彼の論文の後半で，HITS をウェブページ間の類似性の推定に使えると述べている．これは次のように述べることができる：

ウェブページ p（これを**シードページ**（**seed page**）という）を与え，p を指しているウェブページの集合を R_p とする．続いて，R_p をルート集合とし，上で示したようにその周辺グラフ S_p を作成する．そうすると，（HITS の場合と同様に）権威とハブを見つけることのできる部分グラフ G_p を得ることができる．

ディーンらはクラインバークの定義した周辺グラフ（上記）を次のように拡張した．シードページ u を与える．ウェブで $(p, u) \in E$ である u の親ウェブ

ページ p からなる集合（Go Back 集合という），それらの p に対して $(p,v) \in E$ である子ウェブページ v（$\neq u$）からなる集合（Back-Forward 集合），そしてウェブで $(u,c) \in E$ である u の子ウェブページ c からなる集合（Go Froward 集合），そしてそれらの c に対して $(h,c) \in E$ である親ウェブページ h（$\neq p$）からなる集合（Forward-Back 集合），ただし，計算時間を勘案してそれぞれの個数には上限を与える，の和集合を u の周辺グラフ S_u とし，（HITS の場合と同様に）グラフ G_u を定義した．G_u を基にして，権威とハブを（HITS アルゴリズムで）計算し，**権威値**（authority score）の上位（たとえば 10 ページ）をシード u に最も関連したウェブページとする．その結果，Netscape 社の What's Related 検索サービスに比べて検索の精度が向上することを示し，このアルゴリズムを **Companion** と命名した．

豊田らは，ディーンらの研究をもとにして，シードページ u が与えられたとき，その周辺グラフ S_u を Go Back 集合と Back-Forward 集合の和集合として定義した方が，HITS や Companion よりも検索の精度が上がることをユーザ事例研究で示して，そのアルゴリズムを **Companion−** と命名した（周辺グラフの修正以外は，アルゴリズムはすべてディーンらと同じ）．そして，そのアルゴリズムを活用して，ウェブコミュニティの発見とウェブコミュニティ航路図を作成した．ここでそれをごく簡単に説明しておくと次のような仕掛けになっている．

【ウェブコミュニティ航路図の作成】

(1) シード集合を与える．ここに，シード集合とは実際にはウェブにクローラを放ち，別途収集しておいたウェブページアーカイブである．

(2) シード集合を拡張する．この拡張は，シード集合の各元に対して Companion− アルゴリズムを適用して上位 N 個の権威を関連ウェブページとして求め，それらの和集合を作り，拡張シード集合とする．

(3) 拡張シード集合から**権威誘導グラフ**（Authority Derivation Graph, ADG）を作成する．ここに，ノード（=ウェブページ）s からノード t に辺が張られるのは，Companion− アルゴリズムで，t が s の上位 N の権威に順位付けられているときである．

(4) ADG から**対称誘導グラフ**（Symmetric Derivation Graph, SDG）を

作成する．SDG はノードは ADG と同じであるが，辺については，s から t に，かつ t から s に ADG で辺が張られているときおよびその時のみ s と t の間に無向辺が張られる，として作成される（したがって，一般には SDG は非連結な無向グラフになる）．

(5) SDG を分割してウェブコミュニティを得る．SDG は一般に非連結となり，それ自体で SDG は分割されているが，さらに個々の連結部分グラフを，「2 つの三角形は 1 辺を共有するならば，それらは同じ**コミュニティを成す**」という規則を設けて分割する（図 12.3 に対称誘導グラフとコミュニティの関係を示す）．

(6) (5) の結果に後処理を施し，ウェブコミュニティ航路図が出来上がる．

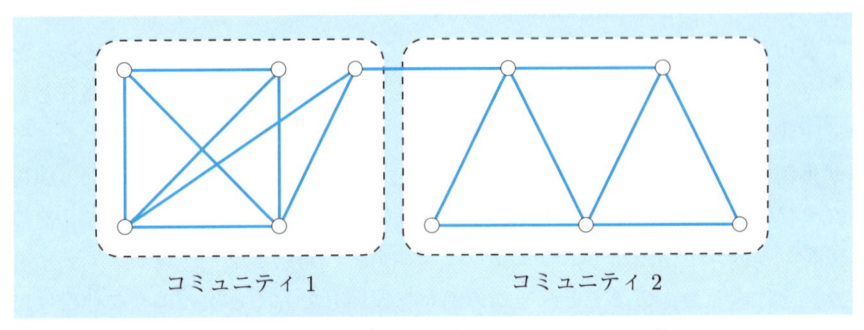

図 12.3 対称誘導グラフとコミュニティの関係

Companion– アルゴリズムに基づいて開発されたウェブ構造マイニングツール Companion– は，ウェブコミュニティの共時的分析と通時的分析を可能としてくれる**ブラウザ機能**と**ビューア機能**を提供する形で実装された．筆者らは豊田らの協力を得て，実際に我が国のジェンダーコミュニティの分析を行い，ウェブマイニングは従来の社会調査法にはない新しい社会調査法となり得るという知見を得るに至っている．それらのことは，次節以降で言及したい．

なお，ウェブコミュニティを発見する考え方としては，大別すると次の 3 つのアプローチが知られているので，ごく簡単に紹介しておく．

(a) HITS アルゴリズムに基づくアプローチ
(b) **2 部グラフ**（bipartite graph）に基づくアプローチ
(c) **最大流フレームワーク**（maximum flow framework）に基づくアプローチ

(a) は本節でその典型的なアプローチを紹介した．(b) のアプローチは，クマーラ（Ravi Kumar）らの研究に始まる[91]．2部グラフとは，グラフの頂点集合が互いに疎な2つの集合に分割され，かつそのグラフの辺はいずれもその2つの頂点集合間でのみ定義されるという性質を持つグラフをいう．換言すれば互いに疎な各集合の頂点同士の間に辺はない．なぜ，この性質がウェブコミュニティの抽出に使えるかというと，ウェブコミュニティを見てみるとコミュニティを構成しているウェブページ間同士ではハイパーリンクを張り合うことは（ほとんど）ないという知見に基づいている．確かに，デジカメコミュニティを構成するCanonとNikonのウェブページ間でハイパーリンクが張られ合っている状況は想像するに苦しい．(c) のアプローチはフレーク（Gary William Flake）らの研究に始まる[92]．このアプローチも，ウェブをグラフと捉えて，辺を水道管，頂点を（水道管の）つなぎ目，と見なすと，最大流量の水道管はコミュニティとコミュニティをつなぐ数少ないパイプなので，それを切断すれば，切断数最少でコミュニティを見つけていける，とする考え方である．興味ある読者はそれぞれの論文を精読し，その後の研究の展開を追ってみるがよい．

12.3 ウェブ構造マイニングの力

12.3.1 事例研究の概要

ウェブ構造マイニングで何が読み解けたか，その力を筆者らが行った研究を紹介しつつ示す．この研究は筆者を研究代表者とした科学研究費補助金（基盤研究 (B)）「Webコミュニティの動的分析手法を用いたジェンダー研究ポータルサイトの構築」の補助を得て行われた．研究メンバーはお茶の水女子大学理学部情報科学科および同大学ジェンダー研究センターの教員・研究員数名からなっていた．また，この研究を遂行するにあたり，東京大学生産技術研究所喜連川研究室から全面的な協力をいただいた．具体的には同研究室の豊田らが開発したウェブ構造マイニングツール **Companion−** と当時当該研究室が収集を開始していた".jp"ドメインのウェブアーカイブの使用である．Companion−が提供する「ブラウザ」は抽出されたジェンダーコミュニティを可視化してその共時的分析を可能としてくれた．もう1つの機能である「ビューア」は抽出されたジェンダーコミュニティの通時的分析を可能としてくれた．

12.3.2　我が国におけるジェンダーコミュニティの分析

(a)　研究の社会的背景

　筆者らは，我が国のジェンダーコミュニティがどのような状況にあるのかに大変興味を持っていた．研究を遂行していた 2000 年当時，我が国では男女共同参画社会の実現に向けてジェンダー（gender，社会的・文化的に形成された性）問題が大きな社会問題となっていたからである．筆者はコンピュータサイエンスを専門としているが，もちろん，**ウェブマイナー**としてジェンダー学際を専門とする研究者もこの研究チームに加わっている．当時の歴史的背景に若干言及すれば，1999 年 6 月に我が国では**男女共同参画社会基本法**が制定された．男女共同参画は英語では gender-equality と訳されているように，性別によって不利益をこうむることがない平等な社会の実現を目指すためものである．この法の施行に伴い，多様な動きが全国各地で起こったが，このような表面に出やすく我々がすぐに認知しやすい社会的現象と共に，一方では顕在化しにくいジェンダー問題も多々あると考えられ，筆者らはウェブをマイニングすることによってそれらを把握することが可能ではないかと考えたわけである．換言すれば，もしその試みが成功すれば，ジェンダーのような社会的にホットなキーワードに対しては，ウェブマイニングは現実社会の動きを確実に捉えることのできる社会調査の一手法として新たに認知されてしかるべきものといえる．

(b)　ジェンダーコミュニティの発展過程

　まず，取り組んだことは，Companion− と .jp ドメインのウェブアーカイブを使って，「ジェンダーコミュニティの発展過程」を捉えることができないか，であった．幸い，Companion− には抽出したウェブコミュニティが時間の経過と共にどのように変遷してきたかを分析することができる「ビューア」機能がある．図 12.4 は，ビューアにキーワードジェンダーを日本語で入力して，2003 年 3 月のジェンダー関連コミュニティ 21 個を起点に，各コミュニティが 1999 年から 2003 年までの過去 5 年間でどのように変遷してきたかを捉えたもので，ビューアの「Main History」モードの画面をキャプチャしたものである．コミュニティの発展過程は，共通する URL の数を基軸にして，起点（この場合 2003 年）から年次ごと段々に過去（左方向）に遡って，脈絡を持たせていくことで横方向につながれて表示されている．縦方向の上からの表示順

12.3 ウェブ構造マイニングの力

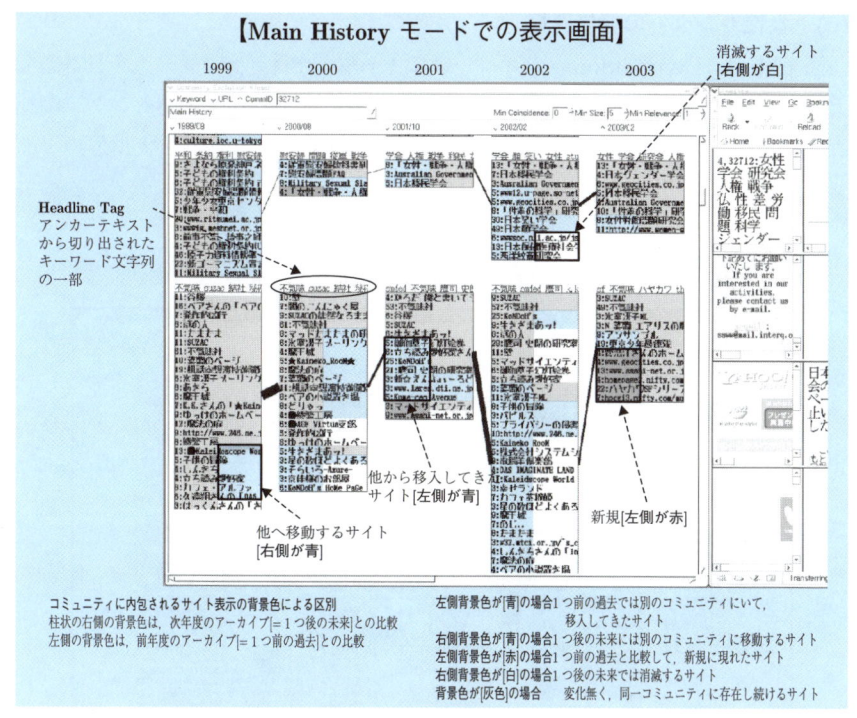

図 12.4 主たる「ジェンダー」コミュニティの発展過程

は，コミュニティが保持するキーワードの集合体において，該当キーワードの頻度が高いほど上位に表示されるようなっている．コミュニティを特徴付けるキーワードの集合体はそのコミュニティを構成するいずれかのウェブページを指すリンク元（＝バックリンク（backlink）先）のウェブページのアンカーテキストから切り出されたもので構成されている．柱状に表されたコミュニティは左右に分かれ，新規〔赤〕，消滅〔白〕，移動〔青〕によって色分けされており，過去から未来に向けたサイトの変遷が見やすくなるように工夫されている．Companion− は 2003 年に我が国にジェンダーコミュニティが 21 存在すると表示し，筆者らはその 21 のコミュニティを詳細に分析して，その妥当性を確認した．これら 21 のコミュニティはウェブのリンク構造から計算されたものであって，実世界を（何か，従来型の社会調査法を使って）調査して得られたものではない．Companion− はウェブ時代の新しい社会調査法を示唆している．

(c) 女性センターの発展過程

図 12.5 は，Companion− のビューアにキーワード「ジェンダー」を日本語で入れることで得られた 2003 年 2 月から過去 5 年に遡る「女性センター関連コミュニティの発展過程」を特に示したものであるが，これは，実世界のジェンダーコミュニティでよく知られている現状を，ウェブコミュニティはどのよ

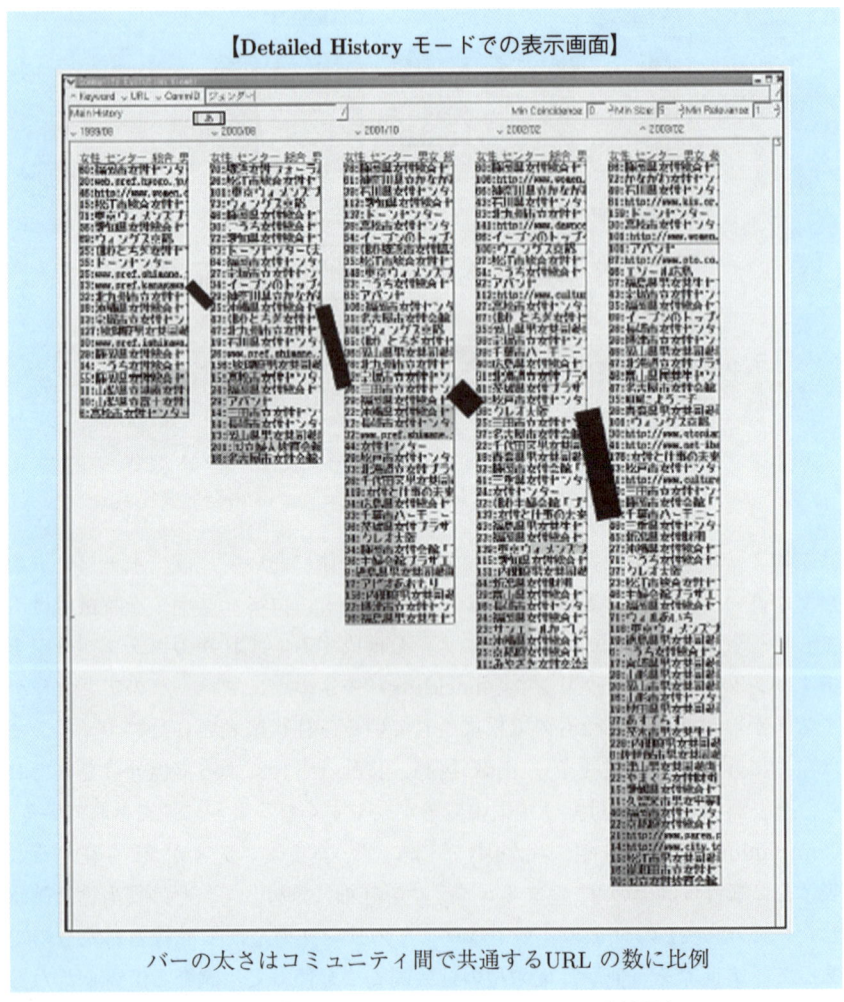

図 12.5 「女性センター」コミュニティの発展過程

うに映し出したかという典型的な例といえる．このウェブコミュニティが発展した様子は，**女性センター**という施設が，各都道府県ばかりでなく各市町村のレベルまで，相互視察によって横並び状態で次々と作られていき，連携を図ってきた現実とぴったりと重なった．1999年6月に施行された男女共同参画社会基本法の影響で，各自治体では複数の部局にまたがっていた女性施策部局が，実務部局としての「女性センター」に収斂される動きが加速度的に進んだ．より詳細にサイトの移動を描き出す「Detailed History」モードで履歴をたどると，このことが全国規模で起こったことが再確認できた．また，共通するURLでコミュニティをつなぐこのビューアは，ページのタイトル表記の変化の認知に威力を発揮した．タイトルを通時的に辿ると，「婦人」をやめて「女性」に変えていく様子や，「女性センター」が「男女共同参画センター」に取って代わられていく様子も確認できた．そして，「女性センター」のコミュニティが，「ジェンダー」のキーワードから抽出されたコミュニティ21個（2003年3月時点）の中で，最下位に配置されている理由も現実の世界を反映したものとして読み解ける．「ジェンダー」概念は「男女共同参画社会基本法」の審議段階で基本理念となっていたが，最終的にはさまざまな理由で基本法から削られてしまう．「女性センター」のような設立母体が公的機関のウェブサイトにおいて，「ジェンダー」を使用しないという傾向はそのような政策に直結していたわけである．「ジェンダー」の出現頻度が低く，結果としてビューアで「女性センター」のコミュニティが最下位に配置されている理由は，まさしくこのような社会の動きをそのまま映し込んでいると解釈できる．ウェブマイニングツールCompanion−はこの観点からも社会調査の機能を果たしている．

　本研究では，他にも，セクハラコミュニティの履歴と分裂の姿をCompanion−を用いて見事に描き出すことに成功している．これは実世界を見ていただけでは，はっきりと確認できなかった興味あるジェンダー関連コミュニティの動向であった．ウェブマイニングツールの有用性が専門家により認められた好例と考えられる．ウェブマイニングツールCompanion−はこの観点からも社会調査の機能を果たしている．

(d)　ウェブマイニングの意義

　本節で示した研究成果は大別すると2つある．1つは，社会的表象としてのウェブという立場からのウェブマイニングという手法がウェブ時代に特有な新

しい社会調査法となり得ることを実証してみせた点である．これは大きな発見であり，ウェブ社会の只中にいる我々にとって従来の社会調査法に加えて，まったく新しいもう1つの**社会調査法**を手中にしたという点で，強力な武器を得ることとなった．本研究はウェブ構造マイニングについてであったが，ウェブマイニングの社会科学的有用性はウェブコンテンツマイニングやウェブログマイニングについても立証されていくであろう．ウェブマイニングは今後社会科学を中心に幾多の潜在的適用可能分野に適用されて，新しい知見を生み出していくであろう．

もう1つの研究成果は，ウェブマイニングツール（開発）をドメイン知識が豊富にある**読み手**が鍛える（誘導する）という視点である．すなわち，システム開発者はそのシステムが適用されるドメインの知識を持ち合わせていないのが通例であり，したがって開発したシステムが真に有効・有用なものであるかを知るすべがない．ドメイン知識を豊富に有する者がそのツールを使い心血を注いでマイニングをすることによってのみそれを知ることができ，ウェブマイニングツールの改良につながる適切な要求や助言を与えることができる．実際に現場で役に立つウェブマイニングツールを開発していく上での大きな指針となろう．

12.4 ウェブ時代の社会調査法

本節では，ウェブマイニングの意義を社会科学でカバーしている社会調査との関係で論じる．いうまでもなく，**社会科学**（social sciences）は社会現象を対象として研究する科学の総称であり，政治学・法律学・経済学・社会学・歴史学・文化人類学およびその他の関係諸科学を含む．社会からデータを取得する方法には，調査や観察などが知られているが，社会に住む人々の意識や行動などの実態をとらえるために**社会調査**（social survey）を行う．社会調査は大量のデータをとり社会の全体像を把握することを目的とする統計的社会調査と事例的社会調査の2つに大別される．前者を量的調査，後者を質的調査と呼ぶことも多い．前者の典型は**国勢調査**（national census）である．これらの社会調査は，具体的には，**インタビュー調査**（個別面接調査），留置調査，郵送調査，電話調査，あるいは参加型調査（participation survey）などにより行われる．

12.4 ウェブ時代の社会調査法

さて，本章で論じたウェブマイニングは 12.1 節で論じたように，社会的表象としてのウェブという観点からウェブを読み解き，実社会での社会的事件（social events）や社会的変革（social change）の実態を知る．実際，前節で示したように，我々はウェブ世界の構造を通時的にマイニングすることにより，我が国のジェンダーコミュニティの変遷を見事に捉えることができた．この結果を，従来型の社会調査で明らかにできたかどうか，もしそれが可能であったとしても，大変な努力を必要とするであろうことと推察される．つまり，社会調査を可能としたウェブマイニングは従来の社会調査法とは全く次元を異にした，ウェブ時代の申し子的社会調査法と考えられる．

ウェブマイニングによる社会調査について，なお若干補足すれば，調査時点でアーカイブされているウェブページとそれらの間のハイパーリンクの全体が調査の対象となるので，アンケート調査にたとえれば（既に回答は全員からもらっているという意味まで）回収率は 100% であるといえる．また，ウェブアーカイブにはその時点までの実世界の姿がそのまま写し込まれているから，その意味で回答の信頼性は高いと考えられる．

社会調査法としてのウェブマイニングの問題点としては，実世界の主体（個人，家族，グループ，企業，組織体，自治体，国など）がウェブに情報発信していなければ，調査対象から外れてしまうので，主体を選ぶことが挙げられよう．また，先に，たとえば高等教育機関ではウェブサイトを立ち上げていない機関は皆無ではないかと述べたが，ハイパーリンクを張るにあたってそのポリシーの違いや，ウェブコンテンツ作成にあたっての考え方の違いなど，それらはウェブマスターやウェブデザイナの自由である半面，規格や標準といった概念からはほど遠い多様性を有しているので，マイニングにあたりそのような要因をどのように扱っていくかに留意しなければならない．

しかしながら，21 世紀は**ウェブ社会**であり，社会調査法そのものも劇的変貌を遂げてしかるべきときである．その意味で，ウェブマイニングは従来の社会調査法とは発想も手法も全く異なるウェブ時代の社会調査のあり方を示している．

> **コラム　マイニングを正しく行うために**
>
> 　ウェブには世の中のとても多くの事柄が写し込まれているから，ウェブをマイニングすると実世界では何が起こっているかもう1つよく分からなかった事柄が，とても鮮明に見えてしまうということはよくある．この章で紹介したジェンダーコミュニティの発展過程はまさしくそのような典型的事例であった．ウェブマイニングには記したように，構造，コンテンツ，ウェブログマイニングがある．ここでは，ウェブから社会で何が起こっているか，を読み解くことに焦点を当てた構造マイニングの議論を，コミュニティ分析の視点から紹介し，このようなウェブマイニングは従来の社会調査法にはない，新しい社会調査法を提示したことになり得ることを示した．
>
> 　ウェブにはウェブの特性に基づいた独特のマイニング手法があることを学んだが，一般にマイニングの対象はウェブに限らず多岐にわたり，マイニングの手法も実にさまざまである．相関ルール抽出はもとより，決定木やSVM (Support Vector Machine) などを使ったクラス分類，回帰分析，クラスタリング分析など枚挙に暇（いとま）はない．目的に応じて，使い分けねばならないし，動作原理をわきまえないでただツールとしてそれらを使っているだけでは，思わぬ落とし穴に落ちてしまうこともある．奥は深い．具体的なツールや手法だけでなく，機械学習の理論と実際にも詳しくなっておく必要がある．

演習問題

問題 1　社会的表象としてのウェブ，という考え方について論じなさい．

問題 2　ウェブマイニングの典型的な3つの手法をそれぞれ要領よくまとめて述べなさい．

問題 3　ウェブページ間のハーパーリンクの張られ方に着目したウェブ構造マイニングの手法として，HITS法以外に，2部グラフや最大流フレームワークに基づくアプローチがある．どちらかを採り上げて調査し，レポートしなさい．

問題 4　従来の社会調査法としてよく知られているアンケート調査，訪問調査（インタビュー），実地調査と，ウェブマイニングが拓く新しい社会調査法を比較して，レポートしなさい．

問題 5　社会調査は量的調査と質的調査に区分されることがあるが，それらの概念の違いを要領よく述べなさい．

参 考 文 献

■第 1 章　ハイパーテキストとウェブ
【MEMEX】
［1］ Vannevar Bush, "As We May Think," The Atlantic Monthly, July 1945, http://www.theatlantic.com/magazine/archive/1945/07/as-we-may-think/303881/4/?single_page=true.

【ハイパーテキスト】
［2］ Project XANADU, http://www.xanadu.net/.

【ウェブ】
［3］ Tim Berners-Lee with Mark Fischetti (Book), Weaving the Web: The Original Design and Ultimate Destiny of the World Wide Web, 246p., HarperBusiness, 2000.（邦訳，Web の創成，高橋徹（監訳），279p.，毎日コミュニケーションズ，2001.）
［4］ James Hendler, Nigel Shadbolt, Wendy Hall, Tim Berners-Lee, and Daniel Weitzner, "Web Science: An Interdisciplinary Approach to Understanding the Web," Communications of the ACM, Vol. 51, No. 7, Pages 60–69, July 2008.

【セマンティックウェブ】
［5］ Frank Manola and Eric Miller (Eds.), "RDF Primer," W3C Recommendation, 10 February 2004, http://www.w3.org/TR/rdf-primer/.
［6］ Dave Beckett (Ed.), "RDF/XML Syntax Specification (Revised)," W3C Recommendation 10 February 2004, W3C, http://www.w3.org/TR/rdf-syntax-grammar/.
［7］ 神埼正英（著），セマンティック・ウェブのための RDF/OWL 入門，224p.，森北出版，2005.
［8］ Tim Berners-Lee, "Linked Data," 2006, http://www.w3.org/DesignIssues/LinkedData.html.
［9］ Dublin Core Metadata Initiative, "Dublin Core Metadata Element Set, Version 1.1," 2010-10-11, http://dublincore.org/documents/2010/10/11/dces/.

[10] W3C, "W3C Semantic Web Frequently Asked Questions," http://www.w3.org/RDF/FAQ.

■第2章 ウェブアプリケーション

[11] 小森裕介（著），プロになるためのWeb技術入門，277p.，技術評論社，2010.
[12] 矢吹太朗（著），佐久田博司（監修），Webアプリケーション構築入門（第2版），197p.，森北出版，2011.

■第3章 ウェブサービス
【SOA】
[13] 嶋本正，柿木彰，西本進，野間克司，野上忍，亀倉龍，松本健，福原信貴（著），Webサービス完全構築ガイド：XML, SOAP, UDDI, WSDLによる先進Webシステムの設計・実装，302p.，日経BP社，2001.
[14] David Booth *et. al.* (Eds.), "Web Services Architecture," W3C Working Group Note, 11 February 2004, http://www.w3.org/TR/ws-arch/.
[15] Sanjiva Weerawarana, Frank Leymann, Donald F. Ferguson, Francisco Curbera and Tony Storey（著），丸山宏，牧野友紀，鈴村豊太郎，上野憲一郎，天野富夫（共訳）：Webサービスプラットフォームアーキテクチャ，364p.，エスアイビー・アクセス，2006.

【ROA】
[16] R. Fielding, *et. al.* (Eds.), "Hypertext Transfer Protocol - HTTP/1.1," Network Working Group, Request for Comments: 2616, The Internet Society, June 1999, http://www.w3.org/Protocols/rfc2616/rfc2616.html.
[17] Roy Thomas Fielding, "Architectural Styles and the Design of Network-based Software Architectures," Ph.D. Dissertation, University of California at Irvine, 2000, http://www.ics.uci.edu/~fielding/pubs/dissertation/top.htm.
[18] Roy T. Fielding and Richard N. Taylor, "Principled Design of the Modern Web Architecture," ACM Transactions on Internet Technology, Vol. 2, No. 2, pp. 115–150, May 2002.
[19] Leonard Richardson and Sam Ruby（著），山本陽平（監訳），（株）クイープ（訳），RESTful Webサービス，480p.，オライリー・ジャパン，2007.
[20] 山本陽平（著），Webを支える技術：HTTP, URI, HTML，そしてREST，376p.，技術評論社，2010.

[21] Yahoo!Japan デベロッパーネットワーク, "WebAPIの使い方（GETリクエスト), "http://developer.yahoo.co.jp/appendix/request/rest/get.html.

■第4章 集合知
【集合知】
[22] James Michael Surowiecki (Book), The Wisdom of Crowds: Why the Many Are Smarter Than the Few and How Collective Wisdom Shapes Business, Economies, Societies and Nations, 284p., Anchor Books, 2004（邦訳．ジェームス・スロウィッキー（著），小高尚子（訳），「みんなの意見」は案外正しい，286p., 角川書店, 2006.）
[23] Scott E. Page (Book), The Difference, Princeton University Press.（邦訳．スコット・ペイジ（著），水谷淳（訳），「多様な意見」はなぜ正しいのか：衆愚が集合知に変わるとき，486p., 日経BP社, 2009.）

【情報社会論】
[24] 梅棹忠夫（著），情報の文明学，316p., 中央公論新社, 1999.
[25] 梅田望夫（著），ウェブ進化論―本当の大変化はこれから始まる，256p., 筑摩書房, 2006.

■第5章 ソーシャルコンピューティング
【コンピューティング】
[26] The Joint Task Force on Computing Curricula of IEEE Computer Society and Association for Computing Machinery, "Computing Curricula 2001 Computer Science: Final Report," 236p., 2001, http://www.acm.org/education/curric_vols/cc2001.pdf.

【ソーシャルコンピューティング】
[27] 増永良文, "ソーシャルコンピューティングとは何か―ソーシャルコンピューティングはコンピュータサイエンスの一分野を表す一般用語にしか過ぎないのか―," 日本データベース学会論文誌, Vol. 9, No. 1, pp. 1–6, 2010年6月.
[28] Yoshifumi Masunaga, "Social Computing: Its Evolving Definition and Modeling in the Context of Collective Intelligence," Proceedings of 2012 ASE International Conference on Social Informatics (SocialInformatics'12), pp. 314–319, Washington, D.C., December 2012.

■第6章 ウェブと集合知

[29] Tim O'Reilly, "What Is Web 2.0: Design Patterns and Business Models for the Next Generation of Software," 09/30/2005, http://oreilly.com/web2/archive/what-is-web-20.html. （邦訳．CNET, "Web 2.0：次世代ソフトウェアのデザインパターンとビジネスモデル," http://japan.cnet.com/sp/column_web20/20090039/）．

[30] Chris Anderson (Book), The Long Tail, Revised and Updated Edition: Why the Future of Business is Selling Less of More, 288p., Hyperion, 2008.

[31] Toby Segaran (Book), Programming Collective Intelligence: Building Smart Web 2.0 Applications, 334p., O'Reilly, 2007.（邦訳．當山仁健，鴨澤眞夫（訳），集合知プログラミング，392p., オライリージャパン，2008.）

[32] Satnam Alag (Book), Collective Intelligence in Action, 397p., Manning, 2009.（邦訳．堀内孝彦，真鍋加奈子，真鍋和久（訳），集合知イン・アクション，512p., ソフトバンククリエイティブ，2009.）

[33] Matthew A. Russell（著），奥野陽，佐藤敏紀，瀬戸口光宏，原川浩一，水野貴明（監訳），長尾 高弘（訳），入門ソーシャルデータ：データマイニング，分析，可視化のテクニック，368p., オライリージャパン，2011.（原著．Matthew A. Russell (Book), Mining the Social Web, 332p., O'Reilly, 2011.）

■第7章 ソーシャルメディア

[34] アリストテレス（著），田中美知太郎，北嶋美雪，尼ヶ崎徳一，松居正俊，津村寛二（訳），政治学，351p., 中央公論社，2009.

[35] Lon Safko (Book), The Social Media Bible: Tactics, Tools & Strategies for Business Success, Second edition, 771p., John Wiley & Sons, Inc., 2010.

[36] John G. Breslin, Alexandre Passant and Stefan Decker (Book), The Social Semantic Web, 300p., Springer, 2010.

[37] ダン・ギルモア（著），平和博（訳），ブログ：世界を変える個人メディア，417p., 朝日新聞社，2005.（原著．Dan Gillmore (Book), We the Media: Grassroots Journalism by the People, for the People, 336p., O'Reilly Media, 2006.）

[38] 滑川海彦（著），ソーシャル・ウェブ入門，239p., 技術評論社，2007.

[39] 佐々木俊尚（著），キュレーションの時代：「つながり」の情報革命が始まる，311p.，筑摩書房，2011．
[40] 武田隆（著），ソーシャルメディア進化論，333p.，ダイヤモンド社，2011．
[41] Marshall and Eric McLuhan (Book), Laws of Media: The New Science, University of Toronto Press, 1988. （邦訳．高山宏（監修），中澤豊（訳），メディアの法則，335p.，日本放送出版協会，2002．）

■第8章　ソーシャルソフトウェア
【Wiki】
[42] Bo Leuf and Ward Cunningham (Book), The Wiki Way: Quick Collaboration on the Web, 464p., Addison-Wesley Professional, 2001.
[43] Anja Ebersbach, Markus Glaser, Richard Heigl, Alexander Warta (Book), Wiki: Web Collaboration, 2nd Edition, 483p., Springer, 2008.
[44] Mark S. Choate (Book), Professional Wikis, 300p., Wiley, 2008.

【Wikipedia】
[45] MediaWiki, http://www.mediawiki.org/wiki/MediaWiki.
[46] Jim Giles, "Internet encyclopedias go head to head," Nature, 438, pp. 900–901, December 15, 2005.
[47] Andrew Lih (Book), The Wikipedia Revolution: How a Bunch of Nobodies Created the World's Greatest Encyclopedia, 252p., Aurum Press, 2010. （邦訳．千葉敏生（訳），ウィキペディア・レボリューション：世界最大の百科事典はいかにして生まれたか．443p.，早川書房，2009．）

【WikiBOK】
[48] Yoshifumi Masunaga, Yoshiyuki Shoji and Kazunari Ito, "A Wiki-based Collective Intelligence Approach to Formulate a Body of Knowledge (BOK) for a New Discipline," Proceedings of the 6th International Symposium on Wikis and Open Collaboration (WikiSym'10), Article No. 11, Gdansk, Poland, July 2010.
[49] 増永良文，石田博之，伊藤一成，伊藤守，清水康司，荘司慶行，高橋徹，千葉正喜，長田博泰，福田亘孝，正村俊之，矢吹太朗，"集合知アプローチに基づく知の創成支援システム WikiBOK の研究・開発，"日本データベース学会論文誌，Vol. 10, No. 1, pp. 7–12, 2011年6月．
[50] Yoshifumi Masunaga, Kazunari Ito, Taro Yabuki and Takeshi Morita, "Edit Conflict Resolution in WikiBOK: A Wiki-based BOK Formulation-

aid System for New Disciplines," Proceedings of the 2012 ASE/IEEE International Conference on Social Computing (SocialCom'12), pp. 210–218, Amsterdam, September 2012.

【コラボとシェア】

[51] レイチェル・ボッツマン，ルー・ロジャース (著)，小林弘人 (監修)，関美和 (訳)，シェア ＜共有＞からビジネスを生みだす新戦略，328p.，日本放送出版協会，2010. (原著. Rachel Botsman and Roo Rogers (Book), What's Mine Is Yours: The Rise of Collaborative Consumption, 304p., HarperBusiness, 2010.)

[52] ドン・タプスコット，アンソニー・D・ウィリアムズ (著)，井口耕二 (訳)，ウィキノミクス：マスコラボレーションによる開発・生産の世紀へ，504p.，日経BP社，2007. (原著. Don Tapscott and Anthony D. Williams (Book), Wikinomics: How Mass Collaboration Changes Everything, Portfolio Press, 2007.)

[53] シャーリーン・リー，ジョシュ・バーノフ (著)，伊東奈美子 (訳)，グランズウェル：ソーシャルテクノロジーによる企業戦略，361p.，翔泳社，2008. (原著. Charlene Li and Josh Bernoff (Book), Groundswell: Winning in a World Transformed by Social Technologies, 286p., Harvard Business Press, 2008.)

■第9章 ソーシャルネットワーク

【ミルグラムのスモールワールド実験】

[54] Stanley Milgram, "The Small World Problem," Psychology Today, Vol. 1, No. 1, pp. 61–67, May 1967.

[55] Jeffrey Travers and Stanley Milgram, "An Experimental Study of the Small World Problem," Sociometry, Vol. 32, No. 4, pp. 425–443, 1969.

【ワッツらのスモールワールドネットワーク】

[56] Duncan J. Watts and Steven H. Strogatz, "Collective dynamics of 'small-world' networks," Nature, Vol. 393, pp. 440–442, June 1998.

[57] ダンカン・ワッツ (著)，栗原聡，佐藤進也，福田健介 (訳)，スモールワールド：ネットワークの構造とダイナミックス，東京電機大学出版局，314p.，2006. (原著. Duncan J. Watts (Book), Small World: The Dynamics of Networks between Order and Randomness, Princeton University Press, 1999.)

[58] ダンカン・ワッツ（著），辻竜平，友知政樹（訳），スモールワールド・ネットワーク：世界を知るための新科学的思考法，阪急コミュニケーションズ，389p., 2004.（原著．Duncan J. Watts (Book), SIX Degrees: The Science of a Connected Age, 374p., W. W. Norton & Company, 2003.）

【バラバシらのスケールフリーネットワーク】

[59] アルバート＝ラズロ・バラバシ（著），青木薫（訳），新ネットワーク思考：世界の仕組を読み解く，327p., 日本放送出版協会，2002.（原著．Albert-Laszlo Barabasi (Book), LINKED: The New Science of Networks, 2002.）

[60] Albert-Laszlo Barabasi and Reka Albert, "Emergence of Scaling in Random Networks," Science, Vol. 286, pp. 509–512, October 1999.

【ネットワーク科学】

[61] マーク・ブキャナン（著），阪本芳久（訳），複雑な世界，単純な法則：ネットワーク科学の最前線，357p., 草思社，2005.（原著．Mark Buchanan (Book), Nexus: Small Worlds and the Groundbreaking Science of Networks, W. W. Norton & Company, 2002.）

[62] Ted G. Lewis (Book), Network Science: Theory and Practice, 512p., Wiley, 2009.

[63] 林幸雄（編著），大久保潤，藤原義久，上林憲行，小野直亮，湯田聴夫，相馬亘，佐藤一憲（著），ネットワーク科学の道具箱：つながりに隠れた現象をひもとく，212p., 近代科学社，2007.

[64] 増田直紀，今野紀雄（著），複雑ネットワーク：基礎から応用まで，279p., 近代科学社，2010.

【社会ネットワーク分析】

[65] 安田雪（著），ネットワーク分析：何が行為を決定するか，219p., 新曜社，1997.

[66] リントン・C・フリーマン（著），辻竜平（訳），社会ネットワーク分析の発展，254p., NTT出版，2007.（原著．Linton C. Freeman (Book), The Development of Social Network Analysis: A Study in the Sociology of Science, 2004.）

[67] Davis Easley and Jon Kleinberg (Book), Networks, Crowds, and Markets: Reasoning about a Highly Connected World, 725p., Cambridge University Press, 2010.

[68] Christina Prell (Book), Social Network Analysis: History, theory & methodology, 263p., Sage, 2012.

■第10章 ソーシャルサーチ
【BigTable】
[69] Fay Chang, Jeffrey Dean, Sanjay Ghemawat, Wilson C. Hsieh, Deborah A. Wallach, Mike Burrows, Tushar Chandra, Andrew Fikes and Robert E. Gruber, "Bigtable: A Distributed Storage System for Structured Data," Proceedings of Operating Systems Design and Implementation (OSDI) 2006, http://static.googleusercontent.com/external_content/untrusted_dlcp/research.google.com/en//archive/bigtable-osdi06.pdf.

【PageRank】
[70] Larry Page, Sergey Brin, Rajeev Motwani and Terry Winograd, "The PageRank Citation Ranking: Bringing Order to the Web," Technical Report, Stanford InfoLab, Stanford University, January 1998, http://ilpubs.stanford.edu:8090/422/1/1999-66.pdf.

[71] Sergey Brin and Lawrence Page, "The Anatomy of a Large-Scale Hypertextual Web Search Engine," Computer Networks and ISDN Systems (Proceedings of the Seventh International World Wide Web Conference), Vol. 30, Issues 1–7, pp. 107–117, April 1998, http://infolab.stanford.edu/~backrub/google.html.

【ソーシャルサーチ】
[72] Damon Horowitz and Sepandar D. Kamvar, "The Anatomy of a Large Scale Social Search Engine," Proceedings of WWW2010, pp. 431–440, April 2010.

[73] Damon Horowitz and Sepandar D. Kamvar, "Searching the Village: Models and Methods for Social Search," Communications of the ACM, Vol. 55, No. 4, pp. 111–118, April 2012.

[74] T. Hofmann, "Probabilistic Latent Semantic Indexing," Proceedings of SIGIR99, pp. 50–57, 1999.

[75] Nick Matterson and David Choi, "Participatory design of social search experiences," Proceedings of the CHI'12 Extended Abstracts on Human Factors in Computing Systems, pp. 1937–1942, 2012.

■第 11 章　リコメンデーション
【協調フィルタリング】

[76] David Goldberg, David Nichols, Brain M. Oki and Douglas Terry: "Using collaborative filtering to weave an information tapestry," Communications of the ACM, Vol. 35, No. 12, pp. 61–70, 1992.

[77] Paul Resnick, Neophytos Iacovou, Mitesh Suchak, Peter Bergstrom and John Riedl, "GroupLens: An Open Architecture for Collaborative Filtering of Netnews," Proceedings of ACM 1994 Conference on Computer Supported Cooperative Work, pp. 175–186, 1994.

[78] Greg Linden, Brent Smith and Jeremy York, "Amazon.com Recommendations: Item-to-Item Collaborative Filtering," Proceedings of IEEE Internet Computing, pp. 76–80, 2003.

[79] Dietmar Jannach, Markus Zanker, Alexander Felfernig and Gerhard Friedrich（著），田中克己，角谷和俊（監訳），情報推薦システム入門：理論と実践，359p.，共立出版，2012．（原著．Dietmar Jannach, Markus Zanker, Alexander Felfernig and Gerhard Friedrich (Book), Recommender System: An Introduction, Cambridge University Press, 2011.）

【評判システム】

[80] Paul Resnick, Ko Kuwabara, Richard Zeckhauser and Eric Friedman, "Reputation Systems," Communications of the ACM, Vol. 43, Issue 12, pp. 45–48, 2000.

【相関ルールマイニング】

[81] Rakesh Agrawal and Ramakrishnan Srikant, "Fast Algorithms for Mining Association Rules," Proceedings of the 20th VLDB Conference, pp. 487–499, Santiago, Chile, 1994.

[82] 福田剛志，森本康彦，徳山豪（著），データマイニング，データサイエンス・シリーズ 3, 169p., 共立出版，2001．

[83] Xindong Wu and Vipin Kumar (Eds.), The Top Ten Algorithms in Data Mining, Chapman & Hall/CRC Data Mining and Knowledge Discovery Series, 232p., Chapman and Hall/CRC, 2009.

[84] Xiaoyuan Su and Taghi M. Khoshgoftaar, "A Survey of Collaborative Filtering Techniques," Advances in Artificial Intelligence, Volume 2009, Article ID 421425, 19pages, Hindawi Publishing, 2009.

■第12章　ウェブマイニング
【社会的表象論】

[85] Serge Moscovici, Gerard Duveen (Ed.)(Book), Social Representations: Explorations in Social Psychology, 240p., New York University Press, 2001. (第1章 The Phenomenon of Social Representation の翻訳草稿. 八ッ塚一郎（訳），社会的表象という現象. http://www.educ.kumamoto-u.ac.jp/~yatuzuka/moscoSR.html)

【データマイニング】

[86] Usama Fayyad, Gregory Piatetsky-Shapiro and Padhraic Smyth, "From Data Mining to Knowledge Discovery in Databases," AI Magazine, Fall 1996, pp. 37–54, AAAI, 1996.

[87] Yoshifumi Masunaga, Kazunari Ito, Yoichi Miyama, Naoko Oyama, Chiemi Watanabe and Kaoru Tachi, "SERPWatcher: A Sophisticated Mining Tool Utilizing Search Engine Results Pages (SERPs) for Social Change Discovery," Proceedings of IEEE International Conference on Social Computing (SocialCom'10), pp. 465–472, Minneapolis, USA, August 2010.

【ウェブ構造マイニング】

[88] Jon M. Kleinberg, "Authoritative Sources in a Hyperlinked Environment," Proceedings of the 9th Annual ACM-SIAM Symposium on Discrete Algorithms, pp. 668–677, 1998.

[89] Jeffrey Dean and Monika R. Henzinger, "Finding related pages in the World Wide Web," Proceedings of the eighth international conference on World Wide Web (WWW '99), pp. 1467–1479, 1999.

[90] M. Toyoda and M. Kitsuregawa, "Creating a Web Community Chart for Navigating Related Communities," Proceedings of Hypertext 2001, pp. 103–112, 2001.

[91] Ravi Kumar, Prabhakar Raghavan, Sridhar Rajagopalan, Andrew Tomkins, "Trawling the Web for emerging cyber-communities," Proceedings of the eighth international conference on World Wide Web (WWW '99), pp. 1481–1493, 1999.

[92] Gary William Flake, Steve Lawrence, C. Lee Giles, Frans M. Coetzee, "Self-Organization and Identification of Web Communities," IEEE

Computer, pp. 66–71, 2002.

[93] Guandong Xu, Yanchun Zhang, Lin Li (Book), "Web Mining and Social Networking: Techniques and Applications," 232p., Springer, 2012.

[94] 増永良文, 小山直子, "ジェンダー関連 Web サイトのコミュニティ分析とポータルサイト構築：Web コミュニティの関連性から見たグローバル化," 「グローバル化とジェンダー規範」に関する研究報告書, お茶の水女子大学「グローバル化とジェンダー規範」に関する研究会（編）, pp. 101–122, お茶の水女子大学, 2002 年 3 月.

[95] 増永良文, 小山直子, "Web マイニングツールを用いたジェンダー関連 Web コミュニティの通時的分析," 日本データベース学会 Letters, Vol. 3, No. 3, pp. 21–24, 2004.

[96] Naoko Oyama, Yoshifumi Masunaga and Kaoru Tachi, "A Diachronic Analysis of Gender-related Web Communities using a HITS-based Mining Tool," Frontiers of WWW Research and Development: APWeb2006, LNCS3841, Springer, pp. 355–366, January 2006.

[97] Naoko Oyama and Yoshifumi Masunaga, "On the Trustworthiness and Transparency of a Web Search Site examined using "Gender-equal" as a Search Keyword," Progress in WWW Research and Development, Proceedings of 10th Asia-Pacific Web Conference, APWeb 2008, pp. 625–630, LNCS 4976, Springer, April 2008.

[98] 増永良文（著）, コンピュータサイエンス入門：コンピュータ・ウェブ・社会, 第 14 章ウェブと社会, サイエンス社, 2008.

【社会調査法】

[99] 盛山和夫（著）, 社会調査法入門, 324p., 有斐閣, 2004.

[100] ティム・メイ（著）, 中野正大（訳）, 社会調査の考え方：論点と方法, 379p., 世界思想社, 2005.

あとがき

　本書がテーマとしたソーシャルコンピューティングは，情報社会がウェブ社会と呼ばれるにふさわしい発展をとげてきた 2000 年代中頃に注目されるところとなった．スロウィッキーが「群衆の英知」として集合知の意義を世界に広く知らしめるきっかけとなった著作を世に出したのが 2004 年であり，いわゆるドットコムバブルの崩壊を潜り抜け生き残ったドットコムカンパニーに共通した原則のひとつにスロウィッキーの提唱した集合知の活用があると看破したのがオライリーで，2005 年のことである．Social computing というタイトルの記事が英語版 Wikipedia に初めて出現したのが 2005 年であったが，当時の解釈は電子メールがソーシャルコンピューティングの一例というトーンの記事で，認識のレベルが低かった．しかし，その記事は 2007 年には大幅に書換えられて，スロウィッキーの群衆の英知モデルを実現するコンピューティングがソーシャルコンピューティングである，とまさしく本書が立脚するスタンスに立った記述へと改訂された．

　筆者は，2008 年度から青山学院大学に新設された社会情報学部の教員として，学年進行と共に 3 年次の学部学生に対して 2010 年度から「情報科学応用 I」という科目で，ソーシャルコンピューティングを，いわば手探りの状態で講義し始めた．社会情報学と集合知は切っても切り離せず，これからの時代をソーシャルコンピューティングを知らないで生き抜いてはいけないだろうという思いからであった．しかし，講義はスロウィッキーの群衆の英知，筆者の提案になるソーシャルコンピューティングのモデル，Web 2.0，そしてソーシャルメディアとしてのさまざまなウェブアプリケーションをカバーしたものの，本書ほど体系化されていたわけではなかった．

　本書を執筆するバックグラウンドとなったのは，上記の講義だけではない．筆者は青山学院大学社会情報学部の教員となったときから，社会情報学（social informatics）とはどのような学問なのか，を「集合知」として策定しその姿を明らかにしようとする研究プロジェクトを立ち上げた．これは青山学院総合研究所（2008 年度から 4 年間），および文部科学省科学研究費補助金基盤研究（B）（2010 年度から 3 年間）の助成を受けて遂行された．この間，WikiBOK と名

付けられたこの研究プロジェクトのメンバーと交わした集合知論議やソーシャルコンピューティング論議はその基本的概念を形成していくうえで大いに助けとなった．プロジェクトメンバー各位に心より感謝したい．

　上記プロジェクトで活躍してくれた若きソーシャルコンピュータリストの矢吹太朗博士（現在，千葉工業大学准教授），伊藤一成博士（現在，青山学院大学准教授），そして森田武史博士（現在，青山学院大学助手）に，草稿の査読をお願いした．彼等はそれを快く引き受けてくれ，貴重な意見を十分に披露してくれた．末筆ながら，記して厚く感謝の意を表する．

2013 年 早春

増 永 良 文

索　引

● あ 行

アーキテクチャ　44
アーキテクチャスタイル　44
アクセスカウンタ　21
アクティビティ　77
アグラワル　209
値　12
アフィリエイト　90
アリストテレス　**105**, 133
アルゴリズム的サーチ　169
アンカー　3
暗号　11

位数　149
意味　10
意味リンク　9
入りリンク　162
インターネット協会　22
インターネットトポロジー　160
インタビュー調査　234
インポート　25

ウィキペディアン　75, 126
ウェールズ　126
ウェブ　1, **4**, 80, 160
ウェブアプリケーション　**19**, 20, 25, 32, 38
ウェブアプリケーション開発者　39
ウェブアプリケーションサーバ　**21**, 26
ウェブアプリケーションフレームワーク　22, **28**
ウェブオントロジー言語　15
ウェブ元年　5
ウェブ関連テクノロジー　32
ウェブクライアント　5, 39
ウェブ構造マイニング　221, **223**
ウェブコミュニティ航路図　223, **227**
ウェブコミュニティ抽出　226
ウェブコンテンツマイニング　222
ウェブサーバ　**5**, 19, 25
ウェブサービス　21, 38, **40**
ウェブサービス仲介者　41
ウェブサービス提供者　41
ウェブサービス利用者　41
ウェブサイト　6, **219**
ウェブ社会　**68**, 235
ウェブフィード　91
ウェブブラウザ　5
ウェブマイナー　230
ウェブマイニング　219, **221**, 223
ウェブマイニングの意義　233
ウェブマスター　179
ウェブ利用マイニング　223
ウェブログマイニング　222
上書き　125

影響ネットワーク　159
エリア　129
エルデシュ数　159
エルデシュの共著関係のネットワーク　162

黄金の三角形　171
オークションサイト　207
オープンライセンス　16
お気に入り　131
オライリー　54
オントロジー　**11**, 17
オンライン小売業者　32

● か 行

外延的定義　77
開始者　146
階層的システム　47
階層的分類　134
回答候補者　183
回答者　186
概念木　129, **134**
回復　115
会話マネジャ　183
価格.com　108
書換確率　155
確信度　210
確率的潜在意味解析　187
加重平均　202
株式市場　59
カリンティ　143
含意　210

索　引

記憶ベース協調フィルタリング　198
機械処理可能　11, 17
キャッシュ可能　47
強化　115
協調的消費　119, **136**
協調的スパムフィルタリング　98
協調的タグ付け　133
協調的分類　98
協調の問題　66
協調フィルタリング　197, **198**
共分散　201
共有資源の尊重　137

グエア　147
鎖長　146
具象　46
具象的状態転送　45
口コミ　98, **207**
蜘蛛　170
クライアント/サーバシステム　5
クライアント/サーバ方式　27
クラインバーク　223
クラスタ　151
クラスタ係数　**151**, 154
グラフ　149
グラフの密度　154
クリエイティブコモンズ　137
クリエイティブコモンズライセンス　126
クリック単価　36, **91**
クリティカルマス　97, 127, **137**
クローラ　93, **170**

群衆　61
群衆の英知　54, **56**, 79, 195

経験則　201
経済ネットワーク　159
軽量なプログラミング　95
経路選択エンジン　183
ケインズ　60
ゲートウェイ　22, 183
ケビン・ベーコンゲーム　159
権威　224
権威値　227
権威誘導グラフ　227
検索エンジン結果ページ　19, **169**
検索エンジン最適化　91
検索ポータルサイト　169
減衰係数　175
言明　11
言論空間　101

語彙　12
広範囲トピック質問　224
コードオンデマンド　47
ゴールトンの実験　56
国勢調査　234
ゴスリン　25
コネクタ　48
コミュニケーション指向の情報社会　67
コミュニティ　**226**, 228
コミュニティ形成　109
固有パス長　**151**, 154
コラボ　119
コラボ消費　136
コラボ的ライフスタイル　136

コラボレーション　119
コンテンツ指向の情報社会　67
コンテンツ連動型広告　90
コンピュータ　77, 116
コンピュータ基盤の集約性　66
コンピュータサイエンス　71
コンピューティング　**71**, 76, 82

● さ　行

サーバ側スクリプティング　28
サービス　19
サービス指向　41
再現性　78
最小確信度　212
最小支持度　212
サイズ　149
最大流フレームワーク　228
再配分市場　136
索引語　132, 172
サフコー　105
サポート関数　210
参加　99, **127**
参加のアーキテクチャ　**99**, 207
参照するURI　12

シードページ　226
シェア　119, **136**
ジェンダー　230
ジェンダーコミュニティ　230
ジェンダーコミュニティの発展過程　230

索引

支持度　210
次数　150
指数分布　161
次数分布　**150**, 158
システム指向の情報社会　67
ジップの法則　163
質問解析器　183
質問者　186
脂尾分布　162
社会科学　234
社会基盤の集約性　66
社会情報学　128
社会調査　234
社会調査法　234
社会的　105
社会的つながり度　187
社会的表象　219
社会ネットワーク　142
尺度がない　162
社交的　105, **110**
ジャバエックス　25
集合知　16, **54**, 56, 88
集合知活用の中心原理　96
集合知指向の情報社会　67
集合知プログラミング　101
集団活動　96
集団作業　97
周辺グラフ　225
集約エンジン　**79**, 100
集約性　64
集約メカニズム　196
主体　219
証券取引　80
状態　46
情報カスケード　63
情報社会　66
情報ネットワーク　165

情報の民主化　110
証明　11
女性センター　233
女性センターの発展過程　232
ジョブズ　31
信頼　11, 208

推薦システム　107, **197**
衰退　115
スクリーンスクラッピング　91
スクリプト　31
スケール　162
スケールフリー　162
スケールフリーネットワーク　161
薦め　197
ステートフル　47
ステートレス　39, **46**
ストロガッツ　149
スモールワールド現象　143
スモールワールド実験　144
スモールワールドネットワーク　149
スモールワールド問題　**143**, 144
スロウィッキー　54, **55**, 195

正則グラフ　152
生態系　107, 112
成長　163
静的ウェブページ　20
セマンティック　8, 9
セマンティックウェブ　**9**, 16

セマンティックウェブスタック　9
セマンティックウェブレイヤーケーキ　9
潜在変数　187

相加平均　201
相関ルール　210
相関ルール採掘器　212
相関ルールマイニング　208, **211**
ソーシャル　105
ソーシャルインデキシング　133
ソーシャルクラシフィケーション　133
ソーシャルグラフ　181
ソーシャルコンピューティング　19, 32, 55, **71**
ソーシャルコンピューティング基盤　80
ソーシャルサーチ　109, **178**
ソーシャルサーチエンジン　110
ソーシャルサーチのモデル　186
ソーシャルソフトウェア　119
ソーシャルタギング　98, **133**
ソーシャルネットワーク　142, 165
ソーシャルネットワークゲーム　109
ソーシャルネットワーク分析　142
ソーシャルパブリッシング　120

索　引

ソーシャルフィードバック　79
ソーシャルフィルタリング　197
ソーシャルブックマーキング　132
ソーシャルブックマーク　109
ソーシャルメディア　105
ソーシャルメディア木　112
ソーシャルメディアの生態系　110
ソーシャルリーディング　120
ソフトウェアリリースサイクルの終焉　94

● た　行

大ウェブサービス　44
対称誘導グラフ　227
タグ　131
タグクラウド　132
タクソノミー　91, 98, **133**
タグ付け　132
他者との信頼　137
多重分類　134
ダブリンコア　12
食べログ　207
多様性　61
単一デバイスの枠を超えたソフトウェア　95
男女共同参画社会基本法　230
知識体系　76, **128**
知的エージェント　9
チャレンジャー号の事故　57
仲介者　145
超個体　54
調整の問題　66
ツイッタスフィア　**101**, 108
強い意味のソーシャルコンピューティング　75
吊り上げID　208

ディーン　223
ディレクトリ型検索ポータルサイト　170
データウェブ　9
データは次なるIntel Inside　92
データベース　210
データベースサーバ　27
データマイニング　208
テキストマイニング　222
デザインパターン　120
テトラッド　114
出リンク　162
伝染性マーケティング　98
電話　116

統一インタフェース　47, **49**
統一論理　11
動的ウェブページ　**21**, 122
トーバルズ　63
匿名性　208
独立系ジャーナリズム　110
独立性　62
図書館パラダイム　181
度数分布　161

ドットコムバブル　88
トピック　129, 187
トピック解析器　182
ドメインネームシステム　5
ドメイン名投機　91
豊田　223
トランザクション　209
トランスポート層　183

● な　行

内包的定義　77
内容ベースフィルタリング　198

ニコニコ動画　109
ニコニコ生放送　110
2ちゃんねる　109
日本十進分類法　133
認知の問題　66

ネルソン　2
粘性　91

● は　行

バーナーズ＝リー　1, **4**
パーマリンク　100
ハイパーテキスト　1, **2**
ハイパーテキスト記述言語　3
ハイパーメディア　3
ハイパーリンク　3
俳優ネットワーク　158, 162
バスケット解析　209
はてなブックマーク　109, **132**
ハブ　**150**, 161, 166, 225
バブル　60

バラバシ　160
パレートの法則　163
反転　115
反復アルゴリズム　225

ビジネスモデル　90
非同期 HTTP 通信機能　32
ビューア　228
表参照　206
標準偏差　201
標的　145
評判システム　207
評判システムの信頼性　208
ピラニア効果　99, **127**
頻出 1-品目集合　214
頻出品目集合　213
品目　199
品目ベース協調フィルタリング　**203**, 206

ファヤッド　209
ファンデル＝バール　133
フィールディング　44
フォークソノミー　91, 98, 109, **133**
複雑ネットワーク　149
ブックマーク　131
ブッシュ　1
ブラウザ　228
フラグメント識別子　13
フラッシュモブ　95
プラットフォーム独立　25
プラットフォームとしてのウェブ　92
プリント命令　23
ブローカ　41
ブロガー　100

ブログ　**100**, 108, 165
ブログ検索器　103
ブログ検索 API　102
ブログ追跡プロバイダ　102
ブログの数　102
ブロゴスフィア　**100**, 108
プロダクトサービスシステム　136
プロバイダ　41
プロパティ　**9**, 11, 12
プロファイル　182
プロファイルの類似度　187
分散性　63
文書ウェブ　8
文書管理システム　3
分離度　148

平均次数　150
平均的ノード　162
米国西部州送電グラフ　158, 162
ページ　61
閉世界仮説　220
ベイパーウェア　4
ページビュー　91
ベータ版　81
べき指数　**162**, 164
べき乗則　**161**, 162, 166
隔たりの度合い　148
編集合戦　81, **125**
編集競合　124
編集競合解決器　131
編集差戻し 3 回則　126

ポアソン分布　158, **160**
ボッツマン　136

ボット　170
ホップ　151

●ま行　━━━━
マークアップ　17
マークアップ用ボタン　124
マイクロブログ　108, 165
マクルーハン　105, **114**
マッシュアップ　**50**, 94

ミルグラム　62, **144**
民主主義　166
民主的　101

村パラダイム　181

メイヤー　179
メディア　114
メディアの法則　114

モスコヴィッシ　219
モデルベース協調フィルタリング　198
モノ　9
模倣　63

●や行　━━━━
ユーザ発信型コンテンツ　208
ユーザベース協調フィルタリング　**199**, 202
ユーザレビュー　97
優先接続　163
郵便物　145
ユニーク URL　**192**
ユニコード　9
ユニット　129
輸入業者　183

索引

要素　12
余剰キャパシティ　137
予測市場　58
読み手　234
弱い意味のソーシャルコンピューティング　75

● ら 行

ラージワールド　151
ライブラリ　28
ラジオ　115
ランダムグラフ　152, **154**

リー　127
リクエスタ　41
リコメンデーション　195
リソース　9, 45, 49
リソース識別子　45
リソース指向　45
リッチなユーザ経験　96
リテラル　9, 12
リバースエンジニアリング　140
リレーショナルデータベース　67
リンク　151
リンクトデータ　15

ルイス　154
ルール　11
ルビ振りAPI　50

レッシグ　137
レビューサイト　107, **207**
連携配信　91
連想　1

ロードマップ　9
ロボット型検索ポータルサイト　169

● わ 行

ワッツ　143, 149

● 欧数字

Aardvark　110, 169, 180, **181**, 186
AdWords　36
Ajax　22, **32**, 96
ajp13　26
Alta Vista　168
Amazon.com　19, **32**, 93, 97, 107, 203
Answers.com　109
Apache　25
Apache HTTP Server　20
API　21, **38**
Applet　22, 25, **29**
Aprioriアルゴリズム　212, **213**
apriori property　216
Archie　168
ASIN　94
ASP　28
BAネットワーク　163
BigTable　173
blogger.com　108
body要素　**7**, 24
BOK　76, **128**
B2B　40
B2C　40
CC2001　76, **82**, 128
CERN　5
CGI　21, **22**
CGIスクリプト　**22**, 24

Cloudmark　98
Companion　223, **227**
Companion−　223, **227**, 229
CRUD　49
Cryptography　11
CSBOK　129
C.エレガンス　159
dc　14
Delicious　119
del.icio.us　98, **109**, 132
DNS　5
DOCTYPE宣言　24
DoubleClick　90
Dublin Core　12
eコマース　19, 107
eBay　97
ENIAC　1
Facebook　19
Facebook Platform　109
Favorites　131
Flash　22, **30**
Flashとの決別　31
Flash Player　30
Flickr　98, 109, 133, **134**
FOAF　14
Friendster　109
FTP　8
GFS　173
Google　19, 32, 94
Googlebot　172, 177
Google AdSense　90
Google Indexer　171
Google Maps　32, 94, 96
Google Maps API　38
Google PageRank

Checker 178
Google Search 19, 36, 55, 58, **168**
Google Web Search API 39
GroupLens 199
head 要素 **7**, 24
HITS 223, **224**
HTML 5, **6**
HTML ファイル 23
HTML 文書 **8**, 20
html 要素 24
HTML5 7, 24
HTTP **5**, 20
HTTP リクエスト 42
HTTP レスポンス 42
HyperCard 4
IEM 59
Internet Explorer（IE） 6
ISOC 22
JavaEE 25
JavaScript 22, **31**
javax 25
Java Servlet 25
Java VM 25, 26
JRE 25
JSON 32
JSP 22, **28**
Linked Data 15
Linux 63
LOD 15, **16**
Markup 7
MediaWiki 80, 108, **122**, 126
Media 2.0 107
MEMEX 1
mod_jk 26
mod_perl 27

mod_proxy_ajp 26
Mosaic 6
Mozilla Firefox 6
MVC 28
Napster 99
NASDAQ 総合指数 88
Netscape 92
Netscape Navigator 6, **30**, 31
no merge 125
OWL 11, 15
PageRank 58, 97, **175**, 178, 223
PageRank 順位 171
Perl 22, **23**
PHP 22, 28
power law 161
print 命令 24
Proof 11
Python 22
QuickTime 31
Q&A サイト 186
RDF 10, **11**
rdf 13
RDF 質問言語 15
RDF データセット 16
RDFS 10, **15**
RDF Primer 11
RDF/XML 12, **17**
rdf:RDF 12
REST 39, **44**, 46
REST スタイル 47
RESTful 39, **46**, 48
RESTful ウェブサービス **48**, 52, 95
RESTful ウェブ API 49
RFC 22
RIF 11
ROA 39, **49**

Ruby 22
Ruby on Rails 29
Safari 6
Search, plus Your World 180
seed page 226
Semantic MediaWiki 129
SEO 91, 171
SERP 19, **169**
SERP 順位 171
Servlet 21, **25**, 27, 28
Servlet 仕様 25
Skype 19
SNS 109, 165
SOA 39, **41**
SOAP 42
SOAP エンベロープ 42
SOAP メッセージ 42
SPARQL 11, **15**
SWRL 11
S3 49
tablet 174
Tapestry 197
The Wisdom of Crowds 54
things 9
Three-Revert Rule 125
three-way merge 125
TID 210
Tomcat 26
Trust 11
Twitter 19
two-way merge 124, **125**
UC$SS スタイル 47
UDDI 41
UDDI 質問 API 42
UDDI 登録 API 41

索引

Unifying logic　11
URI　9, 10, 14, 45
URIref　12
URL　5, 10
URN　10
Usenet　199
Ustream　110
VBScript　31
VentureBeat　179
vicinity graph　225
Web　4
Web Services Architecture　39
Web 2.0　54, **88**
Wiki　108, 119, **120**
wikiエンジン　120
Wikiクローン　108, 120, **121**
WikiBOK　128
WikiBoker　130
Wikipedia　97, **126**
Wikipedia Foundation　126
Wiki Markup Language　123
Windows Media Player　31
World Wide Web　4
WSネットワーク　**155**, 157, 158
WSネットワークの生成アルゴリズム　155
WSDL　41
W3C　5, 11
Xanadu　4
XML　10, 12, 32
XUL　31
Yahoo! Japanデベロッパーネットワーク　102
Yahoo!オークション　207
YouTube　30, 109, 207
d-次元格子　153
d-正則グラフ　152
.cgi　23
.pl　23
#　13
2元マージ　**124**, 125
2部グラフ　228
3階層のクライアント/サーバシステム　27
3元マージ　125
3RR　126
5つのR　136
6次の隔たり　147
80:20の法則　163

著者略歴

増永良文
ますなが よしふみ

1970年 　東北大学大学院工学研究科博士課程
　　　　　電気及通信工学専攻修了，工学博士
　　　　　情報処理学会データベースシステム研究会主査，
　　　　　情報処理学会監事，ACM SIGMOD 日本支部長，
　　　　　日本データベース学会設立準備会世話人代表を
　　　　　歴任．
　　　　　情報処理学会フェロー
　　　　　電子情報通信学会フェロー
　　　　　日本データベース学会名誉会長（創設者）
　　　　　お茶の水女子大学名誉教授
現　在　　青山学院大学社会情報学部教授

主要著書

リレーショナルデータベースの基礎—データモデル編—
(オーム社，1990)，オブジェクト指向データベース入門 (共同監訳，共立出版，1996)，リレーショナルデータベース入門 [新訂版](サイエンス社，2003)，データベース入門 (サイエンス社，2006)，コンピュータサイエンス入門 (サイエンス社，2008)

Information & Computing—114
ソーシャルコンピューティング入門
—新しいコンピューティングパラダイムへの道標—

2013 年 3 月 25 日 © 　　　　　初 版 発 行

著　者　増 永 良 文　　　　発行者　木 下 敏 孝
　　　　　　　　　　　　　　印刷者　小宮山恒敏

発行所　　株式会社　サイエンス社
〒151–0051　東京都渋谷区千駄ヶ谷1丁目3番25号
営　業　☎ (03)5474–8500(代)　振替 00170–7–2387
編　集　☎ (03)5474–8600(代)
FAX　　☎ (03)5474–8900

印刷・製本　小宮山印刷工業（株）

《検印省略》
本書の内容を無断で複写複製することは，著作者および出版社の権利を侵害することがありますので，その場合にはあらかじめ小社あて許諾をお求めください．

サイエンス社のホームページのご案内
http://www.saiensu.co.jp
ご意見・ご要望は
rikei@saiensu.co.jp まで．

ISBN 978-4-7819-1321-6
PRINTED IN JAPAN

情報倫理ケーススタディ
静谷啓樹著　Ａ５・本体1200円

文科系のための
コンピュータ リテラシ [第5版]
－Microsoft Office による－
草薙・植松共著　Ｂ５・本体1890円

実習 情報リテラシ
重定・河内谷共著　2色刷・Ｂ５・本体2000円

情報処理 [第3版] Concept & Practice
草薙信照著　2色刷・Ａ５・本体2000円

コンピュータと情報システム
草薙信照著　2色刷・Ａ５・本体1800円

最新・情報処理の基礎知識
－IT時代のパスポート－
古殿幸雄編著　Ｂ５・本体1950円

情報処理システム入門 [第3版]
浦・市川共編　2色刷・Ａ５・本体1850円

情報の処理と活用
－情報への感性を養うために－
浦・市川共編著　2色刷・Ａ５・本体1750円

＊表示価格は全て税抜きです。

サイエンス社

Computer Science Library 増永良文編集

コンピュータサイエンス入門
増永良文著　2色刷・A5・本体1950円

情報理論入門
－基礎から確率モデルまで－
吉田裕亮著　2色刷・A5・本体1650円

プログラミングの基礎
浅井健一著　2色刷・A5・本体2300円

C言語による計算の理論
鹿島　亮著　2色刷・A5・本体2100円

暗号のための代数入門
萩田真理子著　2色刷・A5・本体1950円

オペレーティングシステム入門
並木美太郎著　2色刷・A5・本体1900円

コンピュータネットワーク入門
－TCP/IPプロトコル群とセキュリティ－
小口正人著　2色刷・A5・本体1950円

コンパイラ入門
－構文解析の原理とlex/yacc, C言語による実装－
山下義行著　2色刷・A5・本体2200円

＊表示価格は全て税抜きです.

サイエンス社

Computer Science Library 増永良文編集

システムプログラミング入門
－UNIXシステムコール，演習による理解－
渡辺知恵美著　2色刷・A5・本体2200円

ヒューマンコンピュータ
　　インタラクション入門
椎尾一郎著　2色刷・A5・本体2150円

CGとビジュアル
　　コンピューティング入門
伊藤貴之著　2色刷・A5・本体1950円

人工知能の基礎
小林一郎著　2色刷・A5・本体2200円

データベース入門
増永良文著　2色刷・A5・本体1900円

ソフトウェア工学入門
鰺坂恒夫著　2色刷・A5・本体1700円

数値計算入門
河村哲也著　2色刷・A5・本体1600円

数値シミュレーション入門
河村哲也著　2色刷・A5・本体2000円

＊表示価格は全て税抜きです．

サイエンス社